物質・材料テキストシリーズ　藤原毅夫・藤森　淳・勝藤拓郎 監修

遷移金属酸化物・化合物の超伝導と磁性

佐藤　正俊 著

内田老鶴圃

物質・材料テキストシリーズ発刊にあたり

現代の科学技術の著しい進歩は，これまでに蓄積された知識や技術が次の世代に引き継がれて発展していくことの上に成り立っている．また，若い世代が先達の知識や技術を真剣に学ぶ過程で，好奇心・探求心が刺激され新しい発想が芽生えることが科学技術をさらに発展させてきた．蓄積された知識や技術の継承は世代間に限らない．現代の分化し専門化した様々な学問分野は常に再編や融合を模索しており，複数の既存分野の境界領域に多くの新しい発見や新技術が生まれる原動力となっている．このような状況においては，若い世代に限らず第一線で活躍する研究者・技術者も，周辺分野の知識と技術を学ぶ必要性が頻繁に生じてくる．とくに，科学技術を基礎から支える物質科学，材料科学は，物理学，化学，工学，さらには生命科学にわたる広範な学問分野にまたがっているため，幅広い知識と視野が必要とされ，基礎的な知識の十分な理解が必須となってきている．

以上を背景に企画された本テキストシリーズは，物質科学，材料科学の研究を始める大学院学生，新しい研究分野に飛び込もうとする若手研究者，周辺分野に研究領域を広げようとする第一線の研究者・技術者が必要とする質の高い日本語のテキストを作ることを目的としている．科学技術の分野は国際化が進んでおり学術論文は大部分が英語で書かれているので，教科書・入門書も英語化が時代の流れであると考えがちである．しかし，母国語の優れた教科書はその国の科学技術水準を反映したもので，その国の将来の発展のポテンシャルを示すものでもある．大学院生や他分野の研究者の入門を目的とした優れた日本語のテキストは，我が国の科学技術の水準，ひいては文化水準を押し上げる役目を果たすと考える．

本シリーズがカバーする主題は，将来の実用材料として期待されている様々な物質，興味深い構造や物性を示す物質・材料に加えて，物質・材料研究に欠かせない様々な測定・解析手法，理論解析法に及んでいる．執筆はそれぞれの分野において活躍されている第一人者にお願いし，「研究室に入ってきた学生に最初に読ませたい本」を目指してご執筆いただいている．本シリーズが，学生，若手研究者，第一線の研究者・技術者が新しい分野を基礎から系統的に学ぶことの助けとなり，我が国の科学技術の発展に少しでも貢献できれば幸いである．

監修　　藤原毅夫　　藤森　淳　　勝藤拓郎

まえがき

著者が大学院に進学し，物性物理学研究の門をたたいたころは，日本でも液体ヘリウム利用の環境が整い極低温域までの測定が容易になった時期で，学部学生時代に学んだ量子現象の観測がかなり自由になっていました．それだけに，超伝導体や磁性体等に見られる多くの現象を目のあたりにしながら理解していけることが確かな喜びでした．しかし，研究の進展速度が増し，超伝導現象の微視的記述に続いて，日本発のテーマである近藤効果の理解や金属-絶縁体転移に関する電子局在理論が進むに至って，物性物理学はもう解決してしまったという声がどこからか聞こえましたが，それは全くの早とちりでした．それからも次々に重要な課題が出てきたからです．本書で取り上げる，銅酸化物高温超伝導体発見によってあからさまになった超伝導がらみの課題，いわゆる強相関電子系の問題が，重い電子系や有機物(超)伝導体といった他の多くの物質系をも含めて，“学問体系を構築すべき重要な研究対象”として広がりを見せたことがその顕著な例ですが，これだけを見ても，新物質科学と呼ぶべき新しい分野が成長したことについては誰にも異論がないことです．そこでは，対象物質も複雑になっていますが，今日のコンピューターの発達や測定装置の高度化によって研究速度が増し，物性の理解進展をさらに加速させていけるので，研究者が自らの研究成果を純粋物理学として深化させたり，情報処理能力の進展をテコにして実社会へ還元させたりといった未来が限りなく明るくなりました．

もとより，新物質科学は物質に根差したものですから，新たな物質の発掘に裏打ちされていなければなりませんが，さらに，それらが提供する科学的課題のありか(興味)の認識や，それを解決するための実験手法の開発および理論の提案等が，相互にフィードバックを行いながら共通概念の形成へと昇華されるべきものです．そこでは特に概念の高度化と簡単化が進んだ新しいものになっていくことが理想です．

しかしここでは，それらのプロセスの全体を眺めることは膨大にすぎるので，特に高温超伝導物質や，それに関連した系(それだけでも膨大に見出されている)の代表例をとりあげて，重要な物性現象がいかに抽出されたか，従来からの知識がどのように生かされて新しい物理概念形成に役立ってきたかの記述に主眼をおいています．本書は，これから新物質科学研究に携わろうとする方々が，目のまえに存在する物質系の深い森に臨んで，そこにどのような現象が潜んでいるか，どのような進展が見込まれるかの洞察力を涵養し，さらには，ゴールへと接近する術を見出すための一助となることを目指しています．

ただ，上記のように記述範囲を制限しても，“葦の髄から天井を覗く”というたとえが当てはまるほど多くの研究がなされていますので，書かれていることは必ずしも学術的軽重が正しく反映されていないかも知れません．特に話を複雑化しないために省いていることもありますので，そのことをご容赦いただきたいと思います．

本書の執筆を薦めていただき，さらに原稿に対する適切なご批判等をいただきました東京大学理学研究科大学院教授の藤森淳氏に篤く感謝申し上げます．

2016 年 11 月

佐藤　正俊

目　　次

1

第1章

固体電子論の進展

固体物質系が示す物性現象は，ほとんどの場合，それを構成する原子が持つ電子系によって決定づけられる．電子が固体内を自由に動くことができれば金属になり，動けなければ絶縁体になる．原子の周期的配列を持つ系に，たとえ，気の遠くなるほど多数の電子が存在しても，その振る舞いを簡潔に記述するのが固体電子論の基盤としてのバンド理論である．そこでは，電子の運動を一体問題化し，波数 $\boldsymbol{k}$ とエネルギー $E(\boldsymbol{k})$ を量子力学の固有値として持つ自由電子として扱えるが，巨視的なサイズを持った固体中では，それがほぼ連続的につながったエネルギーバンドを形成する．このバンドは，固体内原子が作る周期ポテンシャルのために，それが存在しえない領域(エネルギーギャップ域)で区切られ，いくつかのバンドにわかれる(**図 1-1**)．こうしてでき上がった各バンドには，フェルミ粒子(スピン $S=1/2$)である電子が，スピン自由度の2を含めて，$2N$ 個(N は物質内の単位胞の数)まで入りうるが，最も高いエネルギーの電子が，あるバンドの途中のエネルギー(フェルミエネルギー E_{F})にあれば，微小な電場の印加でもその分布が変わるので電流が生じ金属にな

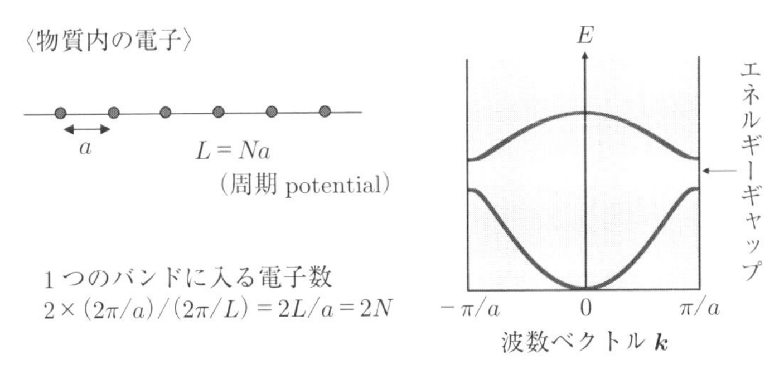

図 1-1　物質内の電子エネルギーバンド．簡単に一次元系を例に描いた．

る．一方，電子がバンドをちょうど埋め尽くし，それより上の別のバンドが空になっている場合には，少々の電圧印加では電子分布が変わりえず電流が生じない．これが絶縁体(バンド絶縁体)である．この枠組では，電子スピン S が上向き，下向き($\pm 1/2$)のどちらをとっても $E(\boldsymbol{k})$ が同じなので，同数の電子が存在し磁気が打ち消しあう．**図 1-2**(a)にはその事情を模式的に示した．多くの金属系や半導体(小さなエネルギーギャップを持つ絶縁体)系ではこの考えが有効で，今日のエレクトロニクスがその基盤上に成立している．1911 年オンネス(K. Onnes)によって発見された超伝導現象の理解には，その微視的記述である BCS 理論[1]まで 50 年近くを要したが，この大理論もバンド理論の基盤上に構築されたものである．

このような状況下で発見されたのが銅酸化物高温超伝導体[2]である．その一連の物質系で見られる超伝導転移温度 T_c が，それまで考えられていたものよりはるかに高かったことが，物性研究者全体へ強い衝撃を与え，多くの分野での強い研究熱を生み出し，その後の極めて活発な研究へと結びついた．

本書では，それ以後に起こった種々の研究について，遷移金属の酸化物や化合物を中心に眺め，いわば，固体電子論の第 2 ステージとでもいうべき研究展開過程を記述するが，すべての進展を網羅してはいないし，その価値評価には今後の研究に委ねられることも多い．

銅酸化物高温超伝導体は，1986 年，La-Ba-Cu-O 系において発見された[2]．そのときの大騒ぎを応用サイドからのものと感じたむきも多かったが，基礎物性論研究上の大きなできごとであったことは，科学研究者に限らない評論家層からの指摘があったことでもよくわかる．事実，銅酸化物高温超伝導体の電子状態に関する知見は，これまでの金属の概念に大きな変革をもたらした．それまでの金属電子論では，自由な電子が，結晶内の周期ポテンシャルを持つ固体中でエネルギーバンドを形成することが基本である．一方，見つかった銅酸化物高温超伝導体 $La_{2-x}Ba_xCuO_4$ の母物質である La_2CuO_4 を例にすれば，そこでは，エネルギー $E(\boldsymbol{k})$ が同一でもスピンの向きが異なる 2 個の電子が，強い原子内クーロン反発エネルギー(U)によって避けあうために，1 原子上で 1 個だけしか存在しえない．このとき，バンドは二つに分離し，上部ハバードバ

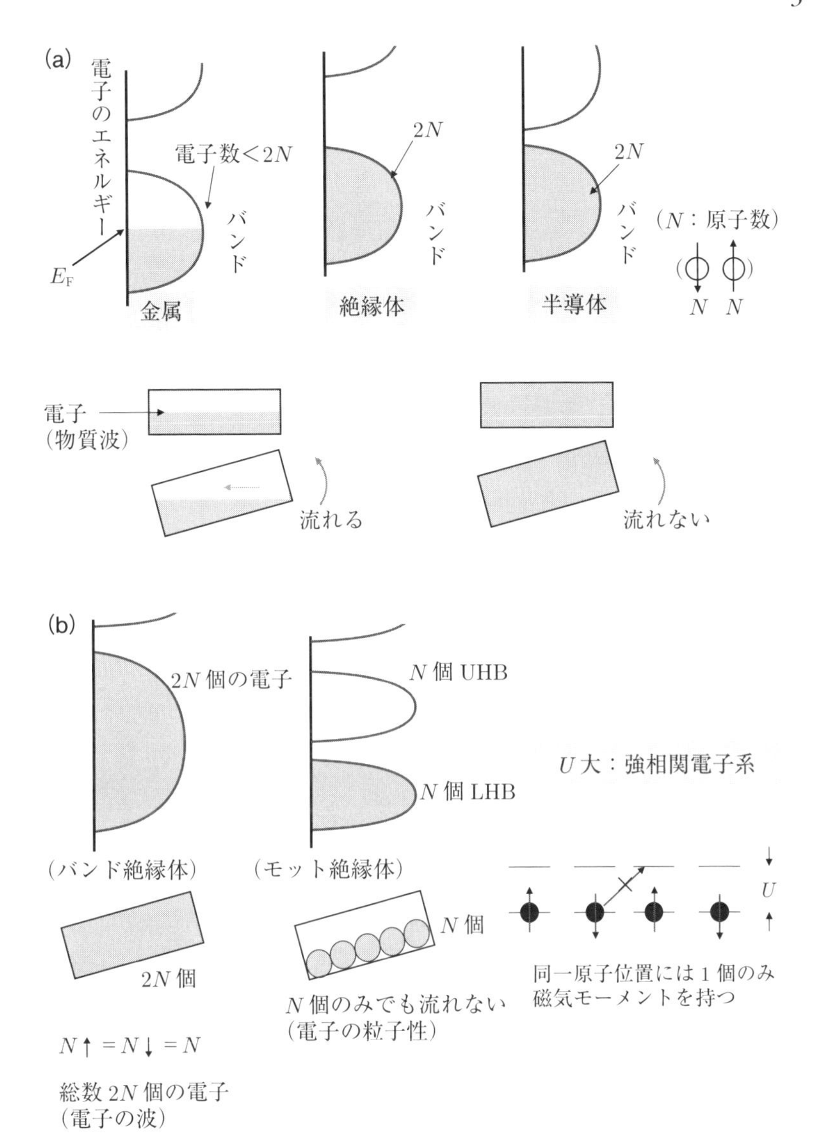

図 1-2 (a)バンド理論の金属と絶縁体の概念図．半導体は，バンドギャップが比較的小さく $k_B T$ の効果が無視できないものである．(b)モット絶縁体とバンド絶縁体の違いを表した概念図．

ンド(upper Hubbard band(UHB)), 下部ハバードバンド(lower Hubbard band(LHB))と呼ばれるものになり, 電子数が $2N$ ではなく N 個で絶縁体になってしまう. このようなものをモット絶縁体(Mott insulator)と呼ぶ(図1-2(b)).

すぐにわかるように, 原子内の電子波動関数の広がりが小さくなればなるほど電子の電荷が狭い領域に集中しているので, U が大きくなり, 逆に, 原子間を移りかわろうとする電子トランスファーのエネルギー(t)が小さくなる. 絶縁体相の実現には電子数のほかに, この U と t との相対比も重要で, 図1-2(b)に示したように, 系が絶縁体(モット絶縁体)になるのは, UHB と LHB のエネルギー差 U のために, それらが重ならないときである. また, モット絶縁体中では, 止まった電子の(局在)磁気モーメントが各原子上で消え去ることがない.

モット絶縁体のように, 強い電子間相互作用を持つ系(電子分布をならして扱えない系)を強相関系というが, 本書では, その中でも3d 電子系に関する現象に重点を置いた記述を進行させる. 遷移金属の酸化物系を例にとって言えば, 広がった波動関数を持つ外殻の s 電子や p 電子は, ほとんど, 酸素原子側に偏って価電子バンドを形成しイオン性を持つのに対し, 3d 電子が遷移金属側に属して伝導性を支配する[3]. このとき, 伝導バンドを形成する反結合状態には電子が金属元素側に偏る. この電子波動関数の広がりが大きくないことが U/t を大きくし, 強相関と呼ばれる特徴を出現させることになる(詳しくは文献[3]や文献[4]参照).

さて, このように見てくると, モット絶縁体とバンド絶縁体との相違点は明白である. 前者では磁性を帯びていることが重要であるが, 驚いたことには, その3d 電子数を N からずらしたときに高温超伝導が現れたことで, それによって超伝導がらみの研究が多くの分野に影響をもたらすことになった. ここではまず, その物性がそれまでの金属電子系のものとは大きく異なる銅酸化物系の発見以来, 強相関電子系の取り扱いに大きな進歩があったことを, 超伝導現象を中心にしながらも, 超伝導現象だけに限定せず, 順を追った形で紹介していく.

第1章 文 献

[1] J. Bardeen, L. N. Cooper, and J. R. Schrieffer : Phys. Rev. **106**(1957)162.

[2] J. G. Bednorz and K. A. Müller : Z. Phys. B **64**(1986)189.

[3] 津田惟雄編：電気伝導性酸化物，裳華房(1983).

[4] 藤森淳：強相関物質の基礎，内田老鶴圃(2005).

2

第2章

BCS 理論の超伝導

BCS 理論は，超伝導の起源やその物理状態をほぼ完全に記述した古典的大理論で，銅酸化物高温超伝導体発見以前に構築された．銅酸化物等のいわゆる従来のものとは異なる(unconventional な)超伝導体が発見されたのちも，その大枠は揺るがない．しかし，その発見後と発見前とでは，固体物性研究に目に見える変化が起こったのも事実である．ここではその前後の変化を，主に3d 電子強相関系研究の各場面を眺めるための準備として，まず追ってみたい．

BCS 理論では，すべての伝導電子が，それぞれ時間反転対称状態にある電子を選んで，すなわち，波数とスピンが$(\boldsymbol{k}, s)$の電子が，$(-\boldsymbol{k}, -s)$の電子を選んでスピン一重項(spin singlet)の超伝導電子対(クーパー対 =Cooper pair)を作り巨視的凝縮状態に落ち込む．この理論の形成過程に関してシュリーファー(J. R. Schrieffer)[1]の記述によれば，まずバーディーン(J. Bardeen)が，その理論の満たすべき条件を指摘し，クーパー(L. N. Cooper)がクーパー対形成による常伝導電子系の不安定性を見出した結果，pair を作る相互作用を格子振動(フォノン)が媒介していることもわかった．その後に導き出された BCS ハミルトニアンの基底状態をシュリーファーが決めている．バーディーンは，クーパー対のサイズξが10^6個ほどの電子を含む広がりを持っていることを考え，多数の電子対が協力的に相転移を起こしたものが超伝導状態であることを強調し，平均場近似が，その現象をよく説明するはずであると見抜いていた．ただ，超伝導転移温度T_cが物質パラメーターに強く依存するので，具体的物質に対してそれを正確に予言すること自体は困難で，巨大なタンカーに乗っているネズミの大きさを測るようなものであるとの例えがどこかにあったとの記憶がある．

フォノン(量子化した格子振動)を媒体とした電子間の相互作用を念頭において，それによる引力が等方的と考えると，エネルギーギャップΔも等方的になる．先走っていえば，引力が異方的であればΔも異方的になる(すなわち，クーパー対形成を媒介する相互作用を角運動量の異なる部分波に展開し，どのような角運動量成分の電子間引力が強くなるかによってΔの異方性も決定づけられる)．これは，超伝導を引き起こす相互作用の同定(ひいては超伝導の起源の同定)のための大きな情報を与える．しかし，そのような議論に入る前に，等方的な引力のケースについて，BCS理論の枠組みをごく大雑把に述べておこう．

よく知られたように，BCSは，電子系のハミルトニアン$\mathcal{H}$(BCSのreduced Hamiltonianと呼ばれる)を，通常の記号を用いて

$$\mathcal{H}=\sum \varepsilon_k c_{ks}^\dagger c_{ks}+\sum V_{kk'} b_{k'}^\dagger b_k \tag{2.1}$$

と書き，その基底状態が

$$|\psi_0\rangle=\prod_k (u_k+v_k b_k^\dagger)|\mathrm{vac}\rangle \tag{2.2}$$

であることを示した．ここで，$|\mathrm{vac}\rangle$は電子のない真空状態である．また，ε_kはフェルミエネルギーE_{F}からの電子エネルギーを表し，$c_{ks}^\dagger$，c_{ks}は$\boldsymbol{k}$，sで指定される電子の生成，消滅演算子をksだけで簡単に表したもの，さらに

$$b_k=c_{-k\downarrow}c_{k\uparrow},\quad b_{k'}^\dagger=c_{k'\uparrow}^\dagger c_{-k'\downarrow}^\dagger,$$
$$u_k^2=[1+\varepsilon_k/(\varepsilon_k^2+\Delta_k^2)^{1/2}/2\equiv[1+\varepsilon_k/E_k]/2,$$
$$v_k^2=[1-\varepsilon_k/(\varepsilon_k^2+\Delta_k^2)^{1/2}]/2\equiv[1-\varepsilon_k/E_k]/2$$

である．また，

$$E_k\equiv(\varepsilon_k^2+\Delta_k^2)^{1/2}$$

はエネルギーがε_kの電子を励起するのに要するエネルギーでその$\varepsilon_k=0$のときの値Δ_kが超伝導ギャップを表す(E_kはバンド電子のエネルギー$E(\boldsymbol{k})$とは異なるので注意)．超伝導ギャップΔ_kを決める方程式は

$$\Delta_p=-\sum\nolimits_k V_{kp}(\Delta_k/2E_k)\tanh(E_k/2k_{\mathrm{B}}T) \tag{2.3}$$

となる．ここで$-V_{kp}=V$(等方的引力)とすると

$$k_{\mathrm{B}}T_{\mathrm{c}}\cong 1.14\,\hbar\omega_0\exp[-1/N(0)\,V] \tag{2.4}$$

が得られる($N(0)$はフェルミ面($\varepsilon_k=0$)での電子状態密度，ω_0は電子間に有効

引力 V が働くエネルギー域でデバイ角振動数 ω_{D} 程度である）．また，これによって自己無撞着に決定される等方的ギャップ$(\Delta_p = \Delta)$は

$$\Delta(T) = \Delta_0 \tanh[1.74\{(T_{\mathrm{c}} - T)/T\}^{1/2}] \tag{2.5}$$

で数値的によく近似される．$\Delta_0 \equiv \Delta(T=0)$ は $2\Delta_0/k_{\mathrm{B}}T_{\mathrm{c}} \equiv 3.52$ を満たす．

注目されるのは，(2.2)式が示すように超伝導状態は，$\boldsymbol{k}$ で指定される電子対（振幅 v_k）と同ホール対（振幅 u_k）の重ね合わせによってできていることである．この状態から，対を形成していない電子（超伝導状態における準粒子）をつくり出す演算子とそれを消す演算子は，それぞれ

$$\gamma^{\dagger}_{p\uparrow} = u_p c^{\dagger}_{p\uparrow} - v_p c_{-p\downarrow}$$

および

$$\gamma_{p\uparrow} = u_p c_{-p\downarrow} + v_p c^{\dagger}_{p\uparrow}$$

と記述されるが，これらはボゴリュウボフ演算子（Bogoliubov operator）と呼ばれている．電子対とホール対が重ね合わせで存在している事情が，実験で観測される種々の物理量に，いわゆるコヒーレンス因子（coherence factor）を通して特徴的な振る舞いを出すことになる．たとえば，核磁気共鳴（NMR）における核磁気縦緩和率（longitudinal relaxation rate）$1/T_1$ や超音波減衰係数 α 等では，それを生み出す相互作用の違いで，異なる因子が現れる．たとえば，$(p1, \varepsilon_{p1})$ と $(p2, \varepsilon_{p2})$ 間のスピン反転準粒子散乱によって決定される NMR $1/T_1$ の場合には，

$$(u_{p1}u_{p2} + v_{p1}v_{p2})^2 = [1 + (\varepsilon_{p1}\varepsilon_{p2} + \Delta_{p1}\Delta_{p2})/E_{p1}E_{p2}]/2 \tag{2.6a}$$

の因子が入り込むのに対し，スピン反転を伴わない準粒子散乱による超音波減衰係数 α の場合は，

$$(u_{p1}u_{p2} - v_{p1}v_{p2})^2 = [1 + (\varepsilon_{p1}\varepsilon_{p2} - \Delta_{p1}\Delta_{p2})/E_{p1}E_{p2}]/2 \tag{2.6b}$$

の因子が現れる．また通常の場合 $\varepsilon_{p1}\varepsilon_{p2}$ の項は．$p1$，$p2$ の積分によって消える．ギャップ Δ が等方的な場合，NMR $1/T_1$ の温度変化にはこのコヒーレンス因子の影響で，T_{c} の直下にヘーベル-シュリヒターピーク（Hebel-Slichter peak）と呼ばれる顕著なピーク（**図 2-1**）が見られるのに対し，超音波減衰係数 α は T_{c} から温度を下げたとき急激に減少する[2]．

一方，準粒子の生成，消滅を伴う過程に関するコヒーレンス因子の影響は中

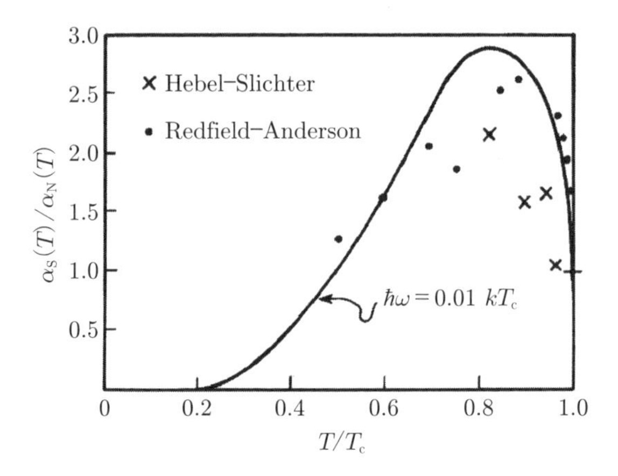

図 2-1　Al の NMR 縦緩和時間 $1/T_1T$ の温度変化に見られたコヒーレンスピーク(NMRではヘーベル-シュリヒターピークと呼ばれる)計算曲線を × 印や● 印で示された実験データと比較してシュリーファーが著作中で示したもの(常伝導相の値でスケールしてある). J. R. Schrieffer : *Theory of Superconductivity*, p. 71 [2] から引用.

性子磁気非弾性散乱のスペクトル強度 $\chi''(\boldsymbol{q},\omega)$ の振る舞いにも現れる($\boldsymbol{q}$ および $\hbar\omega$ は，それぞれ，磁気励起の波数とエネルギーである．今後，$\hbar=1$ としてエネルギーを単に ω と表記することも多いので注意いただきたい)．この場合，$\chi''(\boldsymbol{q},\omega)(\boldsymbol{q}=\boldsymbol{p}_1-\boldsymbol{p}_2)$ には

$$(u_{p1}v_{p2}-v_{p1}u_{p2})^2=[1-(\varepsilon_{p1}\varepsilon_{p2}+\Delta_{p1}\Delta_{p2})/E_{p1}E_{p2}]/2 \quad (2.6c)$$

(準粒子形成に対応)

を通して入り込む.

さて，通常の超伝導の顕著な振る舞いの一つに，非磁性不純物と磁性不純物がもたらす T_c への影響の顕著な違いがある．非磁性不純物の場合，それによる散乱のために，波数ベクトル $\boldsymbol{k}$ の状態が電子の固有状態ではなくなるが，その効果をも取り込んだ新たな状態が散乱のないときのものと 1 : 1 対応を持つ限り，(2.4)式から決まる T_c は変わらない．これはアンダーソンの定理(Anderson theorem)として知られる[3](ただし，電子局在効果が顕著になるほどまで散乱の影響が大きいときは別の理由で T_c に影響が出る)．一方，磁性

不純物が導入されると，クーパー対が，スピン反転散乱(spin flip scattering)のためにスピン一重項状態に留まれなくなるので，転移温度 T_c は磁性不純物のないときのもの(T_{c0})から急速に下降することになる．その T_c の下降を記述するのは，いわゆる対破壊(pair breaking)に関するアブリコゾフ-ゴルコフ(Abrikosov-Gorkov もしくは AG)の式で，

$$\ln(T_{c0}/T_c) = \psi(1/2 + \alpha/2t) - \psi(1/2) \tag{2.7}$$

である[4]．ここで，$\psi(x) \equiv \mathrm{d}\ln\Gamma(x)/\mathrm{d}x$，$t = T_c/T_{c0}$，$\alpha$ は対破壊パラメーター(pair breaking parameter)と呼ばれるもので，散乱時間 τ_s を用いて $\alpha = \hbar/(2\pi k_B T_{c0} \tau_s)$ と表される．ただ，通常の超伝導体では，低温まで局在モーメントを持つ d 電子元素は多くない．これは磁性不純物に対するアンダーソンモデル(Anderson model)[5]を思い起こせばよくわかる．これは，ホストの伝導電子と強く相互作用するためである．一方，希土類金属元素では，磁気モーメントを持つ f 電子が原子の内部に閉じこもっているので伝導電子との相互作用が弱く，超伝導体内に入っても局在スピンを持ったままである．しかし，その相互作用が弱いので T_c を大きくは下降させない．それでも，La に Gd を入れた場合で～5 K の T_c が 1% 程度の Gd で消失する．非磁性不純物が T_c を急速に下降させるのは，フェルミ面上で Δ の符号が反転しているときであるが，このことについては後で鉄系超伝導体を考える際に述べる．

超伝導理論の枠組みの話をごく簡単に述べてきたが，この理論からは超伝導の T_c はどこまで上昇可能なのであろうか．高温超伝導の実現は多くの研究者の夢だったので，銅酸化物高温超伝導体の発見以前からも，それに関する研究は多々存在した．(2.4)式を見ると T_c を決定しているのはクーパー電子対形成の相互作用エネルギースケール $\hbar\omega_0$ と電子-格子相互作用の強さ $1/N(0)V$ である．有名な MgB_2 は，$\hbar\omega_0$ も $1/N(0)V$ も大きいという点で，高い T_c の実現条件を備えたものであった[6]．ここで，電子-格子相互作用の ω 依存性を詳しく取り扱ったのがエリアシュベルグの式(Eliashberg equation)である[7]．マクミラン(W. L. McMillan)は，この式を使った具体的な計算結果から，次のような T_c に対する近似式を導いた[8]．

$$T_{\mathrm{c}}=\frac{\omega_{\mathrm{D}}}{1.45}\times\exp\left[-\frac{1.04(1+\lambda)}{\lambda-\mu^{*}-0.62\lambda\mu^{*}}\right] \tag{2.8}$$

ここで，ω_{D} はデバイ温度，λ は電子-格子相互作用のパラメーター $N(0)V$ をもっと詳しい考察によって書き換えたもので，さらに，電子間の有効クーロン反発相互作用のパラメーター μ^{*} をも考慮したものになっている．電子-格子相互作用のエネルギースケール ω_0 が大きくなると，電子間クーロン反発を避けながらフォノンを介した相互作用だけを引力として使える(いわゆる遅延効果(retardation effect)を考慮できる)条件が必ずしも有効でなくなるので，μ^{*} が大きくなる．(2.8)式は，マクミラン方程式と呼ばれるもので，$\lambda<1.4$ で金属元素の T_{c} の値をよく説明する．λ のより大きい領域でそれを改良した表式もある．マクミランは，この式と d 電子系金属や合金に対しての経験式を用い，T_{c} の最大値を見積もった．それによれば，大まかに見て 40 K あたりが最大値となり，いわゆる BCS の壁と呼ばれたこともあった．

一方で，(2.4)式において ω を大きくし，それによって生じる μ^{*} が増大する効果をできるだけ抑えれば高い T_{c} が実現するので，電子間引力を媒介する励起(フォノンに限らない)の存在場所を，伝導電子のある場所と隣接した別の場所にし，フォノンと同様の役割を果たせるようにすればいい．これが電子励起子を持つ系と金属薄膜とをくっつけるギンツブルグ(V. L. Ginzburg)の提案[9]，さらには，電子励起を持つ側鎖と伝導性のある一次元主鎖で構成される有機伝導体のリトル(W. A. Little)の提案[10]に結びついたものである．後者の研究では，一次元有機伝導体の TCNQ-TTF にパイエルス転移(Peierls transition)[11]と呼ばれる電荷密度波(charge density wave(CDW))形成を伴った相転移が見つかり話題を呈したが，励起子を念頭にした試みはまだ日の目を見ていない．ただ，電気伝導を担う部分と絶縁体部分が，一つの結晶のなかに存在する系として低次元伝導体への興味をさそう結果をもたらした．

さて，T_{c} に関するアレン-ダインズ(P. B. Allen and R. C. Dynes)の結果[12]では，電子間引力相互作用 λ の強さが増加すればするほど，T_{c} も大きくなりうる．しかし，一般的に見れば，電子-格子相互作用が増大して λ が大きくなれば，格子系が不安定になり，同時に電荷分離(charge disproportionation)が起こる．これについて，チャクラバティ(B. K. Chakraverty)[13]はバイポーラロン(bipolaron)という，2個のポーラロンのスピン一重項対形成による構造変化が起こり絶縁体化することを問題にした．一方，ライスとスネドン(T. M. Rice and L. Sneddon)[14]は，ペロフスカイト型の酸化物 $Ba(Pb, Bi)O_3$ で実空間電子対形成(real space pairing)と呼ばれる電荷分離($2Bi^{4+} \rightarrow Bi^{3+} + Bi^{5+}$)が起こり絶縁体化するとした．

電子-格子相互作用による高温超伝導の実現は，いまのところ，まだ思うに任せない．ただ，MgB_2 で $T_c = 39$ K の超伝導が発見された[6]ことは，電子格子相互作用をその機構とした高い T_c を持つ超伝導体が，今後発見されないとばかりはいえない．ノーベル賞を二つ受賞したバーディーンも，銅酸化物高温超伝導体発見後のごく初期に開かれたバークレーでの国際会議で，「私の予言していた高温超伝導が出てきた」と講演していたのを記憶しているが，超伝導転移点の上限は，容易に予想できるものと誰も思っていなかった．また，最近，水素を含んだ化合物が高圧下で $T_c \sim 190$ K の超伝導[15]が発見されて話題となっているが，これは，軽元素である H 原子の大きな振動エネルギーが，大きな $\hbar\omega_0$ として(2.4)式に入り込むからであろう．

BCS 理論では，スピン一重項の超伝導電子対が，巨視的な凝縮状態に落ち込むとした．この電子対がスピン一重項対なら，軌道部分の波動関数は，空間反転に対し符号を変えてはならないので，その対の軌道角運動量量子数 l は偶数(even parity)，すなわち，$l = 0, 2, 4$ 等でなければならない．特に $l = 0$ では，二つの電子の重なりが大きい(距離 $r = 0$ での振幅が大きい)ので，多くの金属で対形成が実現しやすい．それがこれまで通常見られていた(conventional な)超伝導体で，もちろん s 波の対称性を持つ．

ただ，そのような系では系のランダムネスのために生じる電子系のアンダーソン局在(Anderson localization)が生じるとクーパー対を作る電子の距離，すなわち ξ が小さくなるので，クーロン反発力が増し T_c が低下する．これは，電子散乱時間を τ としたとき，$E_F\tau/\hbar \sim 1$ で顕著になる．二次元系では，単位幅，単位長さの 1 枚膜の抵抗(sheet resistance) $R_\square$ が $\dfrac{h}{4e^2} = 6.45\ \mathrm{k\Omega}$ を越えると電子局在効果で超伝導が消失する結果が，薄膜や二次元的伝導を持つ数多くの系で知られていた．少し前に，「クーパー対形成の引力を媒介する励起を伝導電子の存在する場所との境界におき，フォノンと同様の役割を果たせるようにすれば高い T_c が得られる」という考えを紹介した．これに対し，のちに紹介する高温超伝導体は多くの場合，二次元的な特徴を持った電気伝導体ではあるが，励起の存在場所もその二次元伝導面そのものである．

通常の超伝導体に関して，最後に紹介しておきたいことは，クーパー対形成に，いわゆるフォノンのソフト化が大きな寄与をもたらすかどうかに関してである．よく思い起こされるのが A15 型と呼ばれる化合物であるが，その代表的な化合物である Nb_3Sn($T_c \sim 18$ K)では，～45 K で起こる立方晶-正方晶(cubic-tetragonal)構造相転移点で，弾性係数 C_{11}-C_{12} が大きく減少(ソフト化)する．これが高い超伝導転移温度とどのような相関があるかが一時大きな興味を集めたようだが，それに対しての明確な答えは，筆者の知る限りない．ただ，よく研究されてきた Pb の場合は，フォノンのスペクトルの分布がほぼ理想的で，そのスペクトルを一部低エネルギー側に移せば T_c が高くなるといったことはないとの研究結果が，以前から発表されている[16]．

第2章 文 献

[1] J. R. Schrieffer : Physics of High-Temperature Superconductors, Sopringer-Verlag, edited by S. Maekawa, and M. Sato, September(1991).

[2] J. R. Schrieffer : *Theory of Superconductivity*, The Benjamin/Cummings Publishing Company, Inc.(1983).

[3] P. W. Anderson : J. Phys. Chem. Solids II(1959)26.

[4] A. A. Abrikosov and L. P. Gorkov : Soviet Phys. JETP **12**(1961)1243.

[5] P. W. Anderson : Phys. Rev. **124**(1961)41.

[6] J. Nagamatsu, T. Muranaka, Y. Zenitani, and J. Akimitsu : Nature **410**(2004)63.

[7] 数学的な詳細を除いた説明は，P. Allen : chapter 2 in *Dynamical Properties of Solids* edited by G. K. Horton and Maradudin : North Holland(1980).

[8] W. L. McMillan : Phys. Rev. **167**(1968)331.

[9] V. L. Ginzburg : Comptemp. Phys. **9**(1968)355.

[10] W. A. Little : Phys. Rev. **134**(1964)A1416.

[11] 鹿児島誠一編著：一次元電気伝導体，物性科学選書，裳華房(1982).

[12] P. B. Allen and R. C. Dynes : Phys. Rev. B **12**(1975)905 ; Phys. Rev. B **11**(1975)1895.

[13] B. K. Chakraverty : J. Physique **42**(1981)1351.

[14] T. M. Rice and L. Sneddon : Phys. Rev. Lett. **47**(1982)687.

[15] A. P. Drozdov, M. I. Eremets, I. A. Troyan, V. Ksenofonto, and S. I. Shylin : Nature **525**(2015)73.

[16] G. Bergman and D. Rainer : Z. Physk **263**(1973)59.

3

第3章 exotic 超伝導探索(銅酸化物以前)

前章の末尾に,“クーパー対形成のための電子間引力をもたらす励起が,その存在場所を伝導電子の場所と別にして,フォノンと同様の役割を果たせるようにすればいい”という考えを紹介したが,この章では,高温超伝導を期待した超伝導体の探索について,銅酸化物発見以前の研究を簡単に紹介する.なお,低次元有機物超伝導体に関する同様の物質探索研究は,TCNQ-TTF のパイエルス転移発見を機に主に日本とヨーロッパの研究者によって,強く推進されてきたが,ここでは,遷移金属酸化物や化合物に関するものだけを記述する.

酸化物系で超伝導を示すものは,それまであまり多くなかったが,それでも,リチウムスピネルの $Li_{1+x}Ti_{2-x}O_4$,タングステンブロンズ系の M_xWO_3 (M= アルカリ金属元素等),さらには $BaPb_{1-x}Bi_xO_3$(BPBO)等が比較的高い T_c を持つ三元系超伝導物質として知られていた.このうちで,$Li_{1+x}Ti_{2-x}O_4$ は最高 T_c ~13.7 K を持つ[1]が,その高い T_c についてよく研究されたのは,むしろ他の二つかもしれない.$BaPb_{1-x}Bi_xO_3$ は $x=0.05$ あたりから超伝導が現れ,絶縁体との境界である x~0.3 で T_c が最大値~12 K[2]を持つ.$BaBiO_3$ は,強い電子-格子相互作用によって,外殻電子2個を持つ Bi^{3+} と電子を持たない Bi^{5+} とに分離し(いわゆる実空間電子対形成があって)絶縁体になっているが,x を減少させていくと希釈化のために金属相に移り同時に超伝導相にかわる(***k***-空間対形成).この金属-絶縁体転移が生じるところで T_c が最大となるのは,電子-格子相互作用が金属相での最大値となるからである.

M_xWO_3 では,WO_6 の頂点共有で形成された構造内に入りこんだ M 原子が各々1個の伝導電子を WO_3 のバンドに供給する.Na_xWO_3 は,$x<0.2$ の正方晶Ⅱ(tetragonal Ⅱ相(TⅡ相))で絶縁体(半導体)的,$0.2<x<0.4$ の正方晶Ⅰ(tetragonal Ⅰ相(TⅠ相))で超伝導を示し,最大 T_c は,$x=0.2$ 付近で 3 K

である[3]. $T_c \propto A\exp(-Bx)$ の関係が見られるので，フェルミ面での状態密度 $N(0)$ が x に比例しているという実験事実を使えば，BCS 型の式(2.4)からは，電子-格子相互作用に対して $V \propto x^{-2}$ が成立していることになり，これも金属-絶縁体転移(構造転移)近くで V が強くなっていることを示す．これは，電子のスクリーニング長が $1/N(0) \propto 1/x$ と表されることと関連付けて議論される．絶縁体近傍で T_c が高くなる現象はいくつかの三次元系で見られている．

六方晶の構造を持つ M_xWO_3 は，WO_6 の八面体が大きなトンネル空間を持っており(**図 3-1**)，そこに M 原子を受け入れる，いわゆる，包接化合物である[4]．M 元素としては，K，Rb，Cs，Tl 等が知られており，全サイトを M が占有したときが $x=1/3$ である(**図 3-2**(a)，(b)にそれぞれ，M＝Rb および M＝Cs の場合の T_c-x 曲線を示す．最大の T_c は～7 K[5])．このような系の T_c 決定に関して気になることは，(1)トンネル内にゆるく詰まった M 原子の局所運動，および(2)WO_6 八面体の作るホスト格子の，M 原子欠損による局所的な構造不安定性からのクーパー対形成への寄与で，特に(2)について

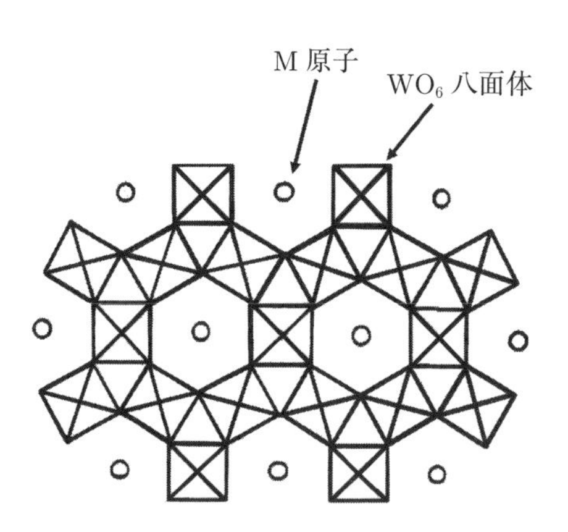

図 3-1　六方晶タングステンブロンズ M_xWO_3 を c 軸方向から見たときの模式図．WO_6 八面体の頂点共有で構成されるトンネルの中に M 原子が存在する包接化合物．

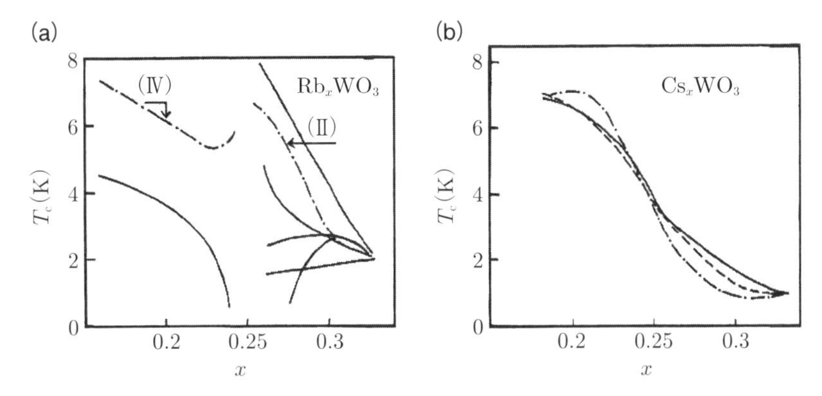

図 3-2 (a)Rb_xWO_3と(b)Cs_xWO_3の超伝導転移温度 T_c の観測値(実線)[5]，中性子散乱実験に基づいてなされたいくつかの計算曲線も破線や1点鎖線で示されている[7]．(a)のⅡおよびⅣはRbの秩序パターンが異なる領域(図3-4(a),(b)参照)を表す．また，Ⅱの領域では異なった観測データがいくつか出ている．(b)では二通りの計算結果を示した．

は，図3-2(a)に見られる T_c-x 曲線の顕著な異常の起源に，M原子秩序(後述)がどう関連しているかが注目された．

まず，(1)に関して言えば，トンネル内にゆるくトラップされたM原子は，局所的な性格の運動を持つ．特に，カミタカハラら(W. A. Kamitakahara *et al.*)は，$Tl_{0.33}WO_3$ に対する中性子非弾性散乱によってその局所モード(フォノン分散の大きくないモード；**図 3-3**)を観測し[6]，超伝導転移温度への影響を議論したが，そこでは，M＝Tl，Rb，KおよびCsについて，局所モードのエネルギー $\omega_M \propto m_M^{-1/2}$($m_M$ はM原子の質量)としてその寄与を考えると T_c が説明されるとした．

次に，(2)の局所構造不安定性に関連して，Rb_xWO_3 と K_xWO_3 を用いた実験がなされたが，その結果の例として，Rb原子の秩序温度とそのパターンをそれぞれ**図 3-4**(a),(b)に示した．図3-2(a)に示されたM＝Rbの T_c-x 曲線に見られる x～0.25での顕著な異常は，このRb原子の秩序と関連したものである[7]．これは，スタンレーら(R. K. Stanley *et al.*)が観測した抵抗の異常[8,9]とも一部対応したものである．この振る舞いを念頭に，M＝Rbの欠損

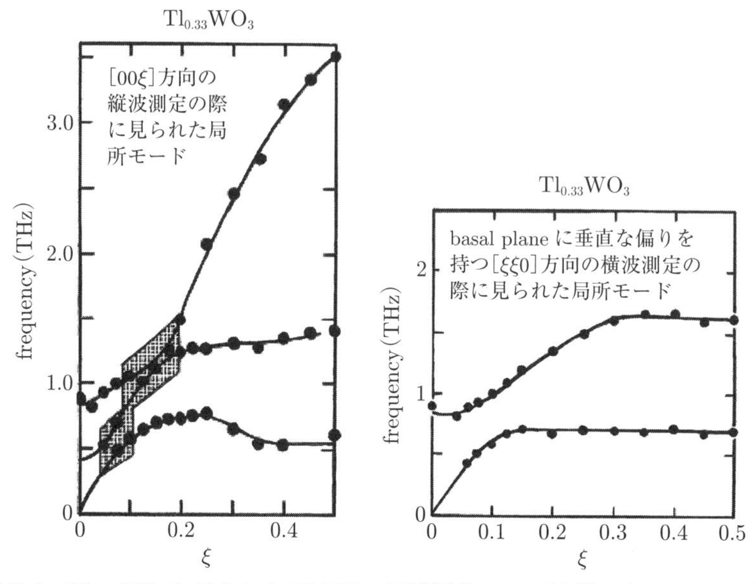

図 3-3　$Tl_{0.33}WO_3$ に見られた Tl 原子の局所振動モード(分散の小さいモード). 左図と右図は, それぞれ [0 0 ξ]方向の縦波音響モード測定および [ξ ξ 0]方向の面直方向の偏りを持つ横波音響モードに見られたもの[6].

による構造不安定性を考慮してみるために, カミタカハラら[6]が用いた式を

$$T_c = \frac{1}{1.20}(\omega_{WO_3})^{\lambda_{WO_3}/\lambda}(\omega_M)^{\lambda_M/\lambda}(\omega_{LSE})^{\lambda_{LSE}/\lambda}\exp\left(-\frac{1.04(1+\lambda)}{\lambda-\mu^*-0.62\lambda\mu^*}\right) \tag{3.1}$$

と拡張してごく粗っぽく T_c を解析してみる. ただし, 上記の局所モードのエネルギーを ω_M, T_c への寄与する電子との結合パラメーターを λ_M とし, WO_3 格子のフォノンに関しても同様に ω_{WO_3}, λ_{WO_3} とする. さらに, 空の M 原子サイトが存在するので, 局所的な構造の不安定性がある可能性を考え, それに関する局所構造励起(local structural excitation (LSE))に関して, ω_{LSE}, λ_{LSE} を導入した(ω_M は M 原子質量 m_M の $-1/2$ 乗に比例). また, $\lambda = \lambda_M + \lambda_{WO_3} + \lambda_{LSE}$ である. λ_{LSE} は, 図 3-4(b)に見られる M 原子の秩序パターンに依存するが, ここでは単に $\lambda_{LSE} \propto N(0)\, n_{LSE}$ とする. ただし n_{LSE} は, ある大きさの領域内での M 原子充填率が 1/2 以下になっている確率に比例するとし,

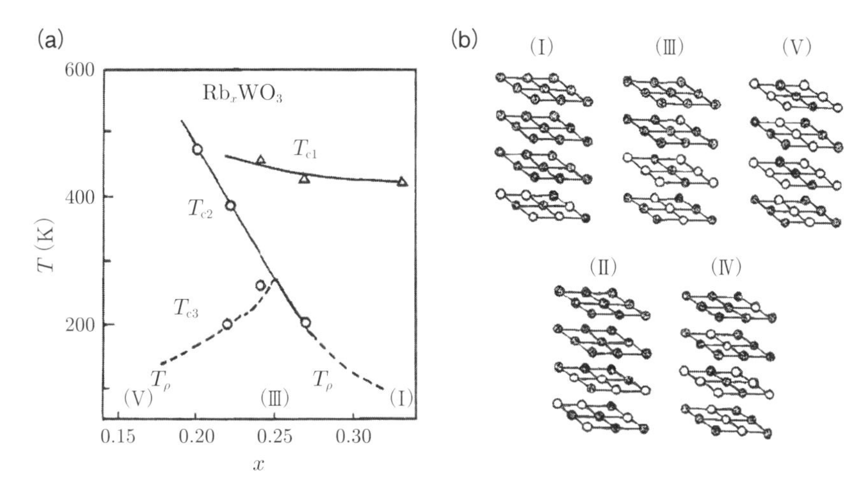

図 3-4　(a)Rb_xWO_3 に見られた構造相転移温度[7]．△印は WO_3 ホストケージの歪みが見える温度(T_{c1})，○印は主に Rb 原子の秩序化の生じる温度(T_{c2}, T_{c3})，破線は，抵抗異常が見られている温度(T_ρ)[8]である．(b)M 原子の秩序パターンを空サイト(○)の少ない方から順に描いた[7]．ここで，$x=1/3$ が全 Rb サイトの占有，$x=1/4$ が半分のサイトの占有に対応する．(a)内の(I)，(III)，(V)は，その x 値近傍の Rb 原子秩序パターンを示す．

それまでに指摘されていた $N(0) \propto x$ の実験的関係をも使ったが，抵抗異常も見えるためにやや複雑なので，詳細については，文献[7]を参照されたい．得られた T_c-x 曲線は，M 原子の秩序化が見られない Cs_xWO_3 の場合も含めて図 3-2(a)，(b)中に実験データとともに示されている．

以上の議論で重要と思われるのは，(1)M 原子の局所モード，(2)LSE，さらには，(3)BPBO や Na_xWO_3 に見られた金属-絶縁体転移近くでの電子-格子相互作用の増大の三つである．なお，ここで取り上げた系はすべて三次元的伝導性を持つ酸化物系である．

ここで金属-絶縁体転移に絡んで，**図 3-5** に示したチャクラバティの相図にもどる．そこでは，電子-格子相互作用が強くなると格子歪みが生じて系が絶縁体になるか，もはや超伝導に大きくは寄与しない電子系のみが金属的な伝導を持って生き残るだけで，高い T_c は現れない．しかし，特殊なケースとし

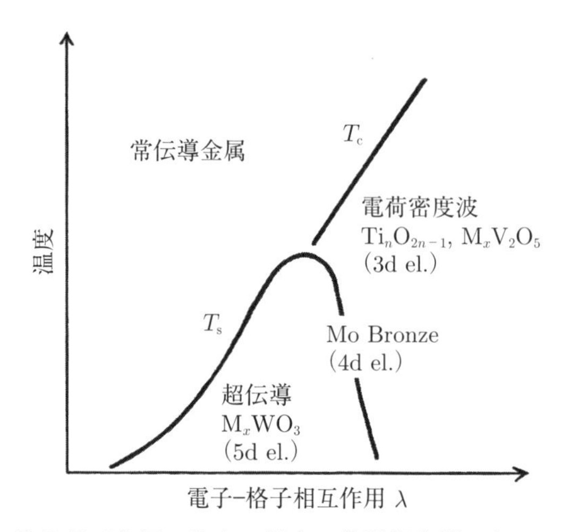

図 3-5　電子–格子相互作用の強さに対する物質相を描いた，チャクラバティ(B. K. Chakraverty)の相図．T_c, T_s はそれぞれ，電荷密度波および超伝導転移温度．

て，電子–格子相互作用が強くても格子歪みが生じない系に高温超伝導出現の可能性がないかどうかに注目してみると，たとえば(1)二つ以上のイオン価数が混在し，それらが秩序化した系，いわゆる価数秩序(valence ordering)が生じている系のキャリア数を制御して金属化させることや，(2)低次元性や幾何学的フラストレーション(後述)という特殊構造に起因した揺らぎが原因で，容易にはオーダーしない系を選択してその超伝導発現をさぐる等の手段が浮かぶ．特に低次元性は，電気伝導を担う部分と絶縁体部分が，結晶内の別部分に存在する系として，上記の，ギンツブルグの薄膜提案(第2章の文献[9])や，伝導性のある一次元主鎖と側鎖とで構成される有機伝導体に関するリトルの提案(第2章の文献[10])とも結びつく可能性がある．

実際には，強い電子–格子相互作用によるバイポーラロンと呼ばれる電子二重項を作って絶縁体になっている Ti_4O_7 やその類似系を対象に，(伝導電子のある)Ti サイトに価数の異なる元素(たとえば V)をドープして，電子数を変えることを筆者を含め試みていたことがあるが，そこではバイポーラロンの秩序が消えても金属化はしなかった[10]．さらに，銅酸化物超伝導体の発見後に圧力印加を行った実験でも金属化はしたが超伝導は出なかった[11,12]．一方，やはり銅酸化物超伝導体発見ののちに報告された正方晶ペロフスカイト構造(cubic perovskite 構造)を持つ $Ba_{1-x}K_xBiO_3$ では，伝導電子を持つ Bi サイトにランダムネスが導入されない形でのキャリアドープが行われることから，Bi サイトに Pb を導入する $BaPb_{1-x}Bi_xO_3$ の場合より高い T_c(～30 K)の超伝導が現れた[13]．

一方，擬一次元伝導体としてよく知られているのは，Mo-ブルーブロンズ A_xMoO_3(A＝K, Rb)(x＝0.3)や Mo-パープルブロンズ $Li_{0.9}Mo_6O_{17}$ である．A_xMoO_3 は，擬一次元伝導体としてよく知られる．これは，MoO_3 八面体の連結構造が，電子が動く観点からは一次元性を有していても結晶構造上からは三次元的なので，巨大な結晶(**図 3-6**)が作成可能である[14]．フェルミ面も一次元導体に典型的なものとなり，そのフェルミ面のネスティング(nesting；後述するように，二つのフェルミ面が逆格子空間内で平行移動したときの重なりが大きいこと)によって生じるパイエルス転移(電子-格子相互作用によって格子と不整合(インコメンスレートもしくは incommensurate(IC))な波数ベクトルを持った電荷密度波が現れる[15,16]．これは，低次元の酸化物伝導体におけ

擬一次伝導体 Mo-ブルーブロンズ

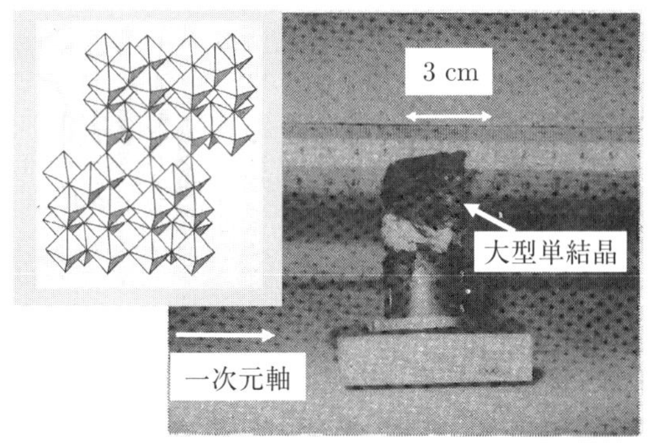

図 3-6 一次元伝導体モリブデンブルーブロンズ $K_{0.3}MoO_3$ の大型単結晶と MoO_6 八面体の連結構造の模式図[14]．このような結晶を使った中性子散乱で格子系の動的挙動がよく調べられた[16]．

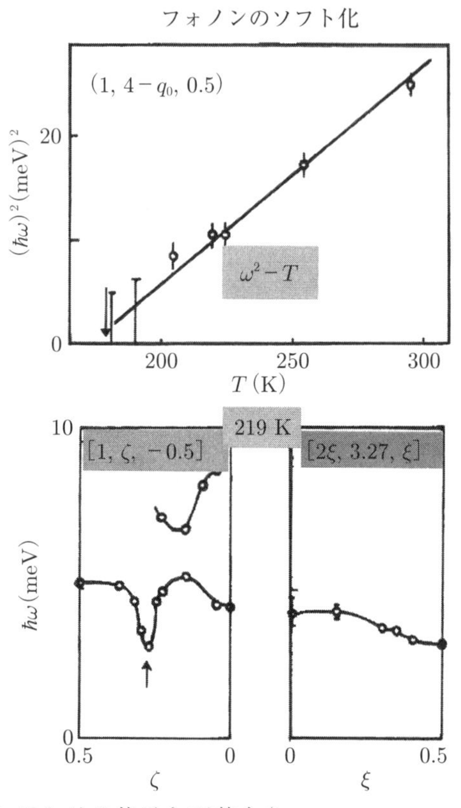

図 3-7　$K_{0.3}MoO_3$ における格子と不整合(incommensurate)な電荷密度波(CDW)の形成に伴ったフォノンのソフト化[16]．転移温度(～182 K)でフォノンエネルギーがほぼゼロになる(上図)．下の図二つはソフトフォノンブランチの分散関係．矢印の位置でソフト化が見える(データは T＝219 K のもの)．

る超伝導探索で生まれた副産物と言えないこともないが，大きな結晶を使った電荷密度波状態の研究を可能にした．特に，インコメンスレートな波数を持ったフォノンのソフト化[16]，電荷密度波の滑り運動(sliding motion)の NMR による直接観測[17]等がその例である．**図 3-7** にソフトフォノンを，**図 3-8** には，滑り運動の NMR による直接観測の結果を示した．

図 3-9 に，$K_{0.9}Mo_6O_{17}$ および $Li_{0.9}Mo_6O_{17}$ の構造[18]を示す．このうち，

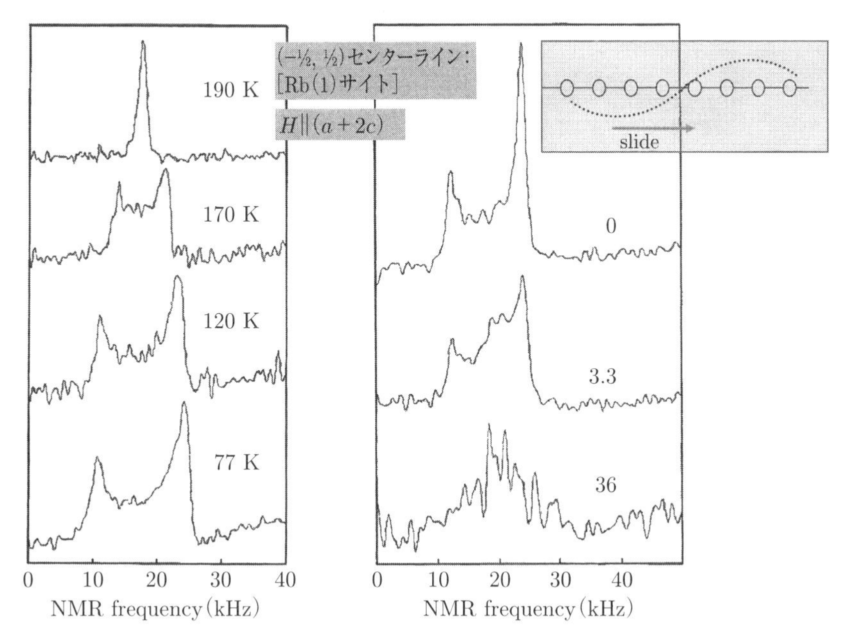

図 3-8 $Rb_{0.3}MoO_3$ の Rb サイトにおいて，電荷密度波転移温度の上下で観測された Rb-NMR プロファイル．T_c 以下で格子と不整合な電荷密度波の特徴的な NMR プロファイルの形が見える(左)．右図は，電場印加によって電荷密度波が滑り運動をしている状態でのプロファイル．運動による先鋭化(motional narrowing)が起こっている[16]．

$K_{0.9}Mo_6O_{17}$ は典型的二次元伝導体として，フェルミ面のネスティングによる電荷密度波転移を示す．$Li_{0.9}Mo_6O_{17}$ も同様の二次元伝導体のように見えるが，Mo-O の構成する多面体自体やその配列に歪みが大きく伝導性はむしろ一次元的である．しかし，おそらくはその歪みのために，Mo-ブルーブロンズのようなパイエルス転移も示さず，降温の際 $d\rho/dT<0$ の振る舞いを持った後，超伝導に転移する．事実，この系では $E_F\tau/\hbar\sim3.7$ と見積もられ，弱電子局在現象が見えていると考えられる[19]．このとき，超伝導転移温度 T_c は，局在現象がなかった場合に比べ下降していると考えられている．

筆者は，特に W-ブロンズ系や Mo-ブロンズ系，さらには $BaPb_{1-x}Bi_xO_3$ 等[7, 14, 16-20]を中心に，上記の研究例の多くを進めていたが，高温超伝導物質

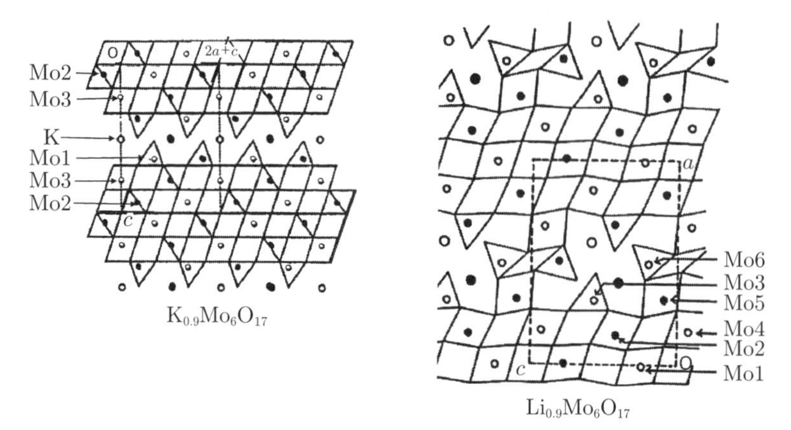

図 3-9　(図左)$K_{0.9}Mo_6O_{17}$ の構造を a 軸にプロジェクトして示した[18]. MoO_6 八面体の頂点連結による 4 層構造平板とそれらを結びつける MoO_4 四面体とそれに囲まれた K 原子(大きな丸)で構成される. O 原子は多面体の頂点に, Mo 原子は多面体内に位置する. 白丸と黒丸は, それぞれ, $y=0$ と 1/2 にある. (図右)MoO_6 と MoO_4 多面体の連結構造, およびそこに挟まれた Li 原子(大きい丸)で構成される $Li_{0.9}Mo_6O_{17}$ の構造を ac 面にプロジェクトして $K_{0.9}Mo_6O_{17}$ と同様に描いた[18]. ただし, ここでは, Mo および Li の y の値は白丸が 1/4, 黒丸が 3/4 である. 配列は, $K_{0.9}Mo_6O_{17}$ と類似しているが, Li と K のイオン半径の違いによって, MoO_6 八面体と MoO_4 四面体の連結の歪みが際立って異なっている.

の探索やそれに絡んだ新規物性現象の追究は, こうして銅酸化物高温超伝導の発見以前から進んでおり, まさに, 物質科学の幕開けが迫っていたと考えている. 筆者が東大物性研の中性子部門に在職していた時期に, 同部門に短期間, 籍を置いていたことのある高重正明氏(元いわき明星大学長)が, 銅酸化物高温超伝導体の発見者であるミューラーとベドノルツ(K. A. Müller & J. G. Bednorz)の研究室(IBM Zurich)にその発見直後に滞在して研究されていたが, 帰国後に,「ミューラーらの発見の基本的アイデアは本書の筆者のものと同様で, 異なるとすれば, それにヤーン-テラー効果の活用があった」と言っていたことを思い出す. ミューラーたちもまさに新しい物性の開拓にほぼ共通の興味で動いていたことがわかる.

第3章 文　献

[1] D. C. Johnston : J. Loe Temp. Phys. **25**(1976)145.

[2] A. W. Sleight, J. L. Gillson, and P. E. Bierstedt : Solid State Commun. **17**(1975)27.

[3] H. R. Shanks : Solid State Commun. **15**(1974)753.

[4] A. Magneli : Acta Chem. Scand. **7**(1953)315.

[5] M. R. Skokan, W. G. Moulton, and R. C. Morns : Phys. Rev. B **20**(1979)3670.

[6] W. A. Kamitakahara, K. Scharnberg, and H. H. Shanks : Phys. Rev. Lett. **43**(1979)1608.

[7] M. Sato, B. H. Grier, H. Fujishita, S. Hoshino, and A. R. Moodenbaugh : J. Phys. C : Solid State Phys. **16**(1983)5217.

[8] R. K. Stanley, R. C. Morns, and W. G. Moulton : Solid State Commun. **27**(1978)1277.

[9] R. K. Stanley, R. C. Morns, and W. G. Moulton : Phys. Rev. B **20**(1979)1903.

[10] C. Schlenker, S. Ahmedl, R. Buder, and M. Gourmala : J. Phys. C **12**(1979)3503.

[11] T. Tonogai, H. Takagi, C. Murayama, and N. Mori : Rev. High Press. Sci. Tech. **7**(1998)453.

[12] H. Ueda, K. Kitazawa, H. Takagi, and T. Matsumoto : J. Phys. Soc. Jpn. **71**(2002)1506.

[13] L. F. Mattheiss, E. M. Georgy, and D. W. Jhonson, Jr. : Solid State Commun. **62**(1987)681.

[14] 為ヶ井強，堤喜登美，鹿児島誠一，佐藤正俊：固体物理 **19**(1984)417.

[15] G. Travaglini, I. Morke, and P. Wachter : Solid State Commun. **45**(1983)289.

[16] M. Sato, H. Fujishita, S. Sato, and S. Hoshino : J. Phys. C **18**(1985)2603.

[17] K. Nomura, K. Hume, and M. Sato : J. Phys. C **19**(1986)L289.

[18] M. Onoda, K. Toriumi, Y. Matsuda, and M. Sato : J. Solid State Chem. **66**(1987)163.

[19] M. Sato, Y. Matsuda, and H. Fukuyama : J. Phys. C **20**(1987)L137.

[20] M. Sato, H. Fujishita, and S. Hoshino : J. Phys. C **16**(1983)L417.

4

第4章

遷移金属酸化物の電子構造

4-1　電子構造

繰り返し述べてきたことであるが，銅酸化物高温超伝導体の発見の前後で，固体物性研究に目に見える変化が起こった．ここでは，その変化について知る準備として，電子間相互作用の強い電子系(強相関電子系)，特に3d電子系の電子構造の理解を目的に，まず立方晶ペロフスカイト構造を持つ遷移金属酸化物 ABO_3 を例に取り上げる．銅酸化物の高温超伝導の舞台となる CuO_2 面を構成する CuO_6 八面体を念頭に置くからである．

ABO_3 では，酸素の正八面体の中心に3d遷移金属元素Bが存在する(**図4-1**)．酸化物系では，広がった波動関数を持つs電子やp電子は，ほとんど，酸素原子側に偏って価電子バンドを形成しイオン性を持つのに対し，3d電子は遷移金属側に属して伝導性を支配する(第1章の文献[3]参照)．この電子系を考えるために，まず，中心力場中を運動する電子の波動関数から始める．それは球対称で

$$\phi(\boldsymbol{r})=\phi(r,\theta,\phi)=R(r)\,Y_l^m(\theta,\phi) \tag{4.1}$$

の，変数が分離された形をとる．ここで，$R(r)$ は動径方向の波動関数，Y_l^m は，球面調和関数で角運動量量子数 l，磁気量子数 m を持ち，$R(r)$ は角運動量量子数 l に対して

$$h_lR(r)=\varepsilon R(r)$$
$$h_l\equiv-\frac{\hbar^2}{2m}\left[\frac{d^2}{dr^2}+\frac{2}{r}\frac{d}{dr}-\frac{l(l+1)}{r^2}\right]\frac{e^2}{r} \tag{4.2}$$

を満たす．このうちで，エネルギー $\varepsilon<0$ の(束縛状態にある)電子波動関数 $R_{nl}(r)$ は，

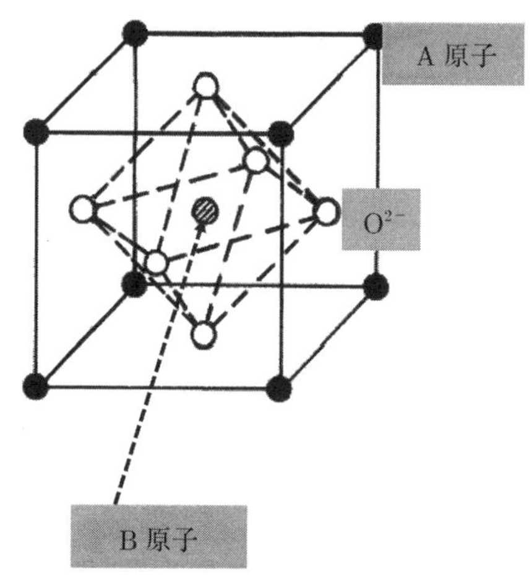

図 4-1　ペロフスカイト酸化物 ABO_3 の模式構造.

$$R_{nl}(r) = -\left[\left(\frac{2}{na}\right)^3 \frac{(n-l-1)!}{2n[(n+l)!]^3}\right]^{1/2} e^{-1/2\rho}\rho^l L_{n+l}^{(2l+1)}(\rho), \tag{4.3}$$

$$\varepsilon_{nl} = \varepsilon_n = \frac{me^4}{2\hbar^2}\frac{1}{n^2} = -\frac{e^2}{2a}\frac{1}{n^2}$$

となる．ここで，n は主量子数，$a = \hbar/me^2 = 0.053\,\mathrm{nm}$ はボーア半径，$e^2/2a = 13.6\,\mathrm{eV}$ はリュードベリ(Rydberg)定数，$\rho \equiv 2r/na$ である．また，ラゲールの陪多項式

$$L_{n+m}^m(z) \equiv \frac{d^m}{dz^m}\left[e^z \frac{d^{n+m}}{dz^{n+m}}(z^{n+m}e^{-z})\right] \tag{4.4}$$

を用いている．

$u_{nlm}(r,\theta,\varphi) = R_{nl}(r)\,Y_{lm}(\theta,\varphi)$ と改めて書き直すと，

$$u_{100}(r,\theta,\varphi) = (1/a)^{3/2}\exp(-r/a)/2\sqrt{\pi} \tag{4.4a}$$

が等方的な 1s 軌道であり，

$$u_{200}(r,\theta,\varphi) = [1/(2a)^{3/2}](2-r/a)\exp(-r/2a)/2\sqrt{\pi} \tag{4.4b}$$

が 2s 軌道，

$$u_{210}(r,\theta,\varphi)=[1/(2a)^{3/2}](r/\sqrt{3}a)\exp(-r/2a)(3/4\pi)^{1/2}\cos\theta$$
$$\sim z\exp(-r/2a)$$
$$u_{21\pm1}(r,\theta,\varphi)=[1/(2a)^{3/2}](r/\sqrt{3}a)\exp(-r/2a)(3/8\pi)^{1/2}\sin\theta\exp(\pm i\varphi) \tag{4.4c}$$

もしくは，この一次結合をとって表した

$$(u_{211}+u_{21-1})\sim x\exp(-r/2a) \tag{4.4d}$$

および

$$(u_{211}-u_{21-1})\sim y\exp(-r/2a) \tag{4.4e}$$

の三つが 2p 軌道である．(4.4c)～(4.4e)の三つの 2p 軌道は，それぞれ x, y, z 方向に伸びた形になっている．

同様に，自由原子内の 3d 電子系は，主量子数 $n=3$ で，方位(角運動量)量子数 $l=2$ の $2l+1=5$ 個の異なった波動関数で表されるエネルギーの縮退した状態で表される．この 5 個の波動関数を，$r/a(a=\hbar^2/me^2)$ を単に r と略して書いたとき，

$$u_{nlm}=R_{nl}(r)Y_{lm}(\theta,\varphi)\quad(ここでは\ n=3;l=2;|m|\leqq l)$$
$$R_{32}(r)=(4/81)(1/\sqrt{30})\times\exp(-r/3)\times r^2$$
$$Y_{20}=(5/16\pi)^{1/2}\times(3\cos^2\theta-1)$$
$$Y_{2\pm1}=(15/8\pi)^{1/2}\cos\theta\sin\theta\exp(\pm i\varphi)$$
$$Y_{2\pm2}=(15/32\pi)^{1/2}\sin^2\theta\exp(\pm 2i\varphi) \tag{4.5}$$

となるが，それらの一次結合をとり，

$$(Y_{22}-Y_{2-2})/(i\sqrt{2})\propto xy/r^2[\times(15/4\pi)^{1/2}]$$
$$(Y_{22}+Y_{2-2})/\sqrt{2}\propto(x^2-y^2)/r^2[\times(15/16\pi)^{1/2}]$$
$$(Y_{21}+Y_{2-1})/(\sqrt{2})\propto zx/r^2[\times(15/4\pi)^{1/2}]$$
$$(Y_{21}-Y_{2-1})/(i\sqrt{2})\propto yz/r^2[\times(15/4\pi)^{1/2}]$$
$$Y_{20}\propto(3z^2-r^2)/r^2[\times(15/16\pi)^{1/2}] \tag{4.6}$$

とすれば，実数化された波動関数の状態が得られる．このときの，波動関数の形を，模式的に**図 4-2** に示す．

この 3d 電子系では，固体内で隣の B 原子サイトにトランスファーするエネルギーが，原子内クーロン相互作用エネルギー U に比較して十分小さいとき

立方対称結晶場による3d電子レベル分裂

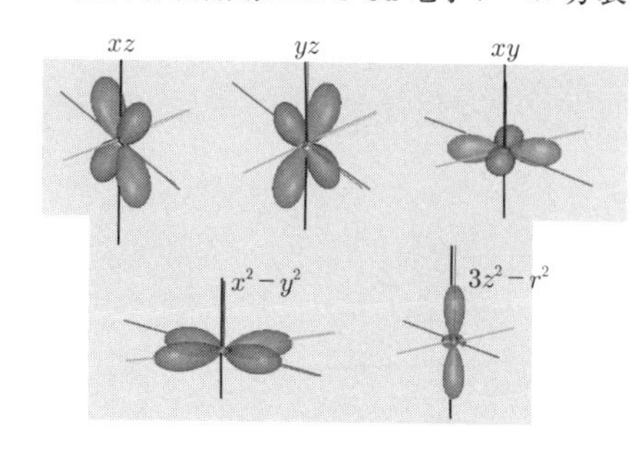

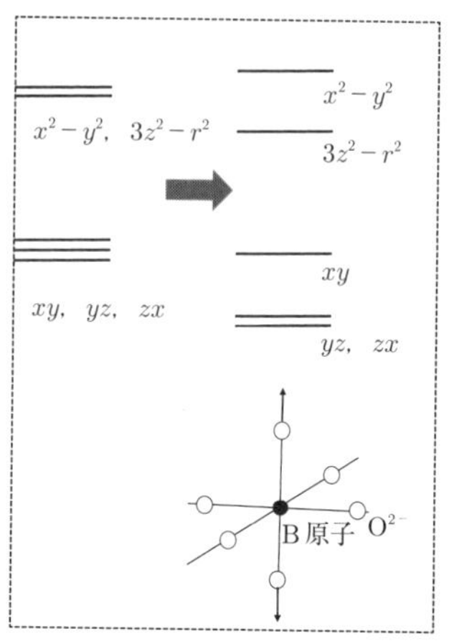

図 4-2　立方対称配位子場中にあるB原子の3d電子波動関数の形状（図左）とエネルギー分裂（図右：八面体が右下の図の細い矢印方向に伸びると右上図の太い矢印で示されたようにエネルギーが分裂する）.

に局在するが，全く自由な原子と同じになるわけではない．立方ペロフスカイト構造の系（図 4-1）において，(0, 0, 0) にある 3d 遷移金属原子（B 原子）の上記波動関数に対して，(±1/2, 0, 0)，(0, ±1/2, 0)，(0, 0, ±1/2) にある酸素イオン O^{2-} が及ぼす影響（結晶場効果）は，希土類金属の 4f に対するものに比べずっと大きい．これは，3d 電子系が外側にあって，O^{-2} イオンと直接相互作用を持つからで，スピンと軌道の相互作用（LS 結合）より先に，このエネルギーの変化をまず第一に考えることが必要である．このとき，対称性の考慮から，波動関数が xy, yz, zx の形の軌道（dε 軌道）のエネルギー縮退は結晶場では解けないことがわかるが，同様に，x^2-y^2 と $3z^2-r^2$ の二つ（dγ 軌道）も縮退が解けない．これは，$3z^2-r^2$を $(z^2-x^2)+(z^2-y^2)$ と書き直してみれば，やはり対称性の考慮から理解できよう．また，クーロン相互作用の大きさを，3d 電子波動関数の伸びる方向と照らし合わせて考えれば，dε 軌道が dγ 軌道より小さなエネルギーを持つことがわかる．もし c 軸が長くなって（縮んで）立方対称からから正方対称に変われば，dε 軌道の 3 個の軌道の縮退が解けて，yz, zx の軌道エネルギーが xy 軌道よりも低く（高く）なる．同様に，dγ 軌道の二つの軌道縮退が解け，$3z^2-r^2$ 軌道の方がエネルギーが低く（高く）なる（図 4-2 に O^{2-} が矢印の方向に動いた場合の軌道エネルギーの変化を模式的に示した）．

それでは，立方晶系での dε 軌道と dγ 軌道とのエネルギー差はどうなるか．そのために，遷移金属原子 B の周りにある 6 個の O^{-2} を点電荷として扱い，その電場ポテンシャルエネルギー V_{crys} を，自由原子内の電子系に対する摂動項として，固有エネルギー，固有状態の変化を求める．計算は，たとえば上村らの著書[1]を参照してもらうことにして，ここでは大まかな結果のみを見ると，そのエネルギーとして，二重縮退の $\varepsilon=\varepsilon_3'+6Dq$，および三重縮退の $\varepsilon=\varepsilon_3'-4Dq$ が得られる．ここで，

$$\varepsilon_3'=\varepsilon_3+6Ze^2/a$$

ε_3 は自由原子の 3d 軌道エネルギー，a は格子定数であり，それを使って，

$$D=35Ze/4a^5,\quad q=(2e/105)\langle r^4\rangle$$

と表され，dε 軌道と dγ 軌道のエネルギー差は $10Dq$ である．ここで，$\langle r^4\rangle$ は 3d 動径関数 $R_{3d}(r)$ のウエイトをつけた r^4 の平均値である．

複数の電子がある場合は，フントの第一則に従って電子が詰まっていくが，結晶場の効果が大きい場合には，まず，エネルギーの低い三つのレベル（dε 軌道）に入ってから，dγ 軌道に電子が詰まることになる．$LnCoO_3$（Ln＝ランタン系列元素）をベースにした系では，$10Dq$ とフント結合エネルギーとの大小関係によって，そのスピンが出現したり，消えたりといった，いわゆる，高スピン-中間スピン-低スピン転移（high spin-intermediate spin-low spin transition）の現象がよく知られる．

このような結晶場の影響を受けた 3d 電子は，図 4-2 に示された波動関数の形を持って存在し，隣接する原子との重なりを通して系の伝導性を決定づけることになる．

上述したように，たとえば，c 軸が伸縮すると，dε 軌道や dγ 軌道の縮退もそれぞれ解けることがある．格子歪のエネルギーはその 2 乗に比例し，電子エネルギー順位の分裂は歪みに比例するが，このような電子と格子の結合によって，格子歪みと準位間の電子占有数の変化が起こり，エネルギーが低下し系が

不安定になるのがヤーン-テラー効果である．

なお，配位子が上記のような立方対称を持っていない場合についてであるが，特に，6-2で取り上げる鉄系超伝導体でその主役を演じるFe原子は，As原子が作る四面体の結晶場中に位置する．このFeのような系では，xy, x^2-y^2 軌道より xy, yz, zx 軌道の方が高いエネルギーを持つので，それに従った電子構造から出発して考えることになる．

4-2　直接交換相互作用と超交換相互作用

物質内のスピン(S)間には，それらを平行，もしくは反平行に揃えようとする力が働く．まず，局在スピン系の場合を考えると，$-JS_i \cdot S_j$(i, j は原子サイトを示す)の形の交換相互作用エネルギーが発生する．このとき J は交換積分と呼ばれる(フント則を与えるのは，一つの原子内の交換積分なのでそれとは別である)．磁性イオンに一つの局在スピンが存在する場合，それら二つのスピン間に働く交換相互作用のほかに純粋な量子効果によって $S_i \cdot S_j$ に依存する項として現れるのが $-JS_i \cdot S_j$ で，二つの平行スピン間のエネルギーが反平行のものより小さいことを示す．これは直接交換相互作用と呼ばれるものである．

一方，二次の摂動項からもスピンに依存する相互作用が現れる．今，電子が強い相互作用を持ちながら固体内を動く系を念頭にモデルを簡略化(一種類の3d軌道，相互作用として原子内クーロン相互作用 U のみ)して，トランスファーエネルギー t が U に比してそれほどは大きくない系を考えてみる．その場合を扱うために，固体内の電子の波動関数を $\boldsymbol{R}_i$(i はサイトを示す)の周りにある電子を表すワニア型関数を用いる．これを，波数ベクトル $\boldsymbol{p}$ で指定されるブロッホ関数 $\varphi_p(\boldsymbol{r})$ を用いて表すと

$$W(\boldsymbol{r}-\boldsymbol{R}_i)=(1/\sqrt{N})\sum\nolimits_p \exp(-i\boldsymbol{p}\boldsymbol{R}_i)\cdot\varphi_p(\boldsymbol{r}) \tag{4.7}$$

となる．ブロッホ電子(ここではその運動エネルギーを $\varepsilon_{\boldsymbol{p}}$ とする)の生成，消滅演算子をそれぞれ，$a_p^\dagger$, a_p, ワニア電子の生成，消滅演算子を

$$c_{i,s}^{\dagger}\{=(1/\sqrt{N})\sum\nolimits_{\boldsymbol{p},s}\exp(i\boldsymbol{p}\boldsymbol{R}_i)\cdot a_{\boldsymbol{p},s}^{\dagger}\},$$

$$c_{i,s}\{=(1/\sqrt{N})\sum\nolimits_{\boldsymbol{p},s}\exp(i\boldsymbol{p}\boldsymbol{R}_i)\cdot a_{\boldsymbol{p},s}\},$$

さらに，i サイトの上向き(↑)スピンと下向き(↓)スピンの占有数を，それぞれ，$n_{i,\uparrow}$，$n_{i,\downarrow}$ と書くと，原子内クーロン相互作用を含めた全体のハミルトニアンは，ブロッホ電子表示で

$$\mathcal{H}=\sum\nolimits_{\boldsymbol{p},s}\varepsilon_{\boldsymbol{p}}\,a_{\boldsymbol{p},s}^{\dagger}a_{\boldsymbol{p},s}+U\sum\nolimits_{\boldsymbol{p}}n_{i,\uparrow}n_{i,\downarrow}, \tag{4.8}$$

ワニア型表示で

$$\mathcal{H}=\sum\nolimits_{i,j,s}t_{i,j}\,c_{i,s}^{\dagger}c_{j,s}+U\sum\nolimits_{\boldsymbol{p}}n_{i,\uparrow}n_{i,\downarrow} \tag{4.9}$$

$$t_{i,j}\equiv(1/N)\sum\nolimits_{\boldsymbol{p}}\varepsilon_{\boldsymbol{p}}\exp i\boldsymbol{p}(\boldsymbol{R}_i-\boldsymbol{R}_j) \tag{4.10}$$

となる．これが，ハバードハミルトニアン(Hubbard hamiltonian)としてよく知られたものである．ここで，i サイトと j サイトのトランスファーエネルギー $t_{i,j}$ を

$$\begin{aligned} t_{i,j}&=-t \quad \text{最近接 } i,j\\ &=0 \quad\ \ \text{それ以外}\end{aligned} \tag{4.11}$$

と考えると，

$$\varepsilon_{\boldsymbol{p}}=-t\sum\nolimits_{i}^{n.n}\exp\{-i\boldsymbol{p}(\boldsymbol{R}_i-\boldsymbol{R}_j)\} \tag{4.12}$$

である．

さて，このように i サイトの周りの波動関数で記述された電子に対する(4.9)式のハミルトニアンにおいて，第1項を第2項の摂動として扱うと，二次の摂動エネルギーの，$S_i\cdot S_j$ に依存する項として

$$\Delta E=-t^2/U \tag{4.13}$$

が得られる．ただし，この摂動プロセスは，隣接したスピンが平行な場合は，パウリの原理によって禁止されているので，実際には反強磁性相互作用を与えている．もし，磁性イオンに複数の電子準位がある場合には，どの準位とどの準位との組み合わせかによって，t や U の値が異なることや，フント則を与えるクーロンエネルギーの考慮等が必要になる．

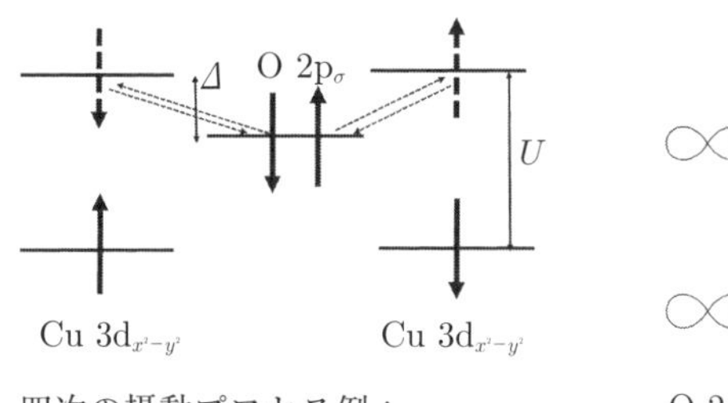

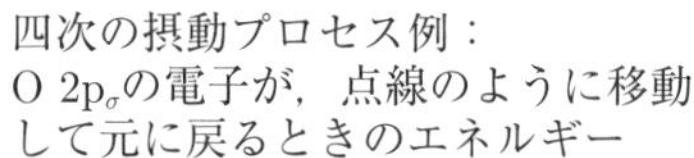

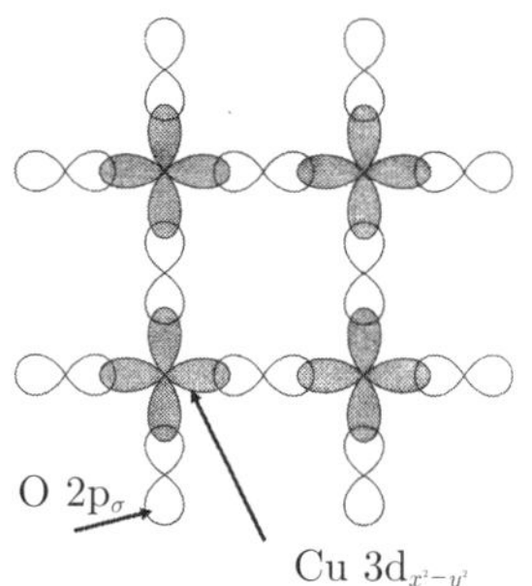

図 4-3　酸素を介した超交換相互作用の四次の摂動による見積もり．O 2p$_\sigma$ と Cu 3d$_{x^2-y^2}$ の相互作用の過程の例を示した．

スピンを持つB原子同士が直接的に相互作用を持つわけではなく，間に酸素の p 電子レベルが介在する場合には，その摂動の四次のプロセスによって交換相互作用が決定される(超交換相互作用)．銅酸化物を例にとれば，**図 4-3** に示したようないくつかの準位間移動プロセスで電子の相互作用が，生じ，その結果としての反強磁性的エネルギー変化は，

$$(4t^4/\Delta)\times(1/\Delta^2+1/U\Delta)$$

で与えられる(Δ は電荷移動ギャップと呼ばれるもので，図 4-3 に示されている．銅酸化物高温超伝導体では $\Delta\sim2$ eV である)．

さて，ハバードハミルトニアンを紹介した行きがかりとして，それによって記述される系の金属-絶縁体転移をここで簡単に議論する．ハミルトニアン

$$\mathcal{H}=\sum\nolimits_{i,j,s} t_{i,j}\,c_{i,s}^{*}\,c_{j,s}+U\sum\nolimits_{\boldsymbol{p}} n_{i,\uparrow}n_{i,\downarrow}\equiv\mathcal{H}_1+\mathcal{H}_2$$

において，電子数がサイトの数 N と同数の場合を考える．スピンの異なった2個の電子が入っているサイトの数を M とし，ξ がスピンの向きを含めた電子の原子サイトの配列を表すとしてその状態を $|M,\xi\rangle$ と書くと，原子内クーロン相互作用 U が無限大の極限では，全てのサイトにスピン ↑ か ↓ の電子のいずれかが1個ずつ詰まった状態 $|0,\xi\rangle$ が基底状態である．その状態に $\mathcal{H}_1$ を作用させると，最近接サイトに移動した ξ' に対して

$$\langle 1,\xi'|\mathcal{H}_1|0,\xi\rangle=t$$

が得られそれ以外は

$$\langle 1, \xi' | \mathcal{H}_1 | 0, \xi \rangle = 0$$

となる．また，

$$\langle 1, \xi | \mathcal{H}_1 | 1, \xi \rangle = U$$

である．

この摂動エネルギーは，

$$\Delta E(0, \xi) = -\sum_{\xi'} |\langle 1, \xi' | \mathcal{H}_1 | 0, \xi \rangle|^2 / U = -2N_{\mathrm{p}}(\xi) t^2$$

となる($N_{\mathrm{p}}(\xi)$は最近接サイトのスピンが反平行である組み合わせ数)．また，$\langle M, \xi | \mathcal{H}_1 | \mathrm{M}, \xi \rangle = MU$であり，$\langle M, \xi' | \mathcal{H}_1 | \mathrm{M}, \xi \rangle = \pm t$(ただし$\xi'$は$\xi$において二つの電子が入っていたサイトの電子の1個が隣に移った状態を表すものとする．M/Nが小さいときは，電子のいないサイトと2個入ったサイトが出会わないものとした)．$|\varepsilon_{\boldsymbol{p}}| < zt$から，全エネルギー$E(M, \xi)$に対して

$$(MU - Mzt) < E(M, \xi) < (MU + Mzt)$$

が得られるので，基底状態近くのエネルギー値は，MUの周りに幅$2Mzt$で広がる(**図4-4**)．このようにして見てくると，系が金属化するのは，$zt > U$の条件を満たすときであり，原子内クーロン反発エネルギーが十分大きいときは絶縁体となる．このような絶縁体のことを，モット-ハバード絶縁体(もしくは

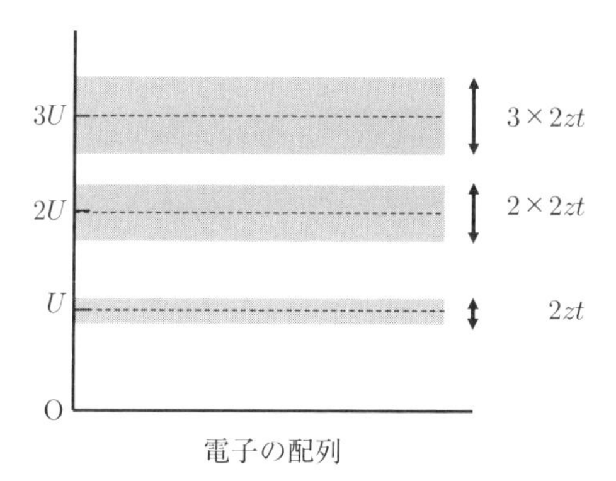

図4-4　ハバード模型によるバンド．zは最近接サイトの数，tは最近接サイト間の遷移エネルギー，Uは原子内クーロンエネルギー((4-12)式参照)．

モット絶縁体)と呼ぶ．もちろん，電子は磁気モーメントを持った状態にある．このような絶縁体の電子数をサイトの数からずらしたときに金属化し，さらに銅酸化物では高温超伝導が出現した．ただしその場合，電子が伝導を担う経路にランダムネスを導入しないままの電子数変化が重要であった．これについてはのちに銅酸化物に関する章(第5章)で詳しく記述する．

後の話の都合上，非フェルミ液体についても，ここで簡単に紹介しておく．非フェルミ液体とは，フェルミレベルからの電子エネルギー $\varepsilon \equiv (E - E_{\mathrm{F}})$ の幅 $\hbar/\tau$ が $k_{\mathrm{B}}T$ より大きくなっている電子系である．そこでは，ε そのものよりも，その寿命による幅の方が大きいので，ある固有エネルギーを持った粒子(準粒子)の集まりとの描像が成立しない．

電子–電子相互作用のある系では，低温抵抗の T^2 則(3D)，$T^2 \log(E_{\mathrm{F}}/k_{\mathrm{B}}T)$ 則(2D)，$1/\tau \propto T$則(1D)が成立するが，準粒子 energy $\varepsilon \sim k_{\mathrm{B}}T$ を考えたとき，1D 系では，energy $\varepsilon > \hbar/\tau$ を満たさない．また，一粒子励起(single particle excitation)と集団励起のうち，後者が支配的になると非フェルミ液体的になる[2]．

以上，ごく簡単ではあるが，今後の章を読むにあたっての準備を終了する．

第4章 文　献

[1] 上村洸，菅野暁，田辺行人：配位子場理論とその応用，物理科学選書4，裳華房(1969).
[2] 斯波弘行：電子相関の物理，岩波書店(2001).

5

第5章

銅酸化物高温超伝導体

5-1 銅酸化物の物性

5-1-1 構造，電子状態の特徴と巨視的物性

銅酸化物の高温超伝導は，1986年にその超伝導が実験的に見え始める温度(onset温度)T_cが30 Kを大きく超えるものとして，IBMチューリッヒのベドノルツとミューラー(第1章の文献[2]がLa-Ba-Cu-O系で発見したものである．この系は$La_{2-x}M_xCuO_4$(M＝Ba, Sr, Ca)の化学式で表されることものちに明らかになったのでLa214系と呼ばれる．さらに，$YBa_2Cu_3O_{6+x}$系(Y123系)でも液体窒素温度(～77 K)を超える～90 Kの超伝導が発見されて[1]からは，高温超伝導物質の探索や超伝導発現機構の解明を目指す研究の広がりが迅速であった．空気中での焼結で作成したセラミック試料での研究も行えたので，誰にでも扱える“民主的な系”などと言われ，瞬く間の展開で，物質作成・評価，巨視的物性の研究ばかりでなく，微視的測定法および結果の解析法等，あらゆる面での進歩が著しかった．その研究熱の高まりは，光電子分光や中性子散乱などの大型施設を用いた測定，真空トンネル顕微鏡(STM/STS)，さらには大型計算機の飛躍的進歩など，実験手法の進歩を大きくあと押しし，物質科学の総合的な発展が著しかった．

本著では，主としてこの発見の持つ意義を，遷移金属酸化物の，いわゆる強相関電子系の物理の側面からとらえ，物質のバラエティというより，その高温超伝導を発現させる電子系の特徴等に重点を置いた記述を実験家の目から見て進めていくことにする．

図5-1に，最もよく研究されている$La_{2-x}M_xCuO_4$ (La214系)と，$YBa_2Cu_3O_{6+x}$($0<x<1$; Y123系)の模式的構造を示す．また，図5-2には磁

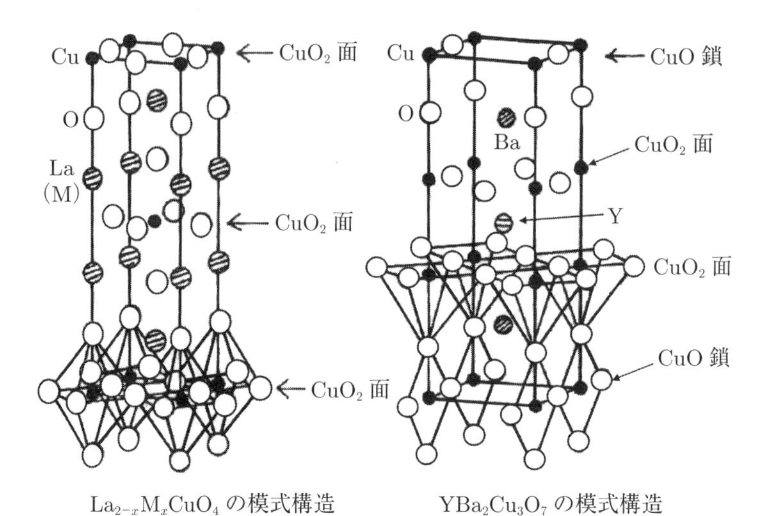

図 5-1　$La_{2-x}M_xCuO_4$ と $YBa_2Cu_3O_{6+x}$($x=1$) の模式構造．$x<1$ では CuO 鎖サイトから O 元素が抜けている．

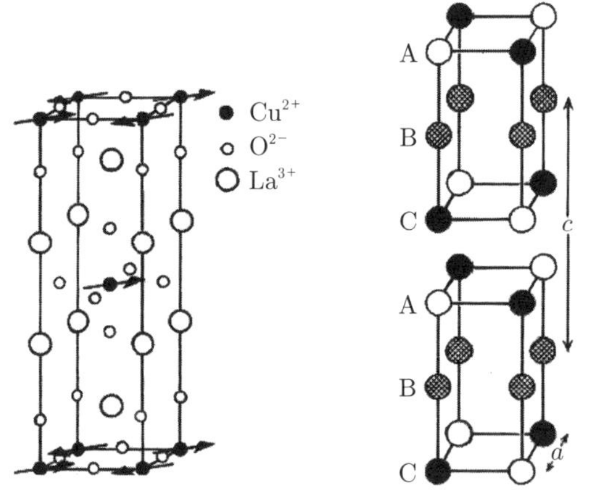

図 5-2　$La_{2-x}M_xCuO_4$ と $YBa_2Cu_3O_{6+x}$ の磁気構造．$La_{2-x}M_xCuO_4$ スピンにはジャロシンスキー-守谷相互作用のための傾き（キャンティング＝canting）がある．$YBa_2Cu_3O_{6+x}$ の白，黒マルは反平行向きを表す．網模様は CuO 鎖サイトで酸素欠損のため，秩序パターンは不明．

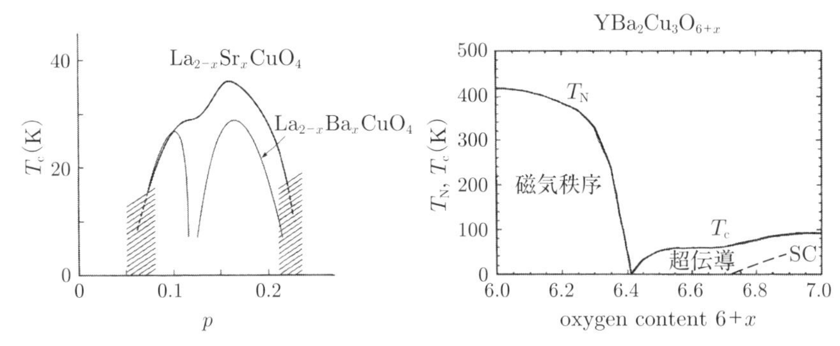

図 5-3　$La_{2-x}M_xCuO_4$ と $YBa_2Cu_3O_{6+x}$ の相図．前者では $x=1/8$ にいわゆる 1/8 異常がある．最高 T_c に当たる点(optimum x value)より x 値が小さい(大きい)領域をアンダードープ(オーバードープ)領域と呼ぶ．

気構造も示す．前者は，CuO_6 の八面体が頂点連結型の層を作り，さらにその層が(1/2, 1/2, 1/2)だけずれた形で c 軸方向に積層しているので層状ペロフスカイト構造と呼ばれる．後者の構造は，$x=1$ について示されている(斜方晶)が，そこでは，Y 原子を挟むよう CuO_5 ピラミッドの底辺がやはり頂点連結型の層を形成している．酸素数 $6+x$ を 7 から減らしていくと図の CuO 一次元鎖上の O サイトに欠損が生じ，最終的には正方晶となる．いずれにせよ，CuO_2 の(擬)二次元面が共通に存在する．**図 5-3** に，それらの系の簡略化した相図を示したが，面内の Cu イオンの価数が +2 の場合に反強磁性絶縁体で，いわゆる超伝導体の母相になっている．その母相に対し，たとえば La214 系では La → M(M = Ba, Sr, Ca)の置換，Y123 系では，$YBa_2Cu_3O_{6+x}$ の x を増加させると超伝導が現れる(図 5-3 参照)．La214 系では，$x=1/8$ に“1/8 異常”が見えるものがある．また，x の変化で T_c が最高となる点より x 値が小さい(大きい)領域をアンダードープ(オーバードープ)領域と呼ぶ．

これらになぜ，“BCS の壁”を超える超伝導転移温度 T_c が発現するのかを知るには，その背景をなす常伝導相の電子状態と物性の理解が必要である．ここではまず，「超伝導状態は BCS 理論で記述されるものと同一もしくは“陸続き”のものと考えていいかどうか」という基本的な問いかけに対し，答えが“YES”であることを記す．理由は，

(ⅰ)電気抵抗が完全にゼロになる，

(ⅱ)マイスナー効果がある，

(ⅲ)磁束が $h/2e$ 単位で量子化される

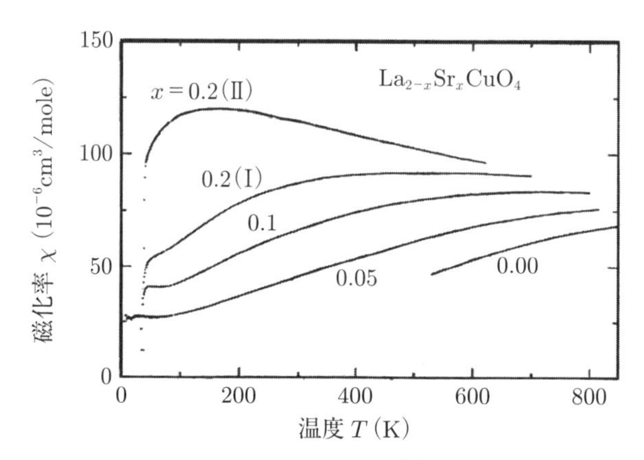

図 5-4　$La_{2-x}Sr_xCuO_4$ の磁化率の温度依存性[3]．温度依存性のないパウリの常磁性の振る舞いとは大きく異なる．

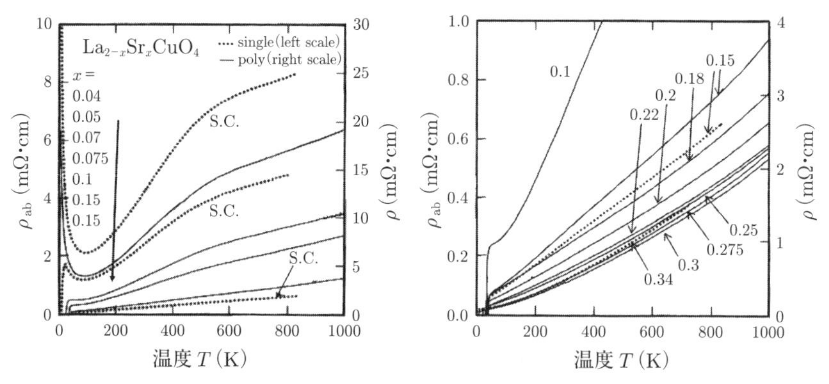

図 5-5　$La_{2-x}Sr_xCuO_4$ の高温域までの電気抵抗[4]．多結晶のデータを実線で右側のスケール，単結晶(S.C.)のデータを左側のスケールを使ってプロットしてある．特に最適 x 値の近くで温度に直線的な変化を持っているのが特徴の一つである．

(iv)巨視的位相のコヒーレンスがある，

等がわかったからである[2]．特に(iii)は，超伝導電子対が存在することを実証し，超伝導状態が，基本的にBCS理論の枠組内にあることを示した．これを前提として，銅酸化物超伝導体系の電子状態について考えることにするが，そこでは，観測された常伝導相の物性が，従来のものとは大きく異なることがすぐさま問題となった．

その各々を議論するために，まず例として，**図5-4～図5-9**に，$La_{2-x}Sr_xCuO_4$系やY123系のほか，時には$Nd_{2-x}Ce_xCuO_4$(Nd214)系等を加えて，その焼結体や単結晶に対する巨視的物性量のうち，(1)磁化率χ[3] (2)電気抵抗ρ[4]，(3)ホール係数(Hall coefficient) R_Hと熱起電力[5-8]および(4)比熱[9-11]のデータを例示した．

なお，ここでは数多い銅酸化物高温超伝導体の物性が，それらが共通に持つCuO_2面によっていることを考慮し，今後の議論を$La_{2-x}M_xCuO_4$と$YBa_2Cu_3O_{6+x}$を中心に，時には他の例を含めて進めていくことにする．

図5-4～図5-9に見られる巨視的物理量の振る舞いが通常の金属のものと異なることには一見しただけで気が付く．これは，どの銅酸化物高温超伝導体にも共通のものと考えてよいが，まずは，そのことを列記したのち，二次元金属系に対する単純なバンド計算の結果と比較していくことにしよう(二次元性自体は，上記の結晶構造からも推測されるが，これは，超伝導の上部臨界磁場H_{c2}の異方性等，多くの観測データからも支持される)．

(a)図5-4の磁化率χは，通常の金属電子系に一般的な，温度依存性の小さいパウリの常磁性(Pauli paramagnetism)から大きく離れ，低次元局在スピン系のそれに近い振る舞いを示す．

(b)図5-5に見られる$La_{2-x}Sr_xCuO_4$の電気抵抗ρは，$x=0$近くの領域で絶縁体的である．また，T_cが最大となるxの周辺では，高温域までの広い温度域で$\rho \propto T$の式を満たし，通常金属の電子格子相互作用による低温での$\rho \propto T^5$や，強く相互作用する電子系(強相関系)の多くに見られる低温域での関係$\rho \propto T^2$とも異なった特徴が見える．

(c)ホール係数R_H(図5-6)は，アンダードープ域に属する$La_{2-x}Sr_xCuO_4$

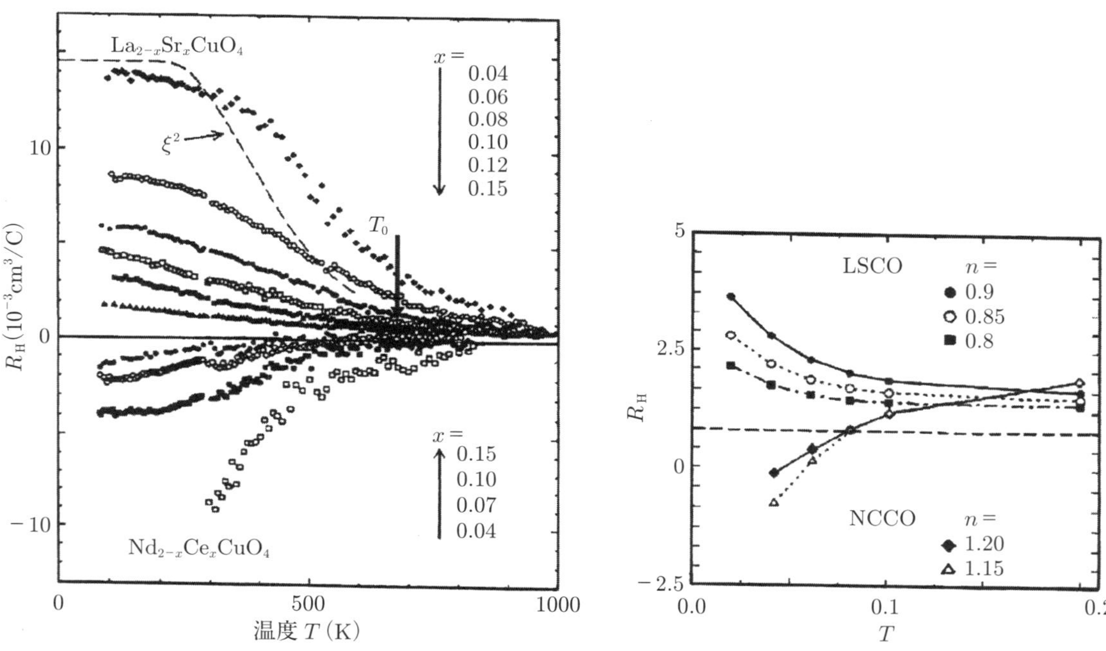

図 5-6　(図左) $La_{2-x}Sr_xCuO_4$ (LSCO) および $Nd_{2-x}Ce_xCuO_4$ (NCCO) の高温域までのホール係数 R_H[7,8]．強い温度依存性，モット絶縁体相にドープされた正孔や電子数とホール係数 R_H との関係および符号に注意．T_0 は，x の小さな領域での R_H や磁気相関長 (ξ) の2乗に見られる特徴的な温度．破線は ξ^2 の温度変化を $x=0.04$ について示す．(図右) 強い反強磁性揺らぎを考慮してフェルミ液体理論の立場から議論した紺谷ら[17]の理論計算結果を示した．そこでは，R_H が示す，Sr によってドープされた正孔濃度依存性，Ce によってドープされた電子濃度依存性だけでなく，温度依存性もよく説明されている．

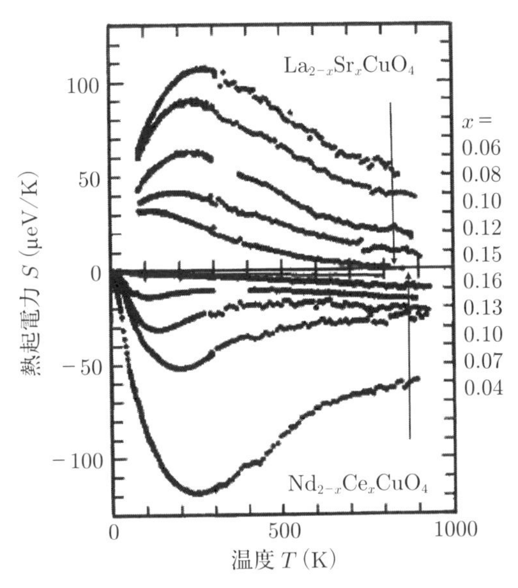

図 5-7　$La_{2-x}Sr_xCuO_4$ および $Nd_{2-x}Ce_xCuO_4$ の高温域までの熱起電力 S[8]．その特異な温度依存性のほか，モット絶縁体相にドープされた正孔や電子数への依存性および符号に注意．

で正の値を持っており，伝導を担っているキャリアが正孔(hole)で，その数(p)が $p \sim x$ を満たすように見える．$Nd_{2-x}Ce_xCuO_4$ 系では負なので，そのキャリアは電子で，その数(n)が$\sim x$ を満たすように見える．また，R_H には強い温度依存性がある．これらすべての振る舞いが(Y123 の場合をも含め)通常のバンド描像で容易には説明できないという意味で，極めて異常である．

(d) S に対して，通常金属に適用される表式

$$S = [\pi^2 k_B^2/3e]\, T \times [\mathrm{d}\ln\sigma(E)/\mathrm{d}E]|_{E=E_F} \tag{5.1}$$

を使い，電気伝導度を $\sigma = ne^2\tau/m$ として計算すると，

$$S = [\pi^2 k_B^2/3e]\, T \times [3/2E + (\mathrm{d}\tau/\mathrm{d}E)/\tau]|_{E=E_F}$$

であるが，$(\mathrm{d}\tau/\mathrm{d}E)/\tau|_{E=E_F}$ が小さい場合(伝導電子系の散乱時間 τ が長い場合)，アンダードープ域では特に絶対値の小さい負の値を持つはず(電子キャリアで $e<0$)だが，R_H の場合と同様，符号，絶対値，x 依存性のすべてが通常

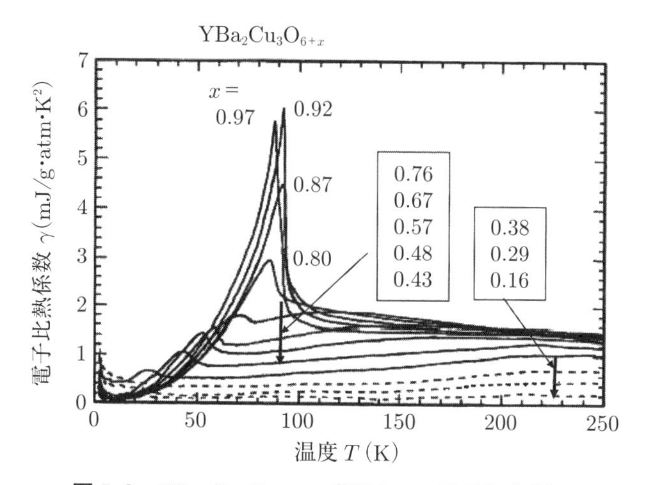

図 5-8　$YBa_2Cu_3O_{6+x}$ の室温までの電子比熱[9].

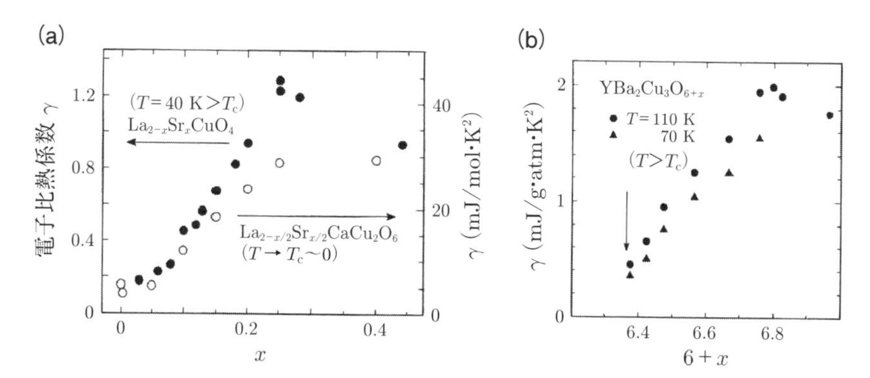

図 5-9　$La_{2-x}Sr_xCuO_4$ および $La_{2-x/2}Sr_{x/2}CaCu_2O_6$(a)と $YBa_2Cu_3O_{6+x}$(b)の低温電子比熱係数 γ の x 依存性[11]. モット絶縁体相に近づくと零に近づくのが特徴である.

のバンド描像では，簡単には説明できない(図 5-7).

(e)母物質相として反強磁性絶縁体である La_2CuO_4 を例にとれば，Cu は +2 価で 9 個の 3d 電子を持つ．そのとき，通常なら反結合バンド(後述)に電子が 1 個存在する，いわゆる 1/2 充填状態の，状態密度 $N(E_F)$ が大きいフェルミ面を持つはずだが，その予想とは異なり電子比熱係数γ_{el}($\propto$ フェルミ面での電子状態密度$N(E_{\mathrm{F}})$)が，母相に近づく際，0に近づき，あたかも伝導キャリアが消えるように見える(図5-8，5-9)．

さて，単純なバンド描像から予想される振る舞いをおりまぜながら述べてきたが，ここからは，そのバンド計算の結果を具体的に見てみよう．

La214系では，その$\mathrm{CuO_6}$八面体が，正八面体に比べてc軸方向に伸びているので，4-1に記述された結晶場の効果によって，$3\mathrm{d}_{x^2-y^2}$軌道より$3\mathrm{d}_{3z^2-r^2}$が，$3\mathrm{d}_{xy}$軌道より$3\mathrm{d}_{yz}$，$3\mathrm{d}_{zx}$軌道の方がエネルギーが低くなった状態になっている(図4-2)．LaとOが，それぞれ，+3価，−2価として存在すると考えれば，$\mathrm{La_2CuO_4}$では，Cuの価数は+2で，3d電子の数がCu1個あたり9個である．この9個の3d電子を，4-1に記述した電子準位に詰めていくと，最もエネルギーの高いx^2-y^2軌道には1個の電子が入っていることになる．これをもとに，単純正方格子を作るCu原子のこの軌道に対して，よく知られた強く結合した軌道の近似(tight binding approximation)でバンド計算を行ってみる．jサイトのCuの原子のx^2-y^2軌道の波動関数を$\varphi(\boldsymbol{r}-\boldsymbol{r}_j)$を用いて，

$$\psi_{\boldsymbol{k}}(\boldsymbol{r})=(1/N)^{1/2}\sum_{(j,m)}\exp(\mathrm{i}\boldsymbol{k}\boldsymbol{r}_j)\varphi(\boldsymbol{r}-\boldsymbol{r}_j) \tag{5.2}$$

と書き，$\varphi_m\equiv\varphi(\boldsymbol{r}-\boldsymbol{r}_m)$，$\rho_m\equiv\boldsymbol{r}_m-\boldsymbol{r}_j$として，$\psi_{\boldsymbol{k}}(\boldsymbol{r})$ハミルトニアン$H$の$|\boldsymbol{k}\rangle$のエネルギー$E(\boldsymbol{k})$を計算すると，同一Cuサイトについての積分，

$$-\alpha=\int\mathrm{d}\boldsymbol{r}\varphi^*(\boldsymbol{r})\mathcal{H}\varphi(\boldsymbol{r})$$

およびρだけ離れた最近接原子サイトについての積分値

$$\gamma=\int\mathrm{d}\boldsymbol{r}\varphi^*(\boldsymbol{r}-\rho)\mathcal{H}\varphi(\boldsymbol{r})$$

を使って，電子の分散関係が，

$$\begin{aligned}E(\boldsymbol{k})\equiv\langle\boldsymbol{k}|\mathcal{H}|\boldsymbol{k}\rangle&=-\alpha-\gamma\sum_m \mathrm{e}^{\mathrm{i}\boldsymbol{k}\rho_m}=-\alpha-2\gamma[\cos k_x a+\cos sk_y a]\\&=-\alpha-4\gamma[\cos(k_x a+k_y a)/2\cdot\cos(k_x a-k_y a)/2]\end{aligned} \tag{5.3}$$

のように求まる．バンド理論では，一つの軌道からできたバンドに一原子あたりスピンが↑と↓を持つ2個の電子が詰まると，そのバンド全部が充填され

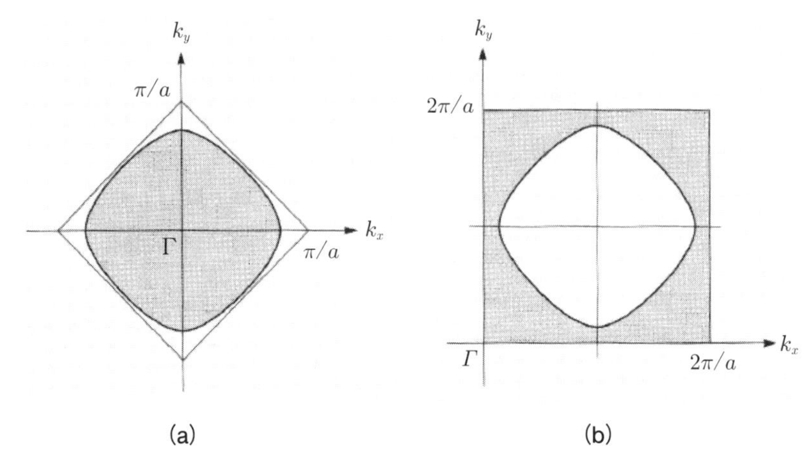

図 5-10　銅酸化物系に対して，バンド描像から期待されるフェルミ面．電子が詰まっている部分が灰色になっている．

フェルミ面が消える．La_2CuO_4 では，このバンドに電子が1個だけなので，**図 5-10**(a)の四角全体に，また $La_{2-x}Sr_xCuO_4$ では斜線部に電子がつまった大きなフェルミ面を持つ金属として，$R_H \propto -1/(1-x)$ が期待されるが，上記のように実際には $x=0$ の近傍で絶縁体である(ここで，$R_H>0$ であることから図 5-10(b)のような正孔キャリア系のバンド描像をとったとしても，その小さなキャリア数 p とは大きく矛盾する)．すなわち，La_2CuO_4 は，各原子サイトに1個の電子しかいない場合に絶縁体となるモット絶縁体なのである(4-2 参照)．この場合，局在した電子は磁気モーメントを持つが，La_2CuO_4 系と Y123 系では，そのモーメントが，それぞれ，転移温度 $T_N \sim 240$ K，420 K で反強磁性に秩序化することものちにわかった[12, 13]．

上記の計算では，Cu の隣にいる O 原子の電子軌道を考慮しなかったが，考慮した場合は次のようになる．Cu $3d_{x^2-y^2}$ 軌道の電子は，隣にある2個の酸素が持つ 2p 軌道のうち，Cu 原子の方に広がる二つの p_σ 軌道($2p_x$，もしくは $2p_y$ 軌道)の電子が図 4-3 のように混じり合って，**図 5-11** のような，$3d_{x^2-y^2}$ 軌道と $2p_\sigma$ 軌道から成る混成軌道を作る(エネルギーの低いほうから，それぞれ，結合軌道，非結合軌道，反結合軌道)．ユニットセル内にある Cu $3d_{x^2-y^2}$

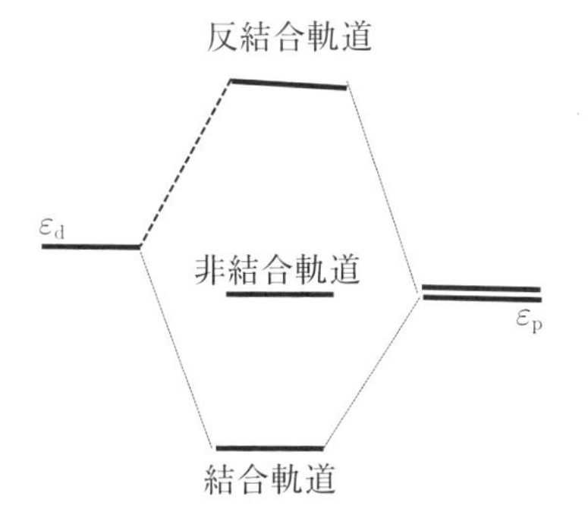

図 5-11　Cu $3d_{x^2-y^2}$ と O $2p_\sigma$ が作る混成軌道．エネルギーの低いほうから，それぞれ，結合軌道，非結合軌道，反結合軌道．もっともエネルギーの高い反結合軌道に 1 個の電子が入る．

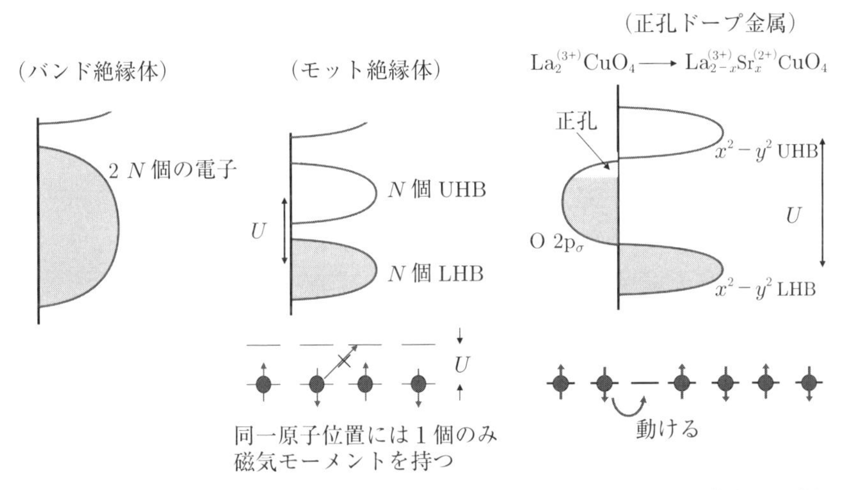

図 5-12　各サイトあたり 1 個の電子が，電子間の反発のために絶縁体化する様子を，バンド絶縁体と並べて示した．また図右には Sr ドープによる金属化の様子を示す．

からの電子 1 個と，Cu と隣接する二つの酸素の $2p_\sigma$ 軌道からくる 4 個の電子とがそれらのレベルを占めることになり，最も エネルギーの高い反結合軌道に 1 個の電子が入る．これが強い原子内クーロン相互作用 U のために隣の電子と反発しあい移動できずにモット絶縁相を形成する(この事情を簡略化して，O原子の電子軌道を考えない形で議論する場合も多い)．**図5-12**には，各サイトに1個の電子が，電子間の反発のために絶縁体化する様子をあらためて示した．

$La_{2-x}Sr_xCuO_4$ では，La^{3+}→Sr^{2+} の置換によって(La, Sr)O面が放出する電子数が減少するために CuO_2 面内の電子数が減り，図5-11の反結合軌道のバンドに正孔が注入される．この正孔がどのCuサイトに位置してもエネルギーが変化しないことから，強いクーロン相互作用の影響をうけることなく移動可能となり(金属化し)(図5-12右)，超伝導が出現する(図5-3参照)．

一方，$YBa_2Cu_3O_{6+x}$ 系では，CuO_5 のピラミッドがその底面の頂点を共有した面を作り，その面がYを挟んで向かい合う構造をとっている(図5-1)．ピラミッドは，いわば CuO_6 八面体の一つの酸素が無限遠に動いた構造とも考えられるので，ピラミッドに属するCu(Cu2)の電子準位はやはり，La214系と同様のものになる．しかし，この系にはもう一つのCuサイト(Cu1)があるので，ピラミッド底面が構成するCu2の価数を決めるのが少し複雑になるが，基本的にはLa214系同様，正孔が CuO_2 面に入って超伝導相が現れる[14]．

なお，$Nd_{2-x}Ce_xCuO_4$ に代表される系[15]では，＋4価のCeが＋3価のLaサイトを置換するので CuO_2 面には正孔でなく電子が供給される，すなわち，上記の反結合軌道に電子が注入される点がLa214系やY123系等，正孔が注入される多くの系と異なるので，ホール係数 R_H や熱起電力 S の符号が違ってくる．いずれにせよ，この電子数 n の注入で母相である Nd_2CuO_4 モット絶縁体が金属化し超伝導も現れる．構造上から見れば，La214系等で CuO_6 八面体で Cu^{2+} の真上に位置していた O^{2-} が別の場所に移って，Cuサイトに電子を追加するエネルギーが下がったことによる．このような電子ドープ型の物質系もあるが，ここでは主に正孔がドープされた系を対象に記述していく．

常伝導相の物性が，通常の金属に対する単純なバンド理論が予想するものと大きく異なるのは，モット絶縁体から導出されたがゆえに磁性の強い影響を受けるからである．このとき，La→Sr等の置換が CuO_2 面にランダムネスを導入していないことも，新しく認識された重要な特徴である．

モット絶縁体相で存在していた磁気モーメントには，もともと，その量子性と低次元性とに由来する強い磁気揺らぎがある．そこに，上記のような元素置換や酸素数変化を施すと，反結合軌道に正孔がドープされるが，これは，主に O $2p_\sigma$軌道の成分を持ち，Cu の $3d_{x^2-y^2}$ にある量子スピンとの強い相互作用(Kondo mixing interaction；1 eV)によってスピン一重項を形成し，あたかも，スピンゼロ，電荷 $+e$ の粒子のように見なせるものであると指摘したのがザンとライス(F. C. Zhang and T. M. Rice)[16]なので，この粒子自体もザン-ライス一重項(Zhang-Rice singlet)と呼ばれている．この小さな数 $p(\propto x)$ の粒子が Cu スピンの反強磁性秩序を破壊しながら動き回るという描像をとれば，上記(c)の振る舞い，すなわち，ホール係数 R_H の符号が正で，$R_H \propto 1/x$ の関係が理解されるし，(d)熱起電力 S が正の大きな値をとり，かつ，x の減少とともに大きく増大すること，さらには，(a)の振る舞い，すなわち，磁化率の温度依存性が低次元スピン系のものと似た振る舞いをすることも直観的に受け入れられる．もちろん，上記(e)に述べた常伝導相での電子比熱係数 γ_{el} が，ザン-ライス一重項の数の減少とともに減少することも直観的にわかる．

一方，バンド描像からは，極めて異常と思われていた R_H の挙動を，強い反強磁性揺らぎを考慮してフェルミ液体理論の立場から議論したのが紺谷らの理論[17]である．そこでは R_H のドープ量依存性だけではなく，温度依存性も説明しているのが大きな注目を集める．図 5-6 右にその計算結果をも示した．

ザン-ライス一重項によって蹴散らされる，二次元量子スピン($S=1/2$)の性格を帯びた電子系は，そのスピンの反強磁性的相関と一重項相関のどちらを好むであろうか？　単に，反強磁性的交換相互作用 J を 2 個だけの電子スピン間に働かせる場合，スピン一重項相関を持つ場合の方が J だけ低いエネルギーを持つことは，簡単な計算で直ちにわかるが，正孔の運動で千切れたスピン系が，低温で反強磁性相関ではなく伝導性とともに一重項相関を持つに至り，さらに，その位相を揃えたときに超伝導が出現するとすれば，常伝導相の物性の大まかな理解と自然につながりそうである．このような議論のベースとなったのがアンダーソンの打ち出した共鳴結合理論，いわゆる Resonating Valence Bond(RVB)理論である[18]．そこでは，強い磁気的集団励起の存在を考慮して，電子系を非フェルミ液体と考える見方が提案され，その後の研究に多大な影響をもたらした．なお，非フェルミ液体とは，前章で述べたように，低温でも準粒子描像が適用できない強相関電子系のことで，そこでは，十分低温でも，電子のフェルミ面から測ったエネルギー $\varepsilon(\sim k_{\mathrm{B}}T)$ に比べて，その寿命 τ が $\hbar/\tau<\varepsilon$ の関係を満たさない(第4章の文献[2]参照)ときに現れる．

正孔の導入によってモット絶縁体から通常の金属相へと一気に変化するとすれば，超伝導相での物性はバンド描像でよく知られたものになるはずである．実験的には，正孔濃度を増やしていくと，その物性が crossover 的にバンド描像で理解できる振る舞いへと変わっていくように見えるが，ことさら非フェルミ液体の描像からではなく，通常のバンド描像から出発しても，その磁気揺らぎを正しく取り込めば，常伝導物性や超伝導の起源について正しく記述できるとの見方も文献[17]の例だけでなく数が多く，尽きない研究テーマとなっている．

Cu のモーメント間の磁気的相互作用を決定しているのは，酸素原子 O を介した超交換相互作用である．すでに述べたように，図 4-3 のような準位間プロセスで電子間に反強磁性的相互作用(超交換相互作用)が生じる場合には，そのエネルギーは，$(4t^4/\varDelta)\times(1/\varDelta^2+1/U\varDelta)$ で与えられる($U\sim7$ eV[19]；電荷移動エネルギー $\varDelta\sim2$ eV；図 4-3 参照)．Cu $3\mathrm{d}_{x^2-y^2}$ と O $2\mathrm{p}_\sigma$軌道は，それらの軌道への飛び移りエネルギー t が最も大きくなる配置をとっているので，銅酸化物は数多くの物質系の中でも，際立った大きさの反強磁性的相互作用 J を持つと思われるが，実際，その J は 1000 K を超す[20]．これが high-T_{c} の起源と思われている．

La214 系の CuO_2 面に正孔がドープされていないときの反強磁性転移温度 T_{N} は～240 K(Y123 系では～420 K)[12, 13]であるが，これが反強磁性的相互作用 J の値から通常期待されるものよりかなり小さいのは系の二次元性とスピンの量子性からくる揺らぎの影響である．

ここまで，銅酸化物高温超伝導体の物性を大雑把に眺めながら，その電子状態を議論してきたが，その特徴をいったんまとめれば，それは，

(1)この系は，反強磁性モット絶縁体へのキャリアドープによって，電気伝

導を担う面にランダムネスを導入することなしに金属化される，

（2）強い電子相関に由来する磁気的活性さが色濃く反映されている．

ということである．

スピンの量子性や二次元性による磁気揺らぎの影響が極めて大きく，最大 T_c を持つ最適ドープ域の超伝導相でも，磁化率や，輸送特性量の振る舞いに磁性の影響が強く現れている．このように高温超伝導を含め，従来の物性の挙動と異なったものが見える相を「異常金属相」と呼んでいるが，その特徴に関する詳しい記述は，微視的物理量の研究結果をも眺めたのちに，再度戻ることにする．それとは別に，銅酸化物高温超伝導体に関するこれまでの議論が，Cu $3d_{x^2-y^2}$（と O $2p_\sigma$）軌道だけに由来した単一バンド系に対するものであることもここであらためて断っておく．

5-1-2　光学特性

ここでは，光学測定をもとに眺めた電子構造と電子伝導特性をごく簡単に記述する．その具体的手段には，価電子帯から伝導体への電子励起（フェルミ準位近くの電子の伝導度）を，赤外分光（Infrared Spectroscopy（IR）），光照射で作られた内殻準位から伝導体への電子励起を観測してバンドの波動関数成分を見る X 線吸収分光（X-ray Absorption Spectroscopy（XAS）），さらに，価電子帯からの光電子を観測して，固体内電子の運動量とエネルギーの分散関係を見る（角度分解）光電子分光（（Angle-Resolved）Photo Emission Spectroscopy（（AR）PES））などが知られる．

図 5-13 に $La_{2-x}Sr_xCuO_4$ の CuO 面内の光学伝導度を示す[21]が，$x=0$ では，電荷移動ギャップ（O 2p の電子が Cu の UHB に移動する際のエネルギーギャップ）Δ に対応して $\omega\sim 2$ eV 付近まで見られていた伝導度のギャップが，わずかな量の Sr ドーピングで劇的に変化している．5-1-1 でも触れたように，ドーピングによって注入された正孔が，Cu $3d_{x^2-y^2}$ 軌道でなく，主に O 2p 軌道に入り，周囲の電子やスピンをかき乱しながら動くからである．また，$\omega=0$ に鋭いドルーデピーク（Drude peak）と呼ばれるものが出現するのは，CuO_2 面を自由に動ける正孔が出てくるからである．それでも，中赤外（Mid-

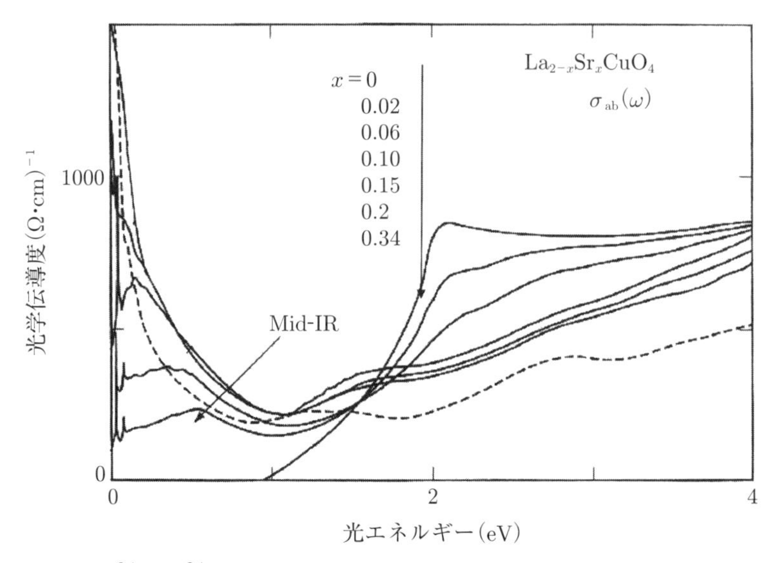

図 5-13　$La^{3+}\rightarrow Sr^{2+}$ の部分置換を行った $La_{2-x}Sr_xCuO_4$ では，(La, Sr)O 面から放出される電子数の減少が CuO_2 面で起こり，CuO_2 面の反結合軌道によって形成されるバンドに正孔が注入される．このときの光学伝導度の x 依存性を示した[21]．

IR)域に依然としてピークが見えることは，系が金属的伝導性を持った状態になってからも，5-1-1 に記述した巨視的物理量と同様，多くの点で，従来の金属系には見られない(一筋縄では扱えない)電子系をこの物質系が持っていることを示している．

ARPES は，通常の金属のフェルミ面が逆格子空間内でどのような形状を持っているかを知る有効な手段の一つであるが，これは，放射光施設の建設とともに急速に発展した．そこでは，光照射によって放出された電子(光電子)の運動量とエネルギーが測定できるので，これから価電子帯電子バンドの分散関係がわかる．通常の金属では $E=E_F$(フェルミエネルギー)を跨いで，電子占有率が不連続に変化する場所がフェルミ面で，その囲む面積から伝導電子密度が決定されるが，銅酸化物でその電子占有率がどのように振る舞っているかは，上述したアンダーソンの RVB 描像とも絡んで大きな興味を引いていた．

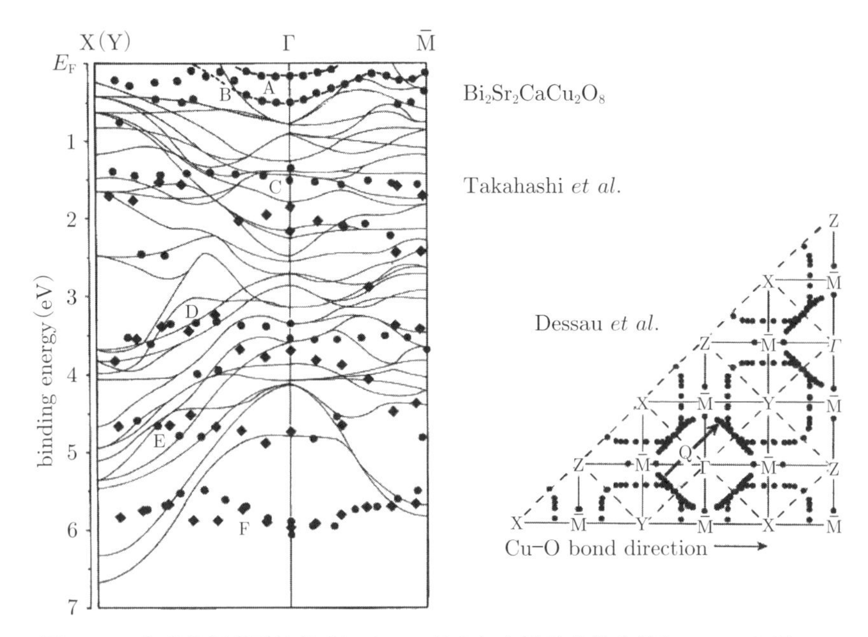

図 5-14 角度分解光電子分光によって見られた電子分散曲線とフェルミ面．一見したところ，CuO_2 面の伝導電子数密度が Cu 原子 1 個あたりにドープされた正孔数 x ではなく，$(1-x)$ に対応しているように見える[22, 23]．

これに関連して $Bi_2Sr_2CaCu_2O_8$ に対していち早く発表された分散関係と“フェルミ面”の形状(**図 5-14**)[22, 23]を見ると，CuO_2 面の伝導電子数密度は，Cu1 個あたりにドープされた正孔数 p ではなく，$(1\text{-}p)$ に対応しており，その意味では動くキャリアが正孔ではなく，もとから存在した Cu $3d_{x^2-y^2}$ 軌道の電子のようで，銅酸化物高温超伝導体の電子系が，少なくても，通常のバンド描像で記述されるとする考えに沿う．しかし，電子占有率が確かにフェルミ面と思われる位置で不連続を持った(上記の意味での)フェルミ液体かどうか，ホール係数 R_H や熱起電力 S 等，低エネルギー電子(フェルミ面近くの電子)によって支配される物理量に現れる特異な振る舞い(5-1-1 参照)を考えたとき，バンド描像と RVB 理論の描像(もしくは，それと軌を一にする t-J モデルと呼ばれる描像)との整合性がいつも問題となる．

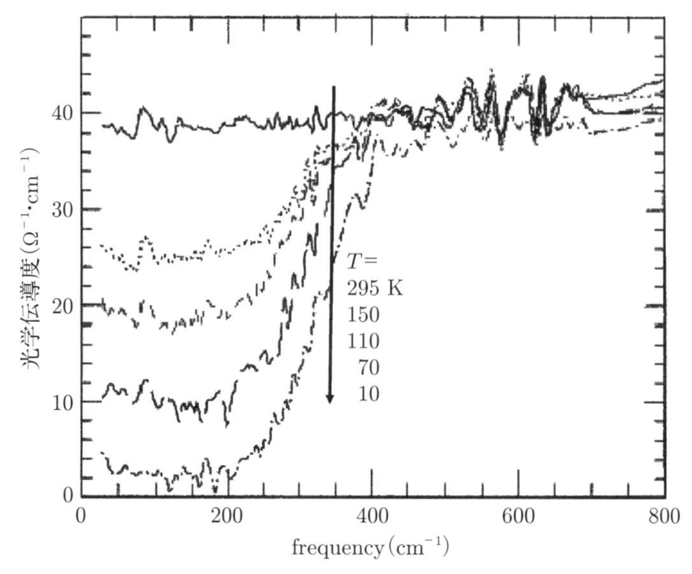

図 5-15　$YBa_2Cu_3O_{6.7}$の c 軸方向の光学伝導度をいくつかの温度で示した．擬ギャップの形成が見える[26]．

CuO_2 面を主たる伝導面として持つ銅酸化物では，二次元的伝導性が予想されるが，実際，X 線吸収分光 XAS の結果は，金属化した系のバンドが，Cu $3d_{x^2-y^2}$ や O $2p_x$，O $2p_y$ 軌道でできており，c 軸方向成分は極めて小さいことを示す[24]．アンダードープ域の Y123 系試料(T_c～60 K)の光学伝導度の測定結果は，ω～0 での面内と面間の値の比 $\sigma_{\text{in-plane}}/\sigma_{\text{out of plane}}$ が 2 桁を超える[25]．また，$\sigma_{\text{out of plane}}$ に温度下降に伴ったギャップが成長しているようで，$\sigma_{\text{in-plane}}$ が温度下降に伴い増大することと対照的である．**図 5-15** には，c 軸方向の光学伝導度 $\sigma(\omega)$ をいくつかの温度で示した[26]．$\sigma_{\text{out of plane}}$ のこの変化は次のように理解される．すなわち，アンダードープ域では $T > T_c$ でも温度の下降とともに超伝導電子対が短時間の寿命を持って現れ(後述する超伝導擬ギャップが存在する状態になり)，それによるパラ伝導度(paraconductivity)への寄与が $\sigma_{\text{in-plane}}$ へ現れる一方，CuO_2 面間方向では，電子対としての移動がしにくくなるので $\sigma_{\text{out of plane}}$ が減少する．

$\sigma_{\text{in-plane}}/\sigma_{\text{out of plane}}$ の異方性の温度変化は，5-1-1 の図 5-3 に見られる相図中，アンダードープ域で顕著であるが，正孔数を増大させオーバードープ域に移ると顕著には見られなくなり，超伝導が消える領域まで進むと異方性は全く見られなくなる．アンダードープ域での $\sigma_{\text{in-plane}}$ にパラ伝導の寄与があることは，温度下降の際に電気抵抗が下方にずれ始める異常な振る舞いが見えることばかりでなく，赤外分光測定[27,28]や ARPES[29]等においても面内電子散乱レートの減少として見られている．これは，超伝導状態に突入したときに観測される準粒子散乱レートの急激な減少[30]とも軌を一にしたもので，超伝導擬ギャップ形成現象の一側面である(5-2-1 で再び触れる)．

最大 T_c を持つ試料の面内抵抗 $\rho_{\text{in-plane}}$ が温度 T にほぼ比例している(図 5-3)ことは，キャリアの非弾性散乱時間 τ の温度依存性が $\hbar/\tau \propto 2\pi\lambda k_B T$ の関係式を満たすことである．また，λ が非弾性散乱を引き起こす励起とキャリアの結合の強さを表すが，どの銅酸化物超伝導体系でもおよそ 0.3 程度であり，T_c を決定するような大きな値にはなっていない[26]．これが通常の超伝導体の場合との大きな違いで，磁気的活性さが超伝導に寄与することを間接的に支持している．

5-2　銅酸化物の微視的物性

銅酸化物高温超伝導体の電子系が，モット絶縁体への正孔ドープによって金属化されたものであり，その物性にもその磁気的活性さが色濃く現れていることから，超伝導の発現機構解明の研究も，その強相関電子系の織りなす新奇な物性現象の追究と超伝導ギャップパラメーターの対称性の確定へと移っていく．前者は，(モット絶縁体から導出された)強相関電子系の新しい物理開拓を視野にした研究であり，後者は，超伝導出現における磁性の役割を具体的に調べていく研究である．ここでは，その微視的手段による研究を主に紹介するが，その前に，特に物質系の動的磁性を含めた磁気的振る舞いが，どのように表されるかについて，まずは，比較的低いエネルギー域でのデータを中心にその概略を紹介する．

5-2-1　一般化磁化率と中性子散乱

図5-2には，La214系やY123系の反強磁性相に見られる磁気構造を示したが，これらは基本的に，中性子回折実験により磁気ブラッグ反射強度を測定して決められたものである．中性子散乱の強度測定には，散乱ベクトル

$$\boldsymbol{Q}=(\boldsymbol{k}_{\mathrm{i}}-\boldsymbol{k}_{\mathrm{f}}),\ \ \hbar\omega=(E_{\mathrm{i}}-E_{\mathrm{f}})$$

の運動量とエネルギーの保存則を基本にして測定される(ここで $\boldsymbol{k}_{\mathrm{i}}$, $\boldsymbol{k}_{\mathrm{f}}$ は，それぞれ，中性子の入射時および散乱後の波数ベクトルで，E_{i}, E_{f} は，それぞれ，入射時および散乱後の中性子エネルギーである)．ブラッグ反射強度には，磁気モーメントがオーダーしていない場合，原子核による散乱(散乱振幅 b)のみが寄与し，オーダーしているときは核散乱と磁気モーメントによる散乱(散乱振幅 $p=0.539\times10^{-12}S\cdot f(\boldsymbol{Q})$ cm，ここで S, $f(\boldsymbol{Q})$ は，それぞれ，原子スピンの大きさとその形状因子)の双方からの寄与がある．中性子のスピンが偏極していない場合には，強度がそれぞれの散乱の和となる．また，磁気モーメントによる散乱は，散乱ベクトル $\boldsymbol{Q}$ に対して垂直な成分 $S_{\perp}$ のみが寄与するので，

$$\boldsymbol{q}_{\mathrm{m}}=\boldsymbol{S}/|\boldsymbol{S}|-(\boldsymbol{S}\cdot\boldsymbol{Q})\,\boldsymbol{Q}/(|\boldsymbol{S}|\cdot|\boldsymbol{Q}|^2) \qquad (5.4)$$

を用いてその成分を取り出し，p に変えて $p\boldsymbol{q}_{\mathrm{m}}(=0.539\times10^{-12}S_{\perp}f(\boldsymbol{Q}))$ を使って実際の磁気散乱振幅を記述することになる．単原子系で中性子のスピン偏極を考えない場合，中性子散乱強度は，$|b|^2$ に比例する項と，$|p\boldsymbol{q}_{\mathrm{m}}|^2$ に比例する項の和として表せるが，単位胞に複数の原子がある場合や，スピンの向きまで含めて異なった磁気モーメントが複数ある場合は，それらのモーメントの単位胞について，核散乱と同様にその構造因子を求めて，その(絶対値の)2乗に比例したブラッグ反射の強度を計算することになる．

ここでは，静的秩序を持った磁気モーメントからのブラッグ散乱のほかに，磁性の動的な振る舞い，すなわち中性子磁気非弾性散乱($\omega\neq0$)で観測されるデータの理解に重要な一般化磁化率 $\chi(\boldsymbol{Q},\omega)$ について述べる．観測される微分散乱断面積は，一般に

$$d^2\sigma/d\Omega\cdot dE\propto(k'/k_0)\sum|f(\boldsymbol{Q})|^2[\delta_{\alpha\beta}-Q_\alpha\cdot Q_\beta/Q^2]S_{\alpha\beta}(\boldsymbol{Q},\omega)\qquad(5.5)$$

で表される(k_0，k'はそれぞれ入射，散乱中性子の波数)．和は$\alpha,\beta(=x,y,z)$について取る．なお，スピンの形状因子$f(\boldsymbol{Q})$が同一と仮定して$S_{\alpha\beta}(\boldsymbol{Q},\omega)$の外に出した．$S_{\alpha\beta}(\boldsymbol{Q},\omega)$は，磁気モーメントのあるサイト$m$，$n$におけるスピンの$\boldsymbol{Q}$に垂直な方向のベクトルの$\alpha$成分$\boldsymbol{S}_{m\perp\alpha}$と$\beta$成分$\boldsymbol{S}_{n\perp\beta}$を使って

$$S_{\alpha\beta}(\boldsymbol{Q},\omega)=1/(2\pi\hbar)\int dt\exp i(\boldsymbol{Qr}-\omega t)\langle S_{m\perp\alpha}(0)\cdot S_{n\perp\beta}(t)\rangle\qquad(5.6)$$

となる(ここで〈　〉は熱平均)．また，交換相互作用だけを持つスピン系の場合には，簡単な計算から(5.5)式は

$$d^2\sigma/d\Omega dE\propto(k'/k_0)\sum|f(\boldsymbol{Q})|^2[1-Q_\alpha^2/Q^2]S_{\alpha\alpha}(\boldsymbol{Q}\cdot\omega)\qquad(5.5)'$$

となる(和はαについて取る)．また$S_{\alpha\alpha}(\boldsymbol{Q},\omega)$と，励起スペクトル強度を表す$\chi_{\alpha\alpha}(\boldsymbol{Q},\omega)$の虚数部分$\chi''_{\alpha\alpha}(\boldsymbol{Q},\omega)$には，

$$S_{\alpha\alpha}(\boldsymbol{Q},\omega)\sim(n+1)\chi''_{\alpha\alpha}(\boldsymbol{Q},\omega)\qquad(5.7)$$

の関係がある[31]．$\chi''_{\alpha\alpha}(\boldsymbol{Q},\omega)$が$\alpha(=x,y,z)$に依存しない場合は(正確に言えば，系に長距離秩序がなく，軸方向の偏在がない場合には)，αについての和は単に[32]

$$d^2\sigma/d\Omega dE\propto(k'/k_0)|f(\boldsymbol{Q})|^2(n+1)\chi''(\boldsymbol{Q},\omega)\qquad(5.8\,a)$$

としてよい．いま，系が温度の下降に伴い$\boldsymbol{Q}=\boldsymbol{Q}_M$での磁気秩序に近づく場合を考え，(導出法を省いて)$\chi''(\boldsymbol{Q},\omega)$を

$$\chi''(\boldsymbol{Q},\omega)\propto\chi(\boldsymbol{Q})[\Gamma_Q\omega/(\Gamma_Q^2+\omega^2)]\qquad(5.8\,b)$$

と変数を分離した形に書く．これは，スピン相関が，時間とともに指数関数的に減衰する場合に当たる．また，$\boldsymbol{q}\equiv\boldsymbol{Q}-\boldsymbol{Q}_M$として，磁気相関長$\xi_S\equiv2\pi/\kappa_S$を用い，

$$\chi(\boldsymbol{Q})\propto\chi_0/(q^2+\kappa_S^2),\ \ \Gamma_Q\propto\Gamma_0(q^2+\kappa_S^2),$$

さらに金属磁性体に対する守谷らのSCR理論[33]をベースに，

$$\kappa_S^2\propto\xi_S^{-2}\propto(T+\Theta)/\xi_0^2$$

と，温度依存性を書き下すと

$$\chi''(\boldsymbol{Q},\omega)\propto\chi_0\Gamma_0\,\omega/[\Gamma_0^2(q^2+\kappa_S^2)^2+\omega^2)]\qquad(5.8\,c)$$

となる．これは，クラマース-クローニッヒの関係の要請どおり，$\omega\to 0$で$\chi''(\boldsymbol{Q}_{\mathrm{M}},\omega)\to 0$になっている．系が磁性秩序に近づくほど$\kappa_{\mathrm{S}}$が小さくなるので，$\chi''(\boldsymbol{Q}_{\mathrm{M}},\omega)$も増大する．これは，銅酸化物に限らず，磁気的に活性な金属系の実験結果の概容を記述するときによく用いられる．

金属相における銅酸化物の特異な一般化磁化率をどう記述するかについてはいくつかのものが提案されている．ドープされた少数の正孔がCuスピン秩序を壊して動くのがこの系の金属相であるとするt-Jモデルを用いた福山らの報告[34-36]やレビン(K. Levin)らのグループの取り扱い[37-39]，さらに，酸素の2pバンドも考慮に入れたd-pモデルの取り扱い[40]では，

$$\chi(\boldsymbol{Q},\omega)=\chi_0(\boldsymbol{Q},\omega)/[1+J_Q\chi_0(\boldsymbol{Q},\omega)] \tag{5.9}$$

$$J_Q=J_0(\cos Q_x a+\cos Q_y a)\quad (a\text{ は Cu-Cu 間の距離}) \qquad (5.9)'$$

の表式が共通に使われる．ここで，$\chi_0(\boldsymbol{Q},\omega)$は交換相互作用$J_Q$がないときの一般化磁化率で，磁気秩序がなく外部磁場がない場合は，スピン依存性を略して，

$$\chi_0(\boldsymbol{Q},\omega)=(2/\rho_{\mathrm{F}})\chi_{\mathrm{Pauli}}\sum n_{\boldsymbol{k}}[1/(\varepsilon_{\boldsymbol{k}+\boldsymbol{Q}}-\varepsilon_{\boldsymbol{k}}-\hbar\omega-\mathrm{i}\eta)$$
$$+1/(\varepsilon_{\boldsymbol{k}+\boldsymbol{Q}}-\varepsilon_{\boldsymbol{k}}+\hbar\omega+\mathrm{i}\eta)] \tag{5.10}$$

($\chi_{\mathrm{Pauli}}=(1/2)g^2\mu_{\mathrm{B}}^2\rho_{\mathrm{F}}$，$\rho_{\mathrm{F}}$：フェルミ面での電子状態密度，$g$：$g$因子，$\mu_{\mathrm{B}}$：ボーア磁子，$n_{\boldsymbol{k}}$は$\boldsymbol{k}$にある電子の数，和は電子の波数$\boldsymbol{k}$に対してとる．)

と書けるが，実際の実験の解析では，ARPES等で実測されたフェルミ面の形状を再現できる(強相関効果をとり込んだ)最近接～第3近接有効トランスファーエネルギーt_0, t_1, t_2やJ_0を用いて$\chi_0(\boldsymbol{Q},\omega)$を得る．超伝導状態にある電子系については，複雑なのでここでは文献[39, 40]をあげるだけにするが，本質的にはそれに沿った解析を行っている．こうして得られた計算結果を実験と比較したのが文献[41-43]であるが，それはしばらくあとまわしにして，ひとまず，いくつかの実験結果を，順を追って記述していきたい．

銅酸化物高温超伝導体の磁性を二次元系として扱い，その磁気相関を表す

$\chi(\boldsymbol{Q},\omega)$ や $\chi''(\boldsymbol{Q},\omega)$ の議論の際には，特に述べない限り $\boldsymbol{Q}$ は面内成分のみを考える(面に垂直な $\boldsymbol{Q}$ 方向への依存性はないとする．もちろん，三次元磁気秩序があるときは，その限りでない)．超伝導相(金属相)に現れる磁気非弾性散乱のピークがモット絶縁相に現れる磁気ブラッグ散乱と同一の $\boldsymbol{Q}=\boldsymbol{Q}_{\mathrm{M}}=(1/2,1/2)$ (CuO_2 面に Cu 原子 1 個のセルに対する逆格子単位を今後も用いる)に現れ始め，ドープされた正孔の濃度の増加に伴ってそこからシフトしていく様子は，あらっぽく言えば，局在モーメント系から遍歴するバンド磁性体までの移り変わりが連続的に見えるという，磁性体研究で培われてきた認識と一致している．この時点で留意しておきたいことは，金属電子系に対する(5.10)式では波数 $\boldsymbol{k}$ についての和をとるとき，$\varepsilon_{\boldsymbol{k}+\boldsymbol{Q}}-\varepsilon_{\boldsymbol{k}}-\hbar\omega=0$ を満たす $\boldsymbol{Q}$ の数が大きいほど $\chi_0''(\boldsymbol{Q},\omega)$ が大きくなることで，これをネスティング(nesting)効果と呼んでいる．その様子を**図 5-16** に示した．

この場合，$\chi_0''(\boldsymbol{Q},\omega)$ がピークをもつ $\boldsymbol{Q}$ の値が，結晶格子に整合したもの(逆格子ベクトル G を使って $\boldsymbol{Q}=l\boldsymbol{G}/m$ (l, m は整数)と書けるもの)になるとは限らない．その $\boldsymbol{Q}$ があくまでもフェルミ面の形状によるからで，そう書けない場合を以前にも述べたように，格子と不整合(もしくは IC)な $\boldsymbol{Q}$ という．La214 系でも Y123 系でもこの事情のために，金属相では $\chi''(\boldsymbol{Q},\omega)$ のピークが格子と不整合な $\boldsymbol{Q}$ 位置に現れる場合がほとんどである．すなわち，銅酸

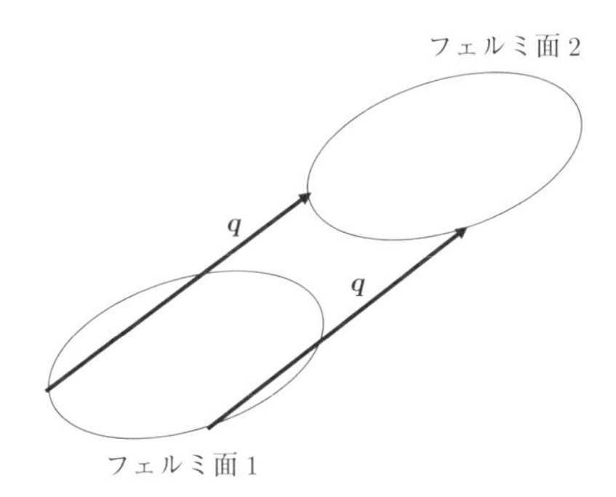

図 5-16 フェルミ面のネスティングの概念図．ここではネスティングベクトルが $\boldsymbol{q}$ である．

化物について言えば，多くの初期の研究[44-46]で，ピークがそのような不整合な位置，$\boldsymbol{Q}=(1/2\pm\delta, 1/2)$ および $(1/2,\ 1/2\pm\delta)$ に現れることが報告された．

なお，上記の t-J モデルや d-p モデルでは，(5.9)式の分母に $J_Q=J_0(\cos Q_x a+\cos Q_y a)$ が含まれており，これが $\boldsymbol{Q}=\boldsymbol{Q}_{\mathrm{M}}=(1/2, 1/2)$ で $-2J_0$ と絶対値が最大になることも $\boldsymbol{Q}_{\mathrm{M}}$ で（もしくはその付近で）$\chi''(\boldsymbol{Q}, \omega)$ にピークが見られる要因である．

なお，ここでは，研究用原子炉を使って比較的低エネルギー領域でなされた磁気非弾性散乱の結果を中心に見ていくことにし，最近のパルス中性子源や放射光を用いた $\omega=300$ meV にもおよぶ高いエネルギー域の結果については後回しにする．

La_2CuO_4 の Cu スピンは，図 5-2 のような磁気秩序をとるが，大きな最近接交換相互作用 J（～1200 K）を持つにしては反強磁性秩序温度 T_{N} が室温付近もしくはそれ以下という低い値になっている．磁性を担うのが CuO_2 の二次元面で，しかもそのスピンが面内方向に広がる $3\mathrm{d}_{x^2-y^2}$ 軌道にあることからくる二次元性，さらには，スピンの量子性もが磁気揺らぎを大きくしていること等，がその理由である．そのために，La_2CuO_4 では，秩序モーメントが $\sim 0.4\,\mu_{\mathrm{B}}$/Cu ほどしかなく，残りの成分は大きく揺らいでいる．このことは，中性子非弾性散乱の賢い実験で示された[47]ので，詳しくはその論文を参照してもらいたいが，そこでは，Cu スピン系がその面内空間相関長 ξ が大きいにもかかわらず，時間的には極めて短い相関（instantaneous correlation）しか持たない状態で揺らいでいること等が示された．チャクラバティらは，これを理論サイドから議論している（**図 5-17**）[48]．また，実験結果は，RVB 理論[18]との関連でも大きな注目を集めることになった．

La_2CuO_4 のスピン励起の分散関係を見てみよう．最近接スピン間の交換相互作用が大きいために，初期の段階で分散関係の全容を実験的に見ることはできず，陽子加速器のパルス中性子源を用いた測定まで待たなければいけなかった．しかし，遠藤ら[49]は，$\boldsymbol{Q}_{\mathrm{M}}$ を起点とする反強磁性状態のスピン波をいくつかのエネルギー（$\omega\leqq 12$ meV）に固定しての，$\boldsymbol{Q}_{\mathrm{M}}$ を通る $\boldsymbol{Q}$ スキャン（コンス

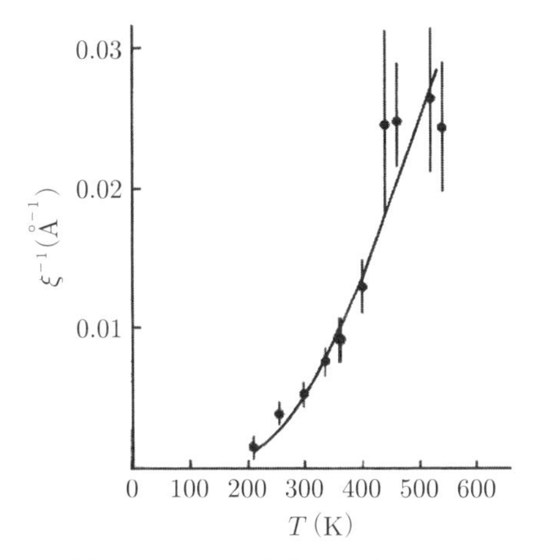

図 5-17 La_2CuO_4 の磁気相関長 ξ の実験結果を再現したチャクラバティ(S. Chakraverty)の解析結果[48]．高温まで磁気相関が育っていることがわかる．

タントエネルギースキャン)によって調べ，スピン波のピークが二つの $\boldsymbol{Q}$ 点，すなわち，$\boldsymbol{Q}_{\mathrm{M}} \pm \boldsymbol{q}$ のものに分離できないことを示し，$\omega \propto vq$ で表されるその速度 v が 0.4 eV·Å よりは大きいと見積もった．これは，のちにパルス中性子源を用いた測定[50]で，0.85 eV·Å ($J = 0.136$ eV)であるとされた．

Y123 系反強磁性相での磁気励起は La214 系のものより少し複雑である．図 5-2 に示したように，CuO_2 の 2 層(図 5-2 の A と C)のスピンが 1 枚のユニットを作っているために，それらの層の磁気モーメントが位相を揃えて運動する音響型のスピン波の構造因子には，$\boldsymbol{Q} = (\boldsymbol{Q}_{\mathrm{M}}, l\boldsymbol{c}^*)$ の $\boldsymbol{c}^*$ 方向に sin 波の変調が現れ，$l = 0$での強度がゼロになる．この事情のために，$l \neq 0$ の $\boldsymbol{Q}$ で測定を行わなければならず，原子炉からの中性子を使う場合，散乱ベクトルを $\boldsymbol{a}^*$ と $\boldsymbol{b}^*$ が張る面には自由に選べないので，通常は $\boldsymbol{a}^* + \boldsymbol{b}^*$ と $\boldsymbol{c}^*$が張る面を散乱面として，$\boldsymbol{Q}$ に $\boldsymbol{c}^*$ 方向成分を含める結晶の配置で行われた(CuO_2 の 2 層のスピンが結合しているために現れる光学磁気励起は，30 meV より高いエネルギー領域にあるがここでは扱わない)．いずれにせよ，まずは，そのような条件下で，$YBa_2Cu_3O_{6.2}$ の反強磁性相にある単結晶に対して，エネルギー ω を一定として，$(1/2, 1/2, l)$ と $(h, h, -1.5)$ に沿って測定した結果が，それぞれ，**図 5-**

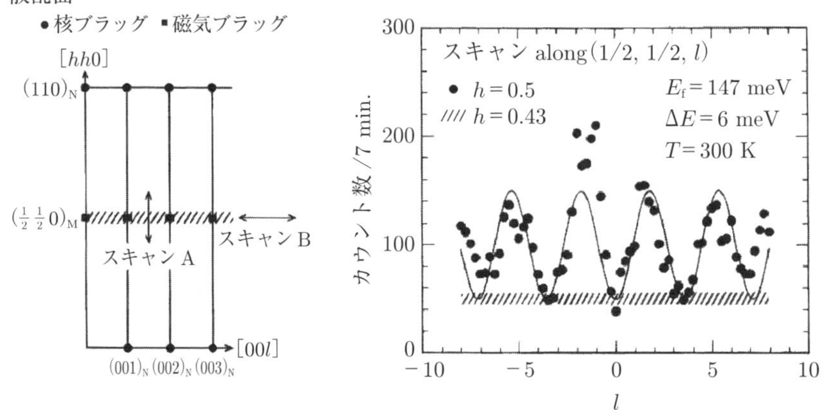

図 5-18　$YBa_2Cu_3O_{6+x}$ の磁気散乱[51]．散乱が現れるのは左図の斜線部．右図は散乱ベクトル $\boldsymbol{Q}$ を $(1/2, 1/2, l)$ に沿って測定したときの散乱強度．

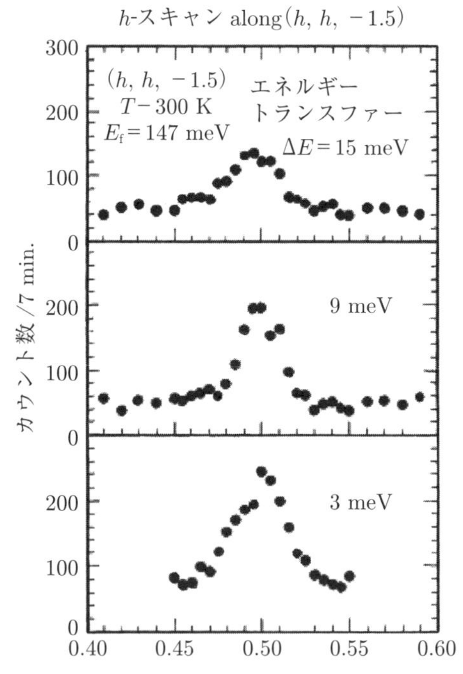

図 5-19　$YBa_2Cu_3O_{6+x}$ の $(h, h, -1.5)$ に沿ったいくつかのエネルギーにおける磁気散乱プロファイル[51]．

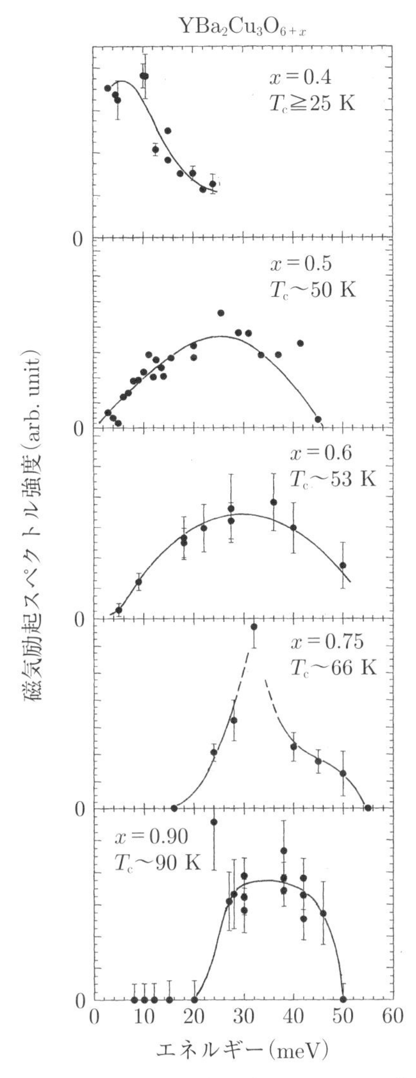

図 5-20　$YBa_2Cu_3O_{6+x}$ の低温での磁気励起スペクトル積分強度の x 依存性. 強度はフォノンの強度でスケールしたもの[52].

18 と **図 5-19** に示されている[51]．この系でも，$(h, h, -1.5)$ に沿った h-スキャンでは，スピン波の分散曲線の傾き $\mathrm{d}\omega/\mathrm{d}Q$ が大きい（$>0.5\,\mathrm{eV}\cdot\mathrm{Å}$）ために，$h=1/2$ の両サイドに見えるはずの散乱ピークが分離されておらず，Cu スピン間の交換相互作用の大きいことがあらためて微視的に裏付けられた．

こうして得られたプロファイルを $\boldsymbol{Q}$ 積分し，結果をボーズ因子$(n+1)$で割れば，磁気励起スペクトル積分強度 $\chi''(\omega)$ が得られる．**図 5-20** には，実際に超伝導を示す多くの結晶に対して測定された $T=10\,\mathrm{K}$ での $\chi''(\omega)$ を，$\omega<50\,\mathrm{meV}$ の領域で T_c の値とともに示した[52]．その強度の相対的な試料依存性は，それぞれの試料のフォノン強度の測定によって決められたものでそれほど厳密なものではないが，磁気励起スペクトルがどのように変わっていくかがよくわかる（ただし，もっと高いエネルギー域にもスペクトル強度が存在することは後ではっきりしてきた）．

$\mathrm{YBa_2Cu_3O_{6+\mathit{x}}}$（Y123 系）の一つの結晶について酸素数 x を順次変えて，温度変化を含めて $\chi''(\boldsymbol{Q}_\mathrm{M}, \omega)$ を測定した別グループの結果を，$x=0.69$ および 0.92 のものについて，それぞれ，**図 5-21**，**図 5-22** に示した[53]．アンダードープ域にある 0.69 の試料では温度を降下させていく際，$\chi''(\boldsymbol{Q}_\mathrm{M}, \omega)$-$\omega$ プロットが，原点を通る直線から下方へくぼんでいく振る舞いが，250 K というかなり高温域から見えている．これが，第一の特徴で，スピン擬ギャップと名付けられたものを中性子散乱手段で見たことに当たる（なお，磁気励起スペクトルは，(5.8 a)，(5.8 b)式からもわかるように，必ず，原点を通る）．

第二の特徴は，$x=0.92$ で $\omega\sim41\,\mathrm{meV}$ に超伝導相で顕著なピークが見られたことである（図 5-20 でも $x=0.75$ の試料の $\omega\sim32\,\mathrm{meV}$ に見えていたようである）[54]．これは，共鳴ピーク（resonance peak）と呼ばれ，理論的にも議論され[55]，超伝導オーダーパラメーターがフェルミ面上で符号変化を持っていることの実験的証拠となるという指摘もあったが，その確証を得るには詰めが必要であった．

この理論的な考察に関連して，フォングら（H. F. Fong *et al.*）[56-58]は，二つの準粒子生成の際のコヒーレンス因子の効果のほかに，散乱の終状態における相互作用，スピン三重項の励起子生成の可能性等を考え，さらには集団励起の

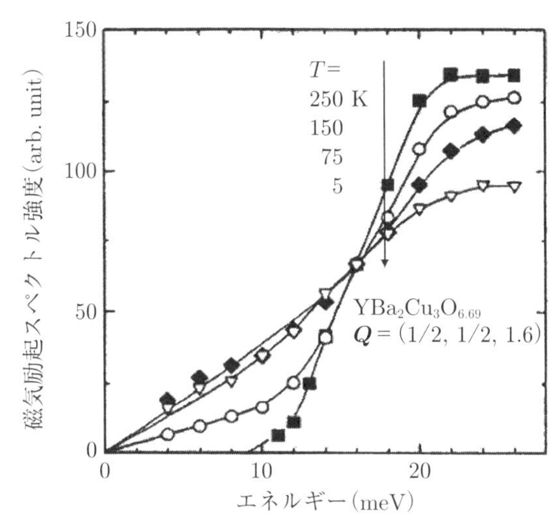

図 5-21 $YBa_2Cu_3O_{6.69}$ の磁気励起スペクトルの温度依存性．スピン擬ギャップの様相が T_c(∼59 K)より高い温度から見られる[53]．

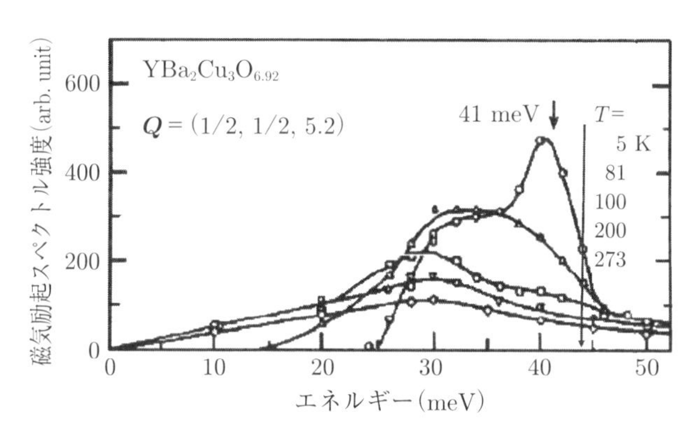

図 5-22 $YBa_2Cu_3O_{6.92}$(T_c∼91 K)の試料に観測された磁気励起スペクトルの温度依存性[53]．エネルギー 41 meV に顕著なピークが T_c 以下に見える．

存在，常伝導状態では大きかったスピン励起のエネルギー幅が超伝導状態で狭くなる効果[59]等にも言及していた．

第一の特徴であるスピン擬ギャップ構造は，5-1-1 に記述した巨視的物性量に見られる従来の金属系のものとは異なった振る舞いや，後述するNMR縦緩和時間の温度依存性の異常等と密接に関係しているが，これをアンダーソンのRVB状態を念頭に解釈すると以下のようになる．

RVB状態では，少数の正孔(ザン-ライス一重項)が周囲のCuスピンを蹴散らして動いているが，そのような金属状態のスピン一重項相関の効果(これは磁化率を小さくする)がT_{SG}あたりで反強磁性相関の効果(これはκ_S^2を小さくし$\chi(\boldsymbol{Q}_M)$を大きくする)を上回り，さらに低温になると一重項相関の位相が長距離秩序を示して超伝導相に至る．T_cより高温の領域では，一重項相関の寿命が短いので(すなわち，励起エネルギー幅が大きいので)不完全なギャップ構造(擬ギャップ構造)しか見えない．

温度降下に伴うスピン一重項相関がこのように成長するという描像については，5-2-3に紹介する$YBa_2Cu_3O_{6+x}$のNMR測定の結果，さらには低次元スピンギャップ系である$CuNb_2O_6$の磁気的動的振挙動を対象にした中性子散乱やNMR測定の結果(7-1-1参照)を考慮しながら議論するが，ここでは少々先走って述べておく．

アンダードープの$YBa_2Cu_3O_{6+x}$では，高温域から温度を下降させたとき，OやYの原子核でのNMRナイトシフトがある温度T_0(～300 K)でピークをとる．一方，Cu核の縦緩和時間を温度で割った$1/T_1T$はそのT_0を通り越しても増大し続け，より低温のT_{SG}(～$T_0/2$)でピークを取ったのち急激に減少する．このとき，ナイトシフトがT_0でのピークののちに減少することを，単純に反強磁性相関の成長のみに帰着させ，擬ギャップの効果は考えない向きもあるが，もう少し詳しく見ると以下のような理由で少なからぬ疑問が残る．

実は，一次元スピンギャップ系$CuNb_2O_6$のNb NMRナイトシフトと$1/T_1T$の結果にも，そのT_0とT_{SG}に$YBa_2Cu_3O_{6+x}$の場合とよく似た関係が見られる．すなわち，$CuNb_2O_6$の磁気励起スペクトルが，銅酸化物の場合と同様，T_0あたりからギャップ様構造(スピン擬ギャップ)を持ち始めており，その後T_{SG}(～$T_0/2$)で$1/T_1T$にピークが現れるところでは，スピン一重項相関が反強磁性相関を凌駕し，磁気励起スペクトルの擬ギャップ構造が明瞭になる．さらに低温では完全なギャップとなる．これらの結果は，超伝導体に限ら

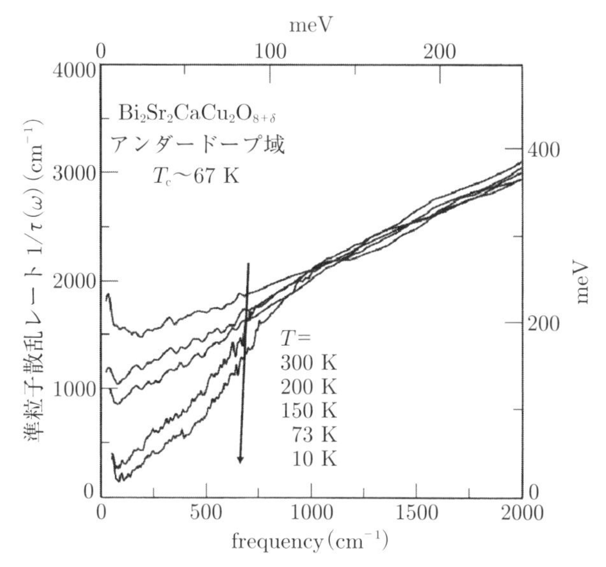

図 5-23 アンダードープ域の $Bi_2Sr_2CaCu_2O_{8+\delta}$ (T_c〜67 K) に対する光学測定で得られた準粒子散乱レートのエネルギー依存性をいくつかの温度で示した[27]．低エネルギー域のかなり広い範囲で，T_c よりはるかに高い温度から散乱レートの減少が見られる．

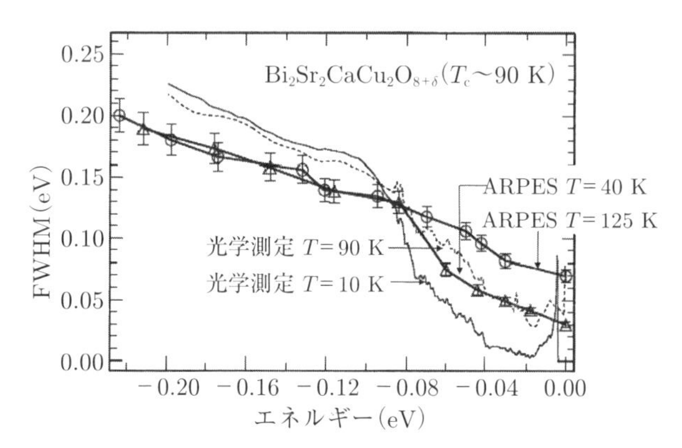

図 5-24 $Bi_2Sr_2CaCu_2O_{8+\delta}$ (T_c〜90 K) に対して角度分解光電子分光 (ARPES) を手段に観測した準粒子スペクトル幅 ($\propto 1/\tau(\omega)$) の温度依存性を光学測定の結果とともに示した[29]．

ず多くのギャップ系に共通しているように見える．

アンダードープ域で，$T > T_c$ でギャップ様構造(すなわちスピン一重項の短距離相関)が現れるエネルギー域は，かなり高温まで平均場近似で期待される $2\Delta = 3.52 k_B T_0$ に近いものになっているようであるが，その物性量への影響は，相関時間が温度下降で長くなるのに伴って大きくなる．こう考えると，アンダードープ域の試料に対する中性子磁気散乱の結果(図 5-21，5-22)だけではなく，図 5-15，5-23 の光学測定や図 5-24 の ARPES の結果，さらには後述する STM(図 5-28)および中性子フォノン散乱の結果(図 5-39)等多くの結果がよく説明される．最適ドープ量以上に正孔がドープされた試料では，T_{SG} が T_c より高いという条件が，もはや，よくは成立しなくなるので，温度が T_c に近づいても擬ギャップ形成の影響がそれほど大きくは現れず，$T \sim T_c$ からの超伝導ギャップ出現の影響がアンダードープの試料より急激である．その例としては，**図 5-25** に示されたマイクロ波表面抵抗[30]の温度変化や熱伝導度[60]等の測定結果があげられる．ただ，その場合でも，電子の散乱時間は T_c 直上まで大変短いことが通常の金属とは異なっている．さらにドープ量が増加し，超伝導が見られなくなるところでは物性が通常金属のものに移り変わっていく．

二つ目の特徴である共鳴ピークの存在については，第2章で記述したが，準粒子生成に伴って現れるコヒーレンス因子

$$[1 - (\varepsilon_{p1}\varepsilon_{p2} + \Delta_{p1}\Delta_{p2})/E_{p1}E_{p2}]/2$$

の影響が $\Delta_{p1}\Delta_{p2}$ の符号を通して $\chi''(\boldsymbol{Q}, \omega)$ の振る舞いに影響を与える($\boldsymbol{Q} = \boldsymbol{p}_1 - \boldsymbol{p}_2$)．ドープされた正孔数が反強磁性相の近くにある試料では，磁気秩序相での磁気ブラッグ点 $\boldsymbol{Q}_M$ かその近くに $\chi''(\boldsymbol{Q}, \omega)$ のピークが常伝導相で現れるが，$T < T_c$ では，$\Delta_{p1}\Delta_{p2}$ が正の場合にはその強度の抑制が，負の場合には逆にその増大が，$\omega_p = |\Delta_{p1}| + |\Delta_{p2}|$ に関係した ω 位置に現れるはずなので，$\chi''(\boldsymbol{Q}, \omega)$ の振る舞いを通してフェルミ面上での Δ に符号変化があるかどうかを調べる一手段になると期待される(鉄系超伝導体についての議論は，のちに再度行う)．これは，NMR $1/T_1$ に見られる準粒子散乱過程に現れるコヒーレンス因子

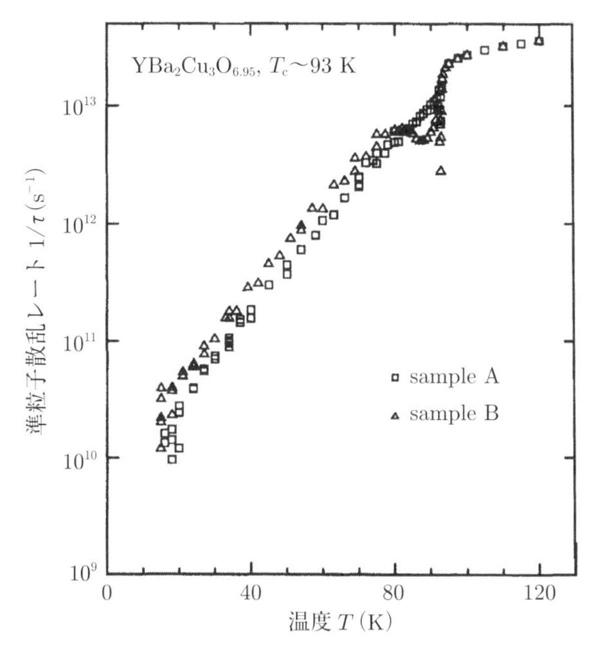

図 5-25　$YBa_2Cu_3O_{6.95}$ (T_c～93 K) の準粒子散乱レートの温度依存性．T_c 以下で急激に減少することがわかる[30]．

$$(u_{p1}u_2 + v_1v_2)^2 = [1 + (\varepsilon_{p1}\varepsilon_{p2} + \Delta_{p1}\Delta_{p2})/E_{p1}E_{p2}]/2$$

の影響とともに，Δ の相対符号に対する実験情報を与えるものである．

銅酸化物では，$\chi''(\boldsymbol{Q}, \omega)$ のこのピークの存在が Δ のフェルミ面上での符号変化を示唆していること，さらには，クーパー対が電子の入れ替えに対して符号を変えるスピン一重項対であること (後出) を考慮すると，Δ は偶のパリティ (ここでは d 波の対称性) を持っていることになる．しかし，中性子散乱では大型の結晶が必要であったことや，フォノンのピークの出現等のために，その起源の同定が容易ではなかった (文献[53]のデータは 1991 年，文献[54]のデータは 1993 年)．安岡によれば，NMR で決定的証拠が得られたのは 1994 年に発表された T_{2g} の測定結果によるとされる[61, 92]．

最近，バルディニら (Baldini *et al.*)[62] は，超短パルスのレーザー光を $NbBaCu_3O_{6+x}$ にあて，T_{ons}～140 K (T_c～93.5 K) で電子が擬ギャップ相関か

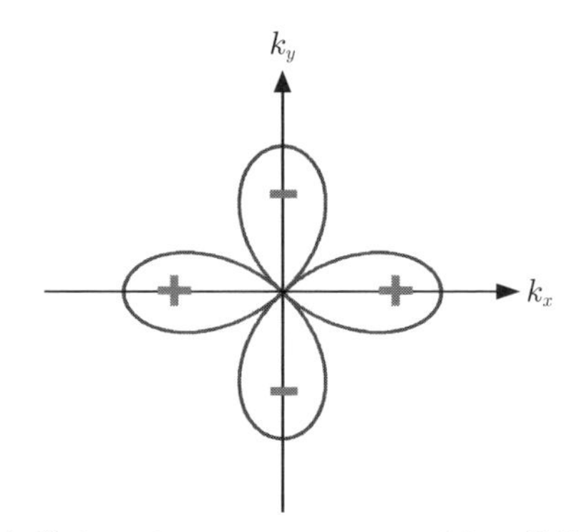

図 5-26　d 波の超伝導オーダーパラメーター $\Delta(k)$ の形状．＋ と － は超伝導オーダーパラメーターの符号．

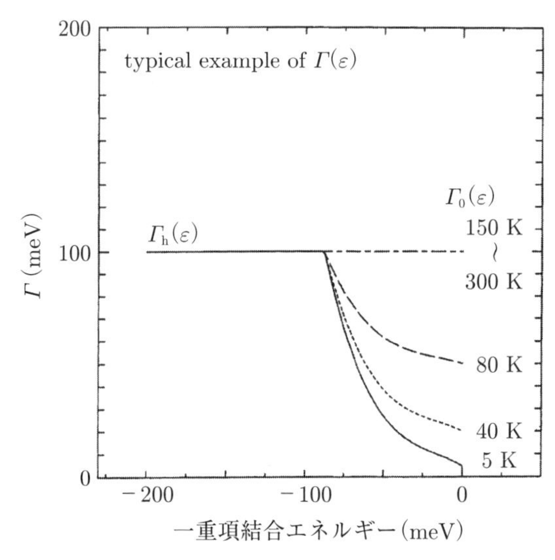

図 5-27　Y123 系や $Bi_2Sr_2CaCu_2O_{8+\delta}$ モデル計算に使われた準粒子エネルギー幅 $\Gamma(\varepsilon)$ ($\propto 1/\tau(\omega)$) のエネルギー依存性をいくつかの温度で示した[41]．

ら解き放たれるのを観測した．さらに，電子対形成に大きく影響される Ba 原子のコヒーレント運動が，温度下降とともにやはり T_{ons} から現れることも観測した．この結果は，擬ギャップが前駆的なスピン一重項相関(前駆的クー

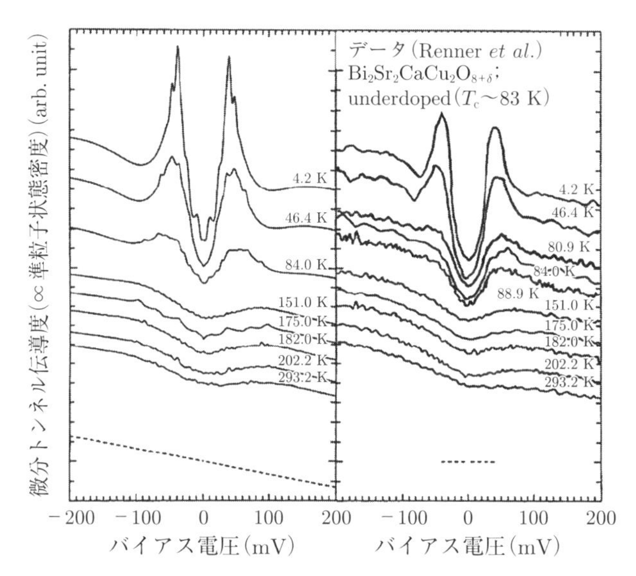

図 5-28　アンダードープ域に位置する $Bi_2Sr_2CaCu_2O_{8+\delta}$($T_c$～83 K)の試料に対して STM/STS で観測された準粒子状態密度[63](右図)と図 5-27 のような $\Gamma(\varepsilon)$ を使って計算された結果[41]との比較．破線は 300 K でのゼロ点，他の温度は見やすくするため off set がかかっている．

パー対(preformed pair))の出現であることを示す．

ここで，スピン擬ギャップ相と共鳴ピークの物性についてもう少し眺めてみる．まず，上述した描像を取り，さらに Δ を d 波の対称性を持つ形，$\Delta_s(\boldsymbol{k}) = (\Delta_0/2)(\cos k_x a - \cos k_y a)$(**図 5-26**)に書き，$\Delta_0$ が超伝導相でもスピン擬ギャップ相でも T_c より高いある温度以下で一定(たとえば，図 5-15 に示した c 軸方法の光学伝導度参照)で，単に，前駆的なスピン一重項の寿命(と数の温度変化)に伴う準粒子のエネルギー幅 $\Gamma(\varepsilon)$ を**図 5-27** のように導入し簡単のために等方的なものとしてみる[40]．これは，実験データ[27-30]の $\Gamma(\varepsilon)$ の特徴を再現しただけのもので厳密ではないが，この $\Gamma(\varepsilon)$ を考慮したうえで走査型トンネル分光法(Scanning Tunneling Spectroscopy (STS)) *1で観測される電子状態密度 $N(\varepsilon)$ をいくつかの温度で計算し，$Bi_2Sr_2CaCu_2O_{8+\delta}$ の測定結果[63]と比較した結果が**図 5-28** である(計算に用いたパラメーターは，詳しくは原著論文[40]に譲る).

この図は，計算が実験の特徴をよく再現している．すなわち，(i)データは，超伝導相からスピン擬ギャップ相まで一つのギャップで説明可能で，スピン擬ギャップは，超伝導電子対が未だ長距離秩序を持たないものの，T_c よりはるかに上(T_{c0})から現れたものと見なせる．T_c が揺らぎのために T_{c0} より下降していると考えれば，低温では熱揺らぎに影響されないギャップ値 Δ_0 がそのまま出るので，$2\Delta_0/k_BT_c$ はBCS理論が与えるもの($2\Delta_0/k_BT_{c0}$)よりはるかに大きくなる．(ii)T_c を横切るときの準粒子励起状態密度 $N(\varepsilon)$-ε 曲線に見える急な変化は，Δ の長距離秩序に伴う $\Gamma(\varepsilon)$ の急な変化による．(iii)スピン擬ギャップは室温付近まで見られる等，が実験とよく合致する．

では，このようなモデルを使って磁気励起スペクトル $\chi''(\boldsymbol{Q},\omega)$ が説明されるであろうか．今，(5.9)，(5.9)′ および，(5.10)式による $\chi(\boldsymbol{Q},\omega)$，$\chi_0(\boldsymbol{Q},\omega)$ の計算を行う際，文献[39, 40]とほぼ同等の取り扱いによって超伝導相を含めた温度領域で行った結果を紹介する *2.

図 5-29 は，$T=7\,\mathrm{K}$ で $[h,0]$ に沿って中性子分解能を考慮せずに得られ

---

*1　尖った探針を物質の表面に近づけたうえで，探針を圧電素子の利用でスキャンし，両者間に生じるトンネル電流の変化を画像に変えて表面構造を見る走査型トンネル顕微鏡法(Scanning Tunneling Microscopy (STM))と，表面と探針間の電圧 V を変えてそこの間に流れる電流 I の変化量を dI/dV-V の形で取り出す走査型トンネル分光法(Scanning Tunneling Spectroscopy (STS))を基本にした装置で，表面での原子配列や，電子エネルギー状態密度 $N(\varepsilon)$ を知る手段として用いられる．このような手法で表面の情報を原子レベルの分解能で得られることが驚きであった．この装置の開発研究により，ビーニッヒ(G. Binnig)が1986年にノーベル物理学賞を受けた．

*2　そこでは，(1)d波の超伝導ギャップ $\Delta_s(\boldsymbol{k})=(\Delta_0/2)(\cos k_xa-\cos k_ya)$ を用い，(2)$YBa_2Cu_3O_{6.5}$ の試料(T_c~50 K)を念頭に，フェルミ面の形を再現できる(強相関効果を取り込んだ有効バンドパラメーター(effective band parameter)，$t_0=-20\,\mathrm{meV}$，$t_1=-t_0/6$，$t_2=t_0/5$ を採用して $\chi_0(\boldsymbol{Q},\omega)$ を求め，(3)$\Delta_0\sim 44\,\mathrm{meV}$，$J_0\sim 58.5\,\mathrm{meV}$ の値を選び，(4)図5-27に示された準粒子の減衰係数を $\Gamma_h(\varepsilon)=50\,\mathrm{meV}$ の等方的なものと簡単化して $\chi_0(\boldsymbol{Q},\omega)$ の計算式の中に外部から与えている(詳細は文献[42, 43]参照).

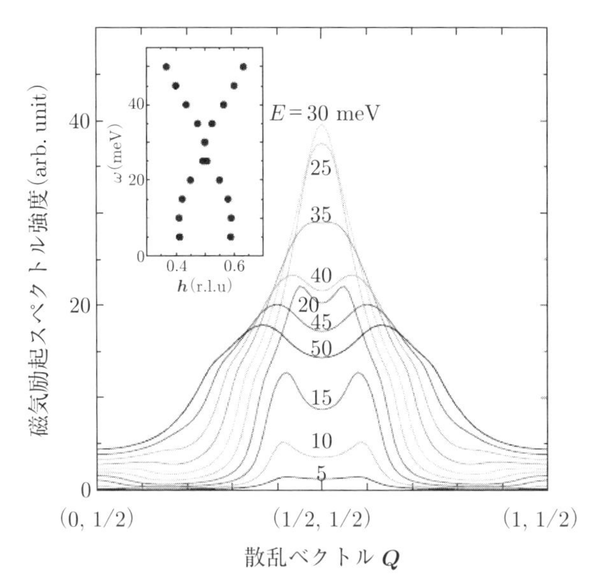

図 5-29　$YBCO_{6.5}$ の磁気励起スペクトルに対して行った 7 K での計算結果．t_0 $(=-20\ \mathrm{meV})$，$t_1=-t_0/6$，$t_2=t_0/5$．$\Delta_0\sim44$ meV，$J_0\sim58.5$ meV を使っている[39]．挿入図は格子と不整合もしくは整合ピークの現れる q 位置[42, 43]．

た $\chi''(\boldsymbol{Q},\omega)$ の計算プロファイルを示す．そのピーク位置のエネルギー依存性が挿入図に見られる[43]．**図 5-30** では，$(h,h,-2)$ に沿った観測値と分解能を考慮したその計算値とを，全温度で共通なスケール因子を用いて比較している[40, 42, 43]．これらの図には，ピーク強度や幅の温度依存性，超伝導状態はもちろん，T_c のかなり上でのスピン擬ギャップの存在を含めた実験的特徴がよく再現されている．**図 5-31** は $\boldsymbol{Q}=(1/2,1/2)$ でのピーク強度の温度依存性の計算値と観測値の比較である[43, 64]．

図 5-29 の内挿図に戻り，$\chi''(\boldsymbol{Q},\omega)$ のピーク位置の ω 依存性を見てみる．χ_0 に現れるフェルミ面のネスティングの効果は，$\omega\sim0$ 付近で格子と整合な位置 $\boldsymbol{Q}_\mathrm{i}=(1/2\pm\delta,1/2)$ および $(1/2,1/2\pm\delta)$ にピークをもたらす．しかし，その $\boldsymbol{Q}_\mathrm{i}$ を通ってたとえば図のように，$(h,1/2)$ に沿って h スキャンを行ったとき，$(1/2,1/2)$ から遠ざかる方向には，$\chi''(\boldsymbol{Q},\omega)$ の分散関係に期待されるような

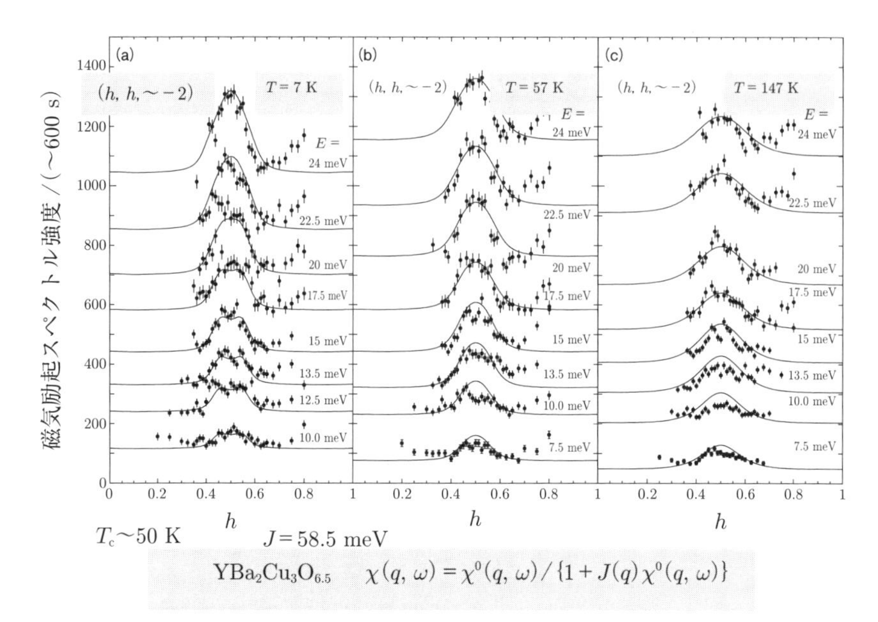

図 5-30　$YBCO_{6.5}$に対して計算された磁気励起スペクトルを，いくつかの温度でエネルギーを変えて測定したデータにフィットした．全温度で強度のスケールが共通になっている[42, 43]．各温度データには見やすくするため off set がかかっている．

ピークはほとんど見えない．これは，$\chi_0(\boldsymbol{Q}, \omega)$へのネスティング効果が消えてくるからだけでなく，

$$\chi(\boldsymbol{Q}, \omega) = \chi_0(\boldsymbol{Q}, \omega)/[1 + J_Q\,\chi_0(\boldsymbol{Q}, \omega)]$$

の分母による増強効果が小さくなるからである（J_Q は $\boldsymbol{Q} = (1/2, 1/2)$ で最大値 $-2J_0$ を持つことに注意）．

ここで扱った $YBa_2Cu_3O_{6.5}$ の試料では，$\omega = 30$ meV で格子と整合なものになり，ピーク強度が最大になっている．これが $\chi_0(\boldsymbol{Q}, \omega)$ へのネスティングとコヒーレンス因子，さらには $J_Q = J_0(\cos Q_x a + \cos Q_y a)$ の効果をすべて含んでいるということができる．二つの分散曲線が交差する位置での振る舞いを厳密に取り扱うには注意が必要と思われるがここでは取り上げない．

以上の結果は，$(h, h, l \neq 0)$ に沿った h-スキャンの結果を議論したものであ

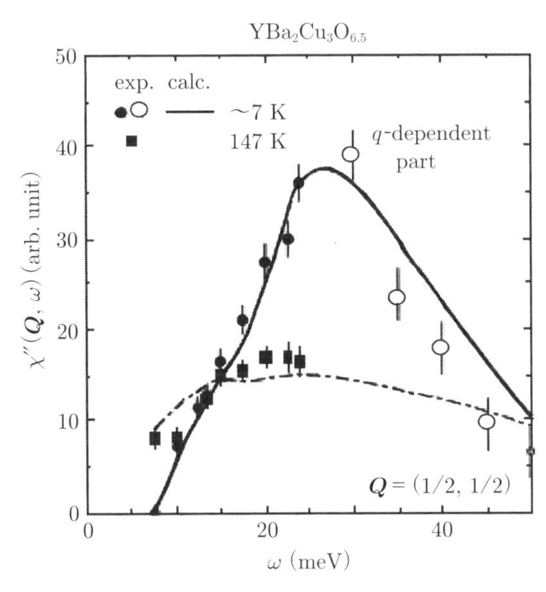

図 5-31　$YBa_2Cu_3O_{6.5}$ に対して，$\boldsymbol{Q}=(1/2, 1/2)$ で測定された磁気散乱ピーク強度の温度依存性．計算値と観測値を比較した[42]．白丸データは文献[64]からの引用データ．

るが，パルス中性子源を使用する以前にも，結晶を傾ける等の工夫によって，磁気反射が現れる $\boldsymbol{Q}$ 点の近くを通るスキャン，たとえば，$(3h, h, l\neq 0)$ に沿った Q スキャンや，$YBa_2Cu_3O_7$ の試料に対する，偏極中性子を使ったていねいな研究等が，ダイら (P. Dai *et al.*)[65] や，フォングら (H. F. Fong *et al.*)[57, 58, 66] によってなされ，文献[53]でその存在が初めて指摘された $\omega\sim 41$ meV のピークが確かに磁気散乱によるものであることが確認された．

$YBa_2Cu_3O_7$ で $\omega\sim 41$ meV に見られるこの磁気散乱ピークのエネルギー位置は，$YBa_2Cu_3O_{6.75}$ ($T_c=66$ K) で $\omega\sim 33$ meV[54]，$YBa_2Cu_3O_{6.5}$ ($T_c=52$ K) では $\omega\sim 27$ meV[66] であった．

$YBa_2Cu_3O_{6.7}$ ($T_c\sim 67$ K) に対してパルス中性子源で得られたデータを**図 5-32** に示した[67]が，そこでは，散乱強度の最大となるエネルギー E_r は ~ 36 meV で二つの分散曲線の交点(サドルポイント (saddle point))のエネルギー

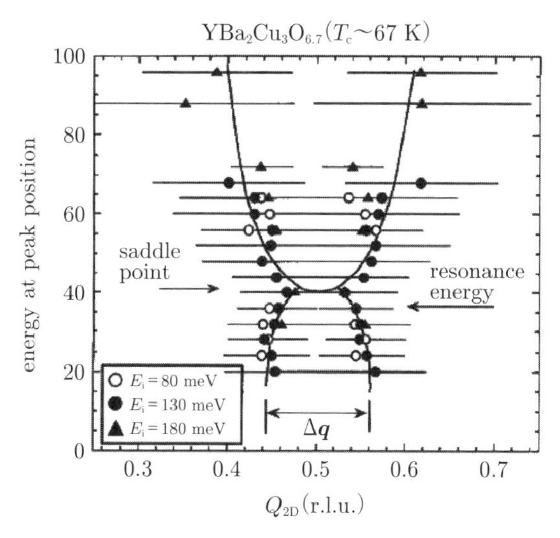

図 5-32　パルス中性子源を使って観測された $YBa_2Cu_3O_{6.7}$(T_c~67 K)の磁気励起分散曲線[67]．E_i は入射中性子のエネルギー．

ω_s(~46 meV)とは異なっているが，トランカーダ(J. M. Tranquada)は La214 系ではスピンギャップ $\ll \omega_s$，Y123 ではスピンギャップ $\leqq \omega_s$ の関係があることを考慮し，超伝導相でピーク強度の増強が前者では大きくならないといった議論をしている．

ここで，初めてパルス中性子源の実験に触れたが，特に Y123 系の磁気励起測定において，観測したい $\boldsymbol{Q}$ の選択に便利である点が明確に現れた．

ここからは，La214 系の場合を見る．そこでは CuO_2 面内の $\boldsymbol{Q}$ を散乱面にできることから，面内の自由な $\boldsymbol{Q}$ 点で $\chi''(\boldsymbol{Q}, \omega)$ を見ることが可能なので，正孔がドープされた金属相では，そのピークが格子と不整合な位置 $\boldsymbol{Q}_i$ に現れることが早い時期から報告された[44, 45, 68]．**図 5-33** には，典型的なものとして文献[45]のデータを示した．(1/2 ± δ，1/2)と(1/2，1/2 ± δ)の四つの点に磁気反射ピークが見られている．山田ら[69]は，$T \sim T_c$ での δ に $\delta = x$ の関係がある(**図 5-34**)ことを見出し，次に述べるストライプ(stripe)秩序と呼ばれる一次元的な秩序が系内にできているとするトランカーダらのいうストライプ秩

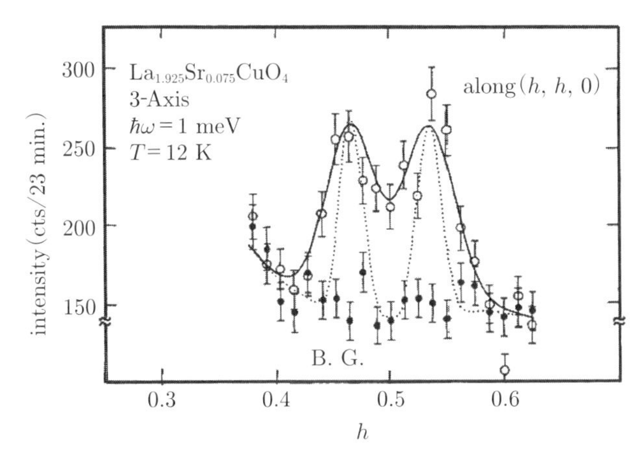

図 5-33 $La_{1.925}Sr_{0.075}CuO_4$ (T_c ~35 K) に観測されたエネルギー 1 meV での磁気散乱プロファイル．$\boldsymbol{Q}$ を正方晶セルの $(h, h, 0)$ に沿ってスキャンして得られた[45]．

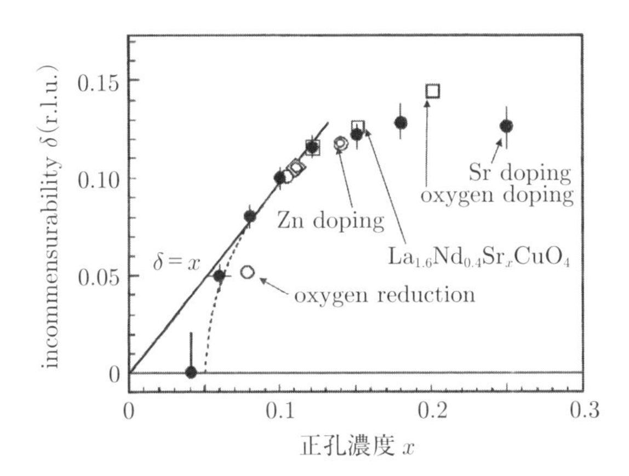

図 5-34 Ln214 系の正孔濃度 x が $0.06 < x < 0.12$ の領域で格子との不整合の大きさ (incommensurability) δ が $\delta = x$ の関係を満たすことを示すデータ[69]．

序の形成[70]を支持する結果を得た．

$La_{2-x}Ba_xCuO_4$-x 曲線に顕著に現れるいわゆる 1/8 異常（ストライプ秩序による異常）は，ムーデンバウら (A. R. Moodenbaugh *et al.*)[71, 72]によって初期

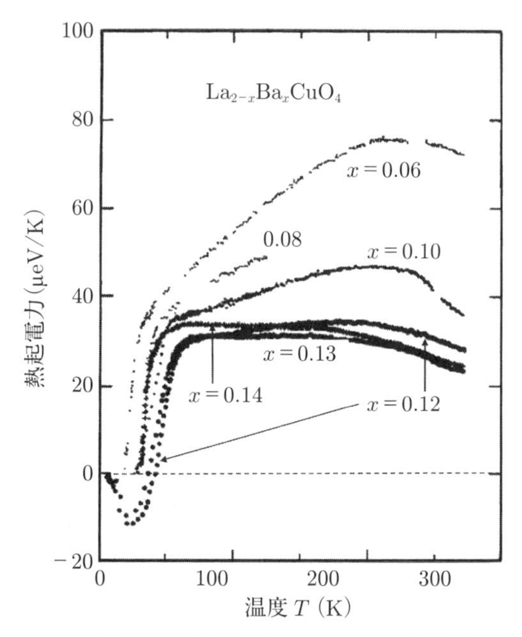

図 5-35　$La_{2-x}Ba_xCuO_4$ 焼結体試料において，$x=1/8$ 周りの狭い領域に見られた熱起電力の顕著な異常[73].

段階に発見されたもので，そこでの完全な超伝導の消失，さらには，$La_{2-x}Ba_xCuO_4$ においても，その超伝導性や，他の輸送特性や磁気特性への顕著な影響が知られていた．ここでは，代表的な例として，焼結体試料に対して得られた世良らのデータを，**図 5-35**[73]に示したが，これは，図 5-3 に見られるような，超伝導の抑制が起こる狭い Ba 濃度の領域(x〜1/8)で，熱起電力に顕著な異常を見出したもので，電気伝導度 $\sigma(E)$ のエネルギー微分に依存する熱起電力 S がフェルミ面上の異常に敏感であることをよく示す例である(同様のデータが，のちに，$La_{2-x-y}Nd_ySr_xCuO_4$ の単結晶を用いた試料についても報告されている[74])．この現象を磁性と電荷の空間的複合秩序で説明したのが，トランカーダらによるストライプモデル[75]で，その模式的秩序パターン，および対応する電荷と磁気秩序による中性子ブラッグ反射データが**図 5-36** に示されている．これは，強く相互作用する電子系の特徴をよく表すが，

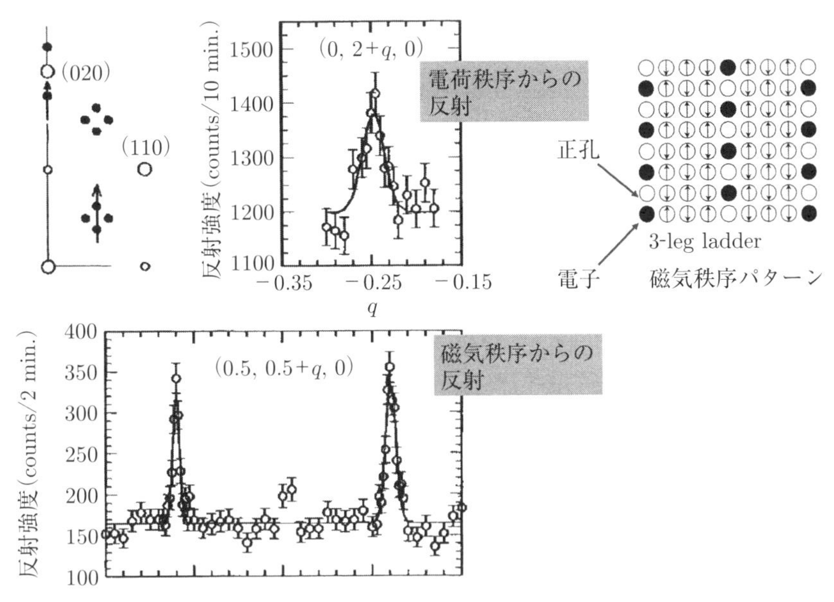

図 5-36　ストライプ秩序パターンの模式図(図右)と対応するブラッグ反射プロファイル(図左[75]：上下のプロファイルはそれぞれ電荷秩序と磁気秩序からのもので，スキャンしたラインが左端上の図中に矢印で示されている).

超伝導とは競合する.

静的な秩序までにはいかないものの $La_{2-x}Sr_xCuO_4$ でもその短距離相関の影響が見られることはすでに述べた．同様の影響が Y123 系にも共通に存在するかどうかがよく論じられたのは，その相図(図 5-3)に T_c の 60 K プラトーがストライプの(短距離)相関に対応するとの見方が強かったからである．La214 系では，c 軸方向に隣り合った層が，交互に a，b 軸方向に伸びるストライプ秩序を持つので，たとえ，CuO_2 面内のストライプ秩序が一次元的でも，中性子の実験結果には 4 回対称のパターンが観測されるが，そこには電荷とスピンの複合した秩序の影響が格子の歪みにも現れていた．一方，$YBa_2Cu_3O_{6+x}$ では静的な秩序がない．それに対する中性子散乱実験では，斜方晶の a 軸，b 軸(∥CuO 鎖方向)が混在する双晶(twin)構造を，圧力印加で除去して，ストライプ短距離相関が斜方晶の b 軸方向に一次元的なものになっているかどうかを調

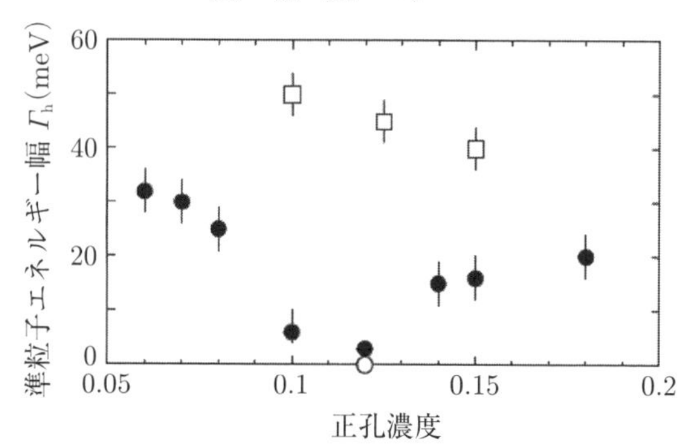

図 5-37　準粒子の高温域でのエネルギー幅 Γ_h の正孔濃度依存性[43]．$La_{1.48}Nd_{0.4}Sr_{0.12}CuO_4$ や $La_{2-x}Sr_xCuO_4$ では，$x=1/8$ の周りでストライプの影響が明瞭であるが，$YBa_2Cu_3O_{6+x}$ では影響が見えない．

べる試みがムークら(H. A. Mook *et al.*)[76]やストックら(C. Stock *et al.*)[77]，さらにはヒンコフら(V. Hinkov *et al.*)[78]によってなされている．その結果，前者の二つの試料(ストックらは双晶の存在比が70%，ムークらの試料の存在比未確認)に対して一次元性が見られるとし，後者は存在比が95.5%の試料に対し，本質的には二次元的であるとしている．

この疑問に迫るもう一つの手法として筆者らが注目したのは，磁気励起のエネルギースペクトルに現れる準粒子ブロードニング(すでに扱ってきた Γ_h と Γ_0；図5-27参照)への影響である．特に伊藤らは，準粒子のエネルギー幅 Γ_h をY123，$La_{2-x}Sr_xCuO_4$ および $La_{1.48}Nd_{0.4}Sr_{0.12}CuO_4$[43, 79]について調べた．その超伝導やストライプ秩序の転移点より高い温度で磁気非弾性散乱を行い，$\varepsilon > 2\Delta_0$ を満たす領域での準粒子の幅 Γ_h を正孔濃度 p に対してプロットしてみた[43]．その結果が**図 5-37**に示されている．これを見ると，$La_{2-x}Sr_xCuO_4$ と $La_{1.48}Nd_{0.4}Sr_{0.12}CuO_4$ 系では，Γ_h が $p=1/8$ の近くで顕著に減少し，ストライプ秩序が与える準粒子エネルギー幅への影響を明瞭に示す一方，Y123系の Γ_h が，$p=1/8$ を通るときになんの影響も受けていないことがわかる．このことから，この系の60 Kプラトーが La214系と共通の起源のものであると考える根拠は特にないと筆者らは考えている．すなわち，Y123系に電荷とスピンの複合した意味でのストライプ相関が動的にでも現れているとすることには強い疑問が残る（ここで言うストライプ相関とは，強相関電子系が格子の歪みを伴って空間的に整列する電荷と磁気の複合秩序のことであり，単にフェルミ面のネスティングによって$\chi''(\boldsymbol{Q}, \omega)$にピークが出るものとは一線を画すものである）．

これまで，低エネルギー域の磁気励起に関する実験結果を概観してきたが，10年以上前からパルス中性子源を用いて200–300 meVまでもの励起エネルギー域に至る$\chi''(\boldsymbol{Q}, \omega)$が測定できるようになった．世界的に見ても極めて優れた大型中性子実験施設が，日本においてもJ-PARCで稼働している．そこでの中性子実験装置は，これまでの原子炉からの中性子を用いた測定装置にくらべ，本著で取り上げているような学術研究分野においては，特に，次のような特長を備えている．すなわち，

（1）大きな散乱エネルギーまで届き，

（2）$(\boldsymbol{Q}, \omega)$空間のかなり広いところを一度に測定できる，

ことである．銅酸化物超伝導体では，測定エネルギー領域の拡大によって，磁気励起の概容が明らかになっている．その例として，図5-32に$YBa_2Cu_3O_{6.7}$で測定された磁気励起の分散関係[67]を国外の装置でのデータではあるがすでに示した．これによれば，Y123系でもLa214系と同様，面内の格子と不整合な四つの$\boldsymbol{Q}$点に$\chi''(\boldsymbol{Q}, \omega)$のピークが見られること，やはり格子と不整合な$\boldsymbol{Q}_i$点から立ち上がるように見える分散曲線は，$\boldsymbol{Q}_M = (1/2, 1/2)$で交わる．上述したようにその交差の近くでの振る舞いはそう単純でもなさそうで理論的にも興味を引く．なお，(5.9)，(5.9)′，(5.10)式を使った計算でも，観測結果同様，磁気励起分散曲線の(1/2, 1/2)から遠ざかる方向には$\chi''(\boldsymbol{Q}, \omega)$のピークがほとんど見えない[40, 42, 43, 79]．これは，(5.9)式の分母が大きくなることとスピンギャップの存在のためとして説明可能である．

高エネルギー域までの測定は，Y123系やLa214系ばかりでなく他の系でも行われ詳しい情報が得られている[80, 81]．その結果，どの系でも図5-20で見た

よりはるかに高エネルギー域までスペクトルが観測され超伝導発現への関わりが議論されている．また，低エネルギー域で$(1/2 \pm \delta, 1/2)$と$(1/2, 1/2 \pm \delta)$の四つの点に現れていたピークの位置が，$YBa_2Cu_3O_{6.6}$では高エネルギー域$(\omega > 65\ \mathrm{meV})$で，$(1/2, 1/2)$の周りで45°回転していることが明らかになったが，この振る舞い自身は，やはり上記の計算法で定性的な説明が可能[82]なので，ことさらストライプの短距離秩序と関連づけて議論する必要はない．$La_{1.875}Ba_{0.125}CuO_4$や$La_{1.875}Sr_{0.125}CuO_4$の低エネルギー域についてだけ見れば，ストライプの影響が色濃く現れているが，$\omega > 65\ \mathrm{meV}$の高エネルギー域までその影響があるかどうかも明瞭ではない．

5-2-2　フォノンと中性子散乱

銅酸化物研究において，その物性はほとんどの場合，その磁気的活性さに支配されており，超伝導発現もそれが起源になっていることが明らかになってき

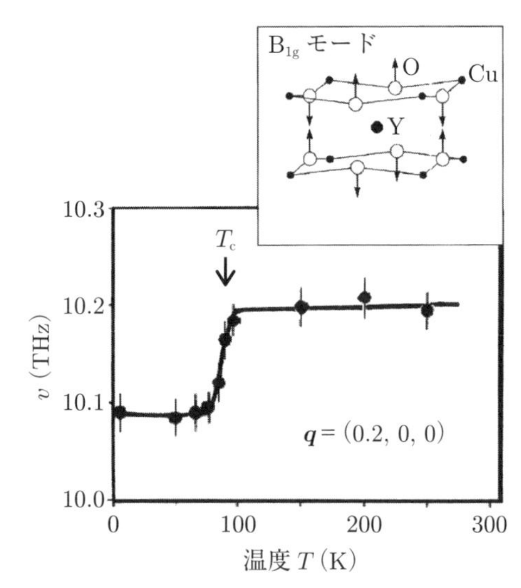

図 5-38　$YBa_2Cu_3O_{6.92}$ $(T_c = 92\ \mathrm{K})$のB_{1g}対称のフォノンに対して$\boldsymbol{q} = (0.2, 0, 0)$で観測されたエネルギーの温度変化[83]．挿入図は当該フォノンの振動パターン．

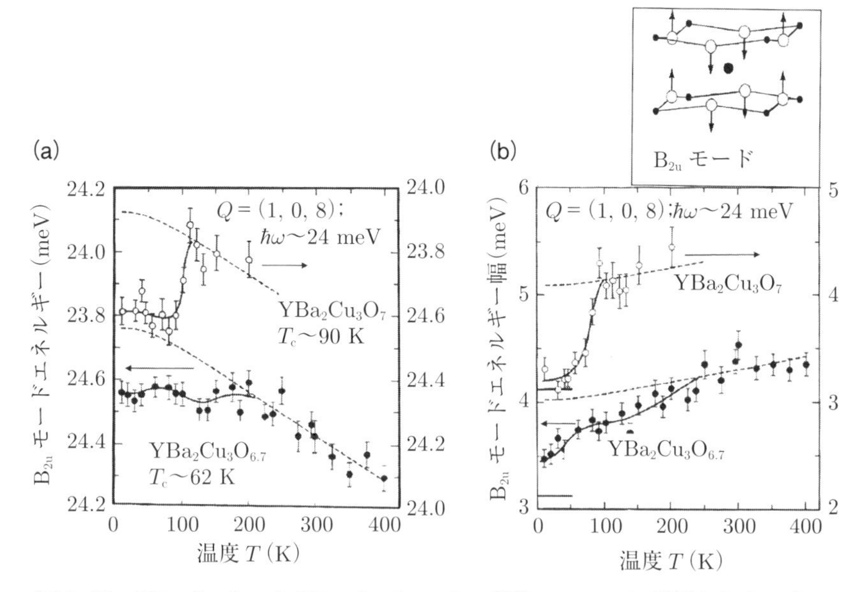

図 5-39 $YBa_2Cu_3O_{6.7}$ と $YBa_2Cu_3O_7$ の B_{2u} 対称フォノンに観測されたエネルギーとプロファイル幅の温度変化[84, 85]．アンダードープの $YBa_2Cu_3O_{6.7}$ では温度下降の際に $T_{SG}\sim 200$ K からのスピン擬ギャップ形成と T_c からの超伝導転移の効果が見えるのに対し，最適ドープの $YBa_2Cu_3O_7$ では後者の効果のみが明瞭に見える．挿入図は当該フォノンの振動パターン．

た．その場合，通常の超伝導を発現させていたフォノンは，どのように振る舞っているのか．このことについて知るために，比較的よく調べられた $YBa_2Cu_3O_{6+x}$ の c 軸方向に振動する B_{1g} と B_{2u} 対称の光学フォノンをまず例として取り上げる．

ピカら(N. Pyka *et al.*)[83]が，B_{1g} 対称のフォノンに対して $\boldsymbol{q}=(0.2, 0, 0)$ で観測したエネルギーの温度変化を**図 5-38** にその振動パターンとともに示す．超伝導転移温度 T_c を境にエネルギーの変化が見えるが，変化量は 0.4 meV 程度でそれほど大きくはない．**図 5-39** には，$YBa_2Cu_3O_7$ および $YBa_2Cu_3O_{6.7}$ に対して調べられた，B_{2u} 対称を持ったフォノンのエネルギーと幅の温度変化を，同様に振動のパターンとともに示す[84]．詳細は原論文に譲るが，図では，スピン擬ギャップ現象がより顕著に見えるアンダードープ域の試料 $YBa_2Cu_3O_{6.7}$ において，T_c での影響こそ $YBa_2Cu_3O_7$ に比べて小さいものの，200 K あたりの高温域から徐々に異常な変化が生じていることが注目をひく．T_c 以下での超伝導長距離秩序の場合と同様の影響を高温域からフォノンに与えていることは，擬ギャップ現象が短寿命超伝導ギャップの存在によるものとする解釈を支持する．

ただ，超伝導ギャップや擬ギャップがフォノンに与える影響はそれほど大きくないので，高温超伝導の発現に際して格子振動が主要な役割を持つとするより，擬ギャップがフォノンの振る舞いに間接的な効果を与えていると考えた方が適当であろう．

図 5-40 には，CuO_2 面内で O 原子が振動するモードのエネルギーとプロファイル幅の温度変化を，$YBa_2Cu_3O_7$（T_c～93 K）に対して示した[86]．エネ

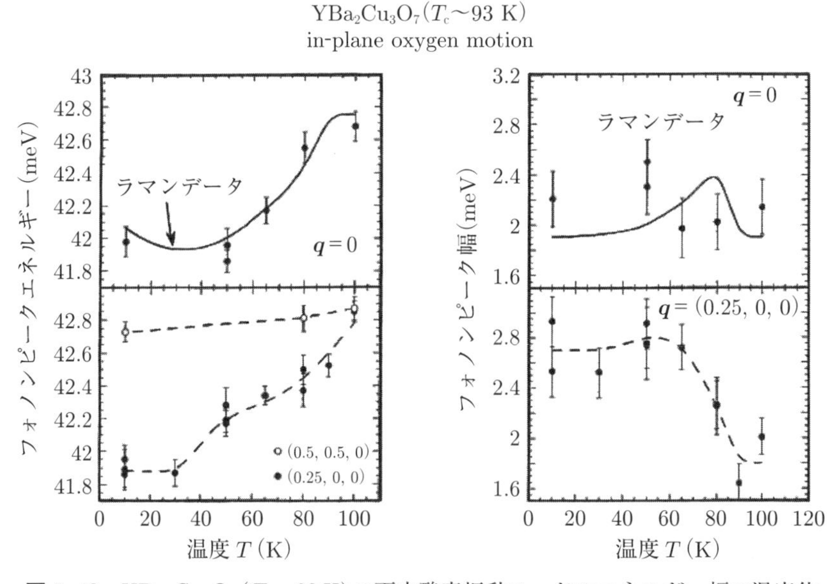

図 5-40　$YBa_2Cu_3O_7$（T_c～93 K）の面内酸素振動モードのエネルギー幅の温度依存性を，ラマン散乱測定のデータとともに示した．エネルギーシフトに異方性がある[86]．

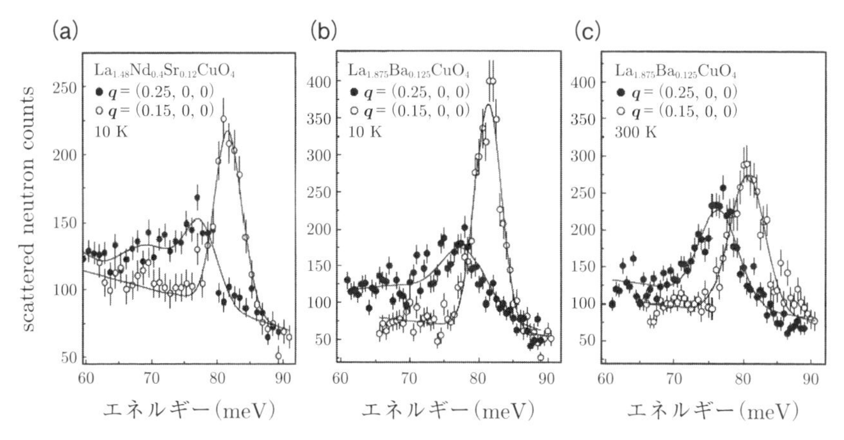

図 5-41 ストライプ秩序を示すいくつかの試料に見られた，その秩序波数ベクトル $\boldsymbol{q}=(0.25,0,0)$ での面内酸素振動モードの異常[88].

ルギーの変化量の異方性が顕著なことから d 波超伝導の異方的ギャップ出現との関連が指摘されているが，一方で，$\boldsymbol{q}=0$ と $(0.25,0,0)$ で比較したとき $\boldsymbol{q}$ に依存していないことを考えると，ストライプ相関との関係はなさそうである.

フォノンへの影響についての理論からの研究については，たとえば，文献[87]等に見ることができる.

La214 系に見られるストライプ相関は低エネルギーの磁気励起に大きな影響を与えるが，それがスピンと電荷の複合した秩序状態である限り，フォノンの挙動にも影響があるはずである．その典型的な結果は，$La_{1.48}Nd_{0.4}Sr_{0.12}CuO_4$ および $La_{1.875}Ba_{0.125}CuO_4$ について得られているので，**図 5-41**[88]に例として示す．ここで，最も目につくことは，エネルギー $\omega\sim80$ meV のモード(ストライプと垂直方向の Cu-Cu 間距離の伸縮に対応するモード，図 5-36 参照)に $\boldsymbol{q}=(0.25,0,0)$ で現れる低温域での大きな異常で，これが電荷のストライプ秩序の周期に対応し，その形成を反映していることは疑いがない．ただし，Y123 系については，既述のように，ストライプ秩序が実際に存在するかどうかについては，ヒンコフらが中性子散乱で見た $\chi''(\boldsymbol{Q},\omega)$ の振る舞い[78]からも電気輸送特性等その他の実験からも，電荷と磁気の複合秩序の存在が否定されているようで注意が必要である．

5-2-3 NMR・NQR

核磁気共鳴は，核磁子と電子系の相互作用を通して物質の静的・動的磁性を見る手法で，その特徴は，注目する核種を選んで測定できること，中性子よりはるかにゆっくりした(NMR 周波数 ω_0 は 1 MHz～数 100 MHz)領域の磁気的挙動を見ていることである．そこでは局所磁場の静的成分による共鳴磁場のシフトを見るナイトシフト K，核磁子の平衡値への緩和を見るスピン-格子緩和レート $1/T_1$，さらには核磁子の量子化軸に垂直な成分の横緩和レート $1/T_2$ が決定される．これらはすでに述べた一般化磁化率 $\chi(\boldsymbol{Q},\omega)$ や，電子系の磁気モーメントと核磁子との超微細相互作用(hyperfine interaction)A とを用いて次のように表される．

$$K=[(H_0-\langle H_{\mathrm{loc}}\rangle)/H_0=A\chi(0,0)/N_{\mathrm{g}}\mu_{\mathrm{B}} \tag{5.11}$$

磁化率 $\chi(0,0)$ は電子間相互作用のパラメーター U を考慮していない場合の磁化率 $\chi_0(0,0)$ に $1/[1-U\chi_0(0,0)]\equiv 1/(1-\alpha_0)$ を掛けたものである．

$$\begin{aligned}1/T_1 &\propto (n+1)\sum|A_{\boldsymbol{Q}}^{xx,\,yy}|^2\chi''(\boldsymbol{Q},\omega_0)\\ &\propto T\sum|A_{\boldsymbol{Q}}^{xx,\,yy}|^2\chi''(\boldsymbol{Q},\omega_0)/\omega_0\end{aligned} \tag{5.12}$$

$|A_{\boldsymbol{Q}}^{xx,\,yy}|$ は，電子と原子核の超微細相互作用定数の垂直成分で，ω_0 は測定に用いる周波数である．なお，和は $\boldsymbol{Q}$ についてとる．

$$(1/T_2)^2\propto R_{\mathrm{g}}(T)^2\propto|A_{\boldsymbol{Q}}^{zz}|^4\chi'(\boldsymbol{Q},0) \tag{5.13}$$

R_{g} は間接相互作用を示し，原子核磁化 $M(t)$ を直接相互作用の時定数 Δt を使って $M(t)=M_0\exp\{-(\Delta t)^2-(R_{\mathrm{g}})^2\}$ と表したときのものである．なお，和は $\boldsymbol{Q}$ についてとる．

ここでは，まず，アンダードープ域にある $YBa_2Cu_3O_{6.63}$ (T_{c}～62 K)の $1/(T_1T)$ の温度変化を Cu(2)と O(2,3)に対して**図 5-42** に示し[89-91]，さらに，最適ドープ域の $YBa_2Cu_3O_7$ (T_{c}～90 K)に対するデータ(それぞれ，破線と一点鎖線)も示す．Cu(2)は，CuO_2 面内の Cu を表し，O(2)，O(3)は，

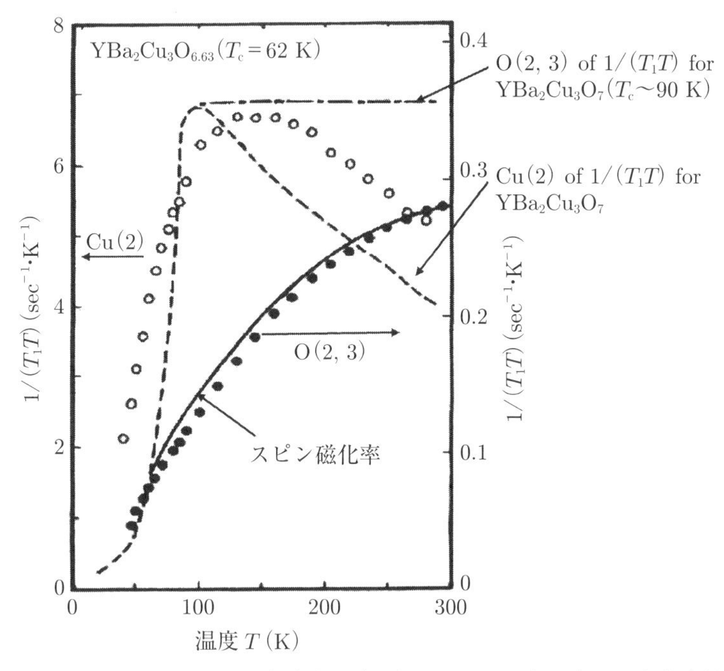

図 5-42　$YBa_2Cu_3O_{6.63}$ の Cu(2) と O(2,3) の NMR-$1/(T_1T)$ の温度依存性を，それぞれ，左と右の縦軸を使って示した．実線はスピン磁化率，破線と一点鎖線は，それぞれ，$YBa_2Cu_3O_7$ の Cu(2) と O(2,3) の NMR-$1/(T_1T)$ の結果[91]．ただし Cu(2) は，CuO_2 面内の Cu を表し，O(2)，O(3) は，それぞれ，a，b 軸方向に隣り合う Cu 間を結ぶ線上にある O 原子を指す．

それぞれ，a，b 軸方向に隣り合う Cu 間を結ぶ線上の O 原子を表す．実線は，CuO_2 層の磁化率で，図 5-4 に示した $La_{2-x}Sr_xCuO_4$ の磁化率と類似の温度および正孔キャリア濃度依存性をもっている．

通常の金属では，K も $1/T_1T$ も温度 T に強くは依存しないが，アンダードープ域にある $YBa_2Cu_3O_{6.63}$ では K(もしくは磁化率 $\chi(0,\ 0)$) が温度の下降に伴って，室温付近で明瞭に減少し始め，T_c ではその異常が見えなくなるほど急な減少を示している．一方，$1/T_1T$ は T_{SG}(～150 K) までさらに増大し続け，そこで最大値をとってから減少する．これは，最近接の Cu スピンが反強磁性的相関を持つ場合，観測しているCuの電子磁化との直接の相互作用(A)と隣接するCu原子からトランスファーされる磁化との相互作用(B)の二つの超微細結合定数が，$(A-4B)$の形で強め合うこと，さらには，$\boldsymbol{Q}\sim\boldsymbol{Q}_{\mathrm{M}}$付近の$\boldsymbol{Q}$領域での$\chi''(\boldsymbol{Q}\sim\boldsymbol{Q}_{\mathrm{M}},\omega_0)$がその相関の増大とともに大きくなるので，(5.12)式の右辺が増大しKのピーク温度以下でも$1/T_1T$は増大し続ける．それがT_{SG}で減少を始めるのは，磁気励起スペクトル$\chi''(\boldsymbol{Q}\sim\boldsymbol{Q}_{\mathrm{M}},\omega)$にギャップ様構造が顕著になってくるからというのがNMRからの議論である（擬ギャップの成長プロセスに関しては，中性子散乱実験結果をもとに5-2-1に短く記述したが，のちに7-1-1で記述を加える）．

なお，超微細結合定数を$\boldsymbol{Q}=\boldsymbol{Q}_{\mathrm{M}}$付近で一定とし，さらに(5.8 a)式と$\Gamma_Q\gg\omega_0\sim0$を使えば，

$$\begin{aligned}1/T_1T&\propto\sum\int\chi''(\boldsymbol{Q},\omega_0)/\omega_0\propto\int\chi(\boldsymbol{Q})/\Gamma_Q\,\mathrm{d}\boldsymbol{Q}\\&\propto\int(\kappa_0^2+\kappa^2)^{-2}\times2\pi\kappa\,\mathrm{d}\kappa\propto\kappa_0^{-2}\sim\xi^2\sim\xi_0^2/(T+\Theta)\end{aligned}\tag{5.14}$$

となる．こうして反強磁性秩序に向かって温度を下げた場合，高温域での$1/T_1T$は近似的にキュリー-ワイス則に従う．実際には，スピン擬ギャップの影響が強くなったところで$1/T_1T$が下方に外れていく．

スピン擬ギャップ現象は，アンダードープ域で特に顕著で，$1/T_1T$がピークを取る温度をT_{SG}と名付けている．**図5-43**に，$(T_{\mathrm{SG}},T_{\mathrm{c}})$を正孔濃度$p$に対する相図として示した[92]．アンダードープ域でT_{c}よりかなり高い温度であったT_{SG}がpの増加とともに下降し，最適ドープ量を越えたあたりから，T_{c}-p曲線に接するように近づいていくのが特徴である．この相図はt-Jモデルと呼ばれる描像からの相図（後述）との対応がいい．

アンダードープ域でかなり高い温度域からクーパー対が短い寿命を持って出現しているとすれば，これをうまく制御して，より高い転移温度を持った超伝導体が得られるのではないかと思う向きもあろうが，それに対して筆者は悲観的である．この現象は，系の低次元性と量子性を反映した揺らぎに起因するもので，その制御が不可能と考えるからである．

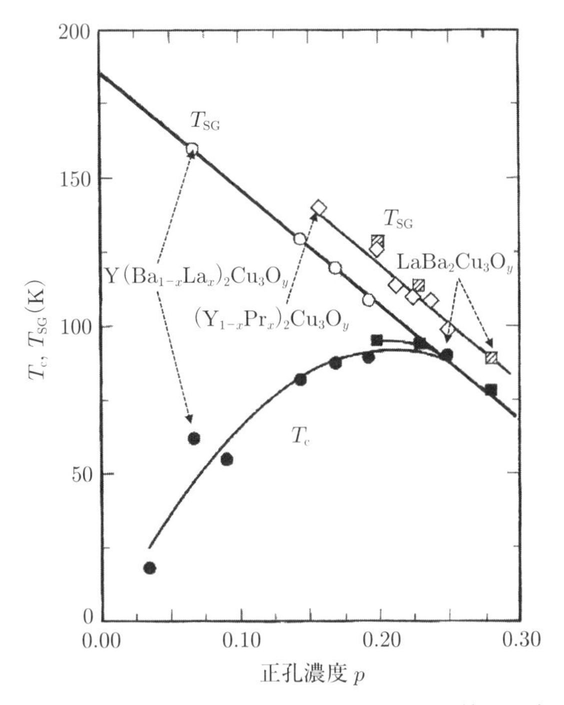

図 5-43 安岡が NMR データをもとに初期にまとめた，種々の系に対してのスピン擬ギャップ温度(T_{SG})および T_c の正孔濃度依存性[92].

NMR の結果を見てきたとき，$1/T_1T$ がピークを持つ温度 T_{SG} で T_{2g} に何の異常も見られない．すなわち，$(1/T_2)^2 \propto R_g(T)^2 \propto |A_{\boldsymbol{Q}}^{zz}|^4\chi'(\boldsymbol{Q},0)$ の表式からもわかるように，超微細結合定数の平行成分 $A_{\boldsymbol{Q}}^{zz}$ と $\boldsymbol{Q}$ 依存のある静的磁化率とによって決まる $1/T_2$ は，スピンの動的磁化率によって決められる $1/T_1T$ とは挙動が明瞭に異なっていると指摘されている．

NMR/NQR の研究はもちろん，超伝導オーダーパラメーター Δ の対称性に関する重要な情報を与えてきた．このことに関しては次に取り上げ，他の手法の結果とともに紹介することとする．

5-2-4　超伝導対称性

銅酸化物の超伝導対称性を同定するために，実験的手段の開発研究を含めて，多大な努力がなされた．その CuO_2 面が本質的には単一バンド系であったこと(これは最近よく研究されている後述の鉄系超伝導体とは異なる特徴である)と，クーパー対がスピン一重項状態をとることから，単純にはｓ波かｄ波の対称性を持つことが期待されていたが，その区別は，クーパー対形成の微視的機構が何であるかに直結しているので，第2章で記述したコヒーレンス因子の影響が関連物理量にどう現れるかや，超伝導ギャップ Δ の異方性がどう見えるかを探る実験が活発に行われた．その例として，NMR や中性子磁気非弾性散乱実験，いわゆる π ジャンクションを使った研究，光電子分光，走査型トンネル分光(STS)による準粒子エネルギー状態密度，比熱，磁場侵入長の測定，不純物効果の研究等がある．

コヒーレンス因子の影響が観測される物理量には，$1/T_1T$ の温度変化と中性子磁気非弾性散乱スペクトルがある．実は，1991年のロサミニオら(J. Rossat-Mignod *et al.*)の報告以来，d 波を示すデータが出ていたが，既述のように，超伝導ギャップが大きかったことで，フォノンからの寄与や他の偽物や他の起源による散乱ピークとの区別に時間を要し，d 波であるとの強い主張を実験側からはその時点では出せていなかった．

一方，NMR 実験からは，s 波の超伝導体において T_c の直下で見られるはずのコヒーレンスピーク(いわゆるヘーベル-シュリヒターピーク)(図 2-1 参照)が見られないこと，さらには強い反強磁性的相関が最適ドープの試料にも存在することに注目して d 波の主張が強く唱えられた．**図 5-44** に $La_{2-x}Sr_xCuO_4$ のいくつかの試料の T_1T を温度に対してプロットした[93]．また，**図 5-45** には，T_c での値でスケールされた $1/T_1$ の温度変化をいくつかの系に対してプロットした[94]．これらは，どれも共通した温度依存性を持ち，ヘーベル-シュリヒターピークがない．これについては準粒子の短い寿命の効果を考慮して確実に d 波を示すものでもないとの議論が当時あった．しかし，このグループではさらに，Cu サイトにドープされた Zn や Ni 不純物がもたらすナイトシフ

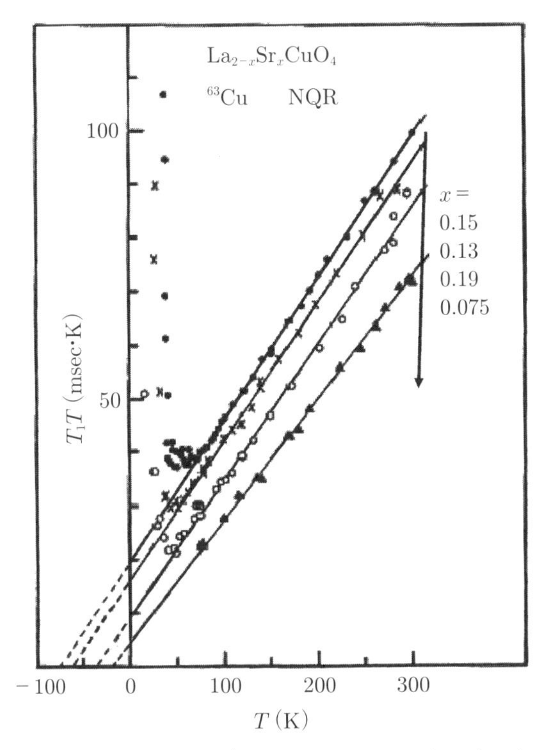

図 5-44　$La_{2-x}Sr_xCuO_4$ の NMR $1/T_1T-T$ のデータをいくつかの x に対して示した[93].

トや $1/T_1T$ に及ぼす影響を調べ，準粒子状態密度のエネルギー依存性が，d 波以外での説明が困難であることを指摘した．伊藤らは，$YBa_2Cu_4O_8$ の T_{2g} を測定し，T_c 以下で残る静的磁化率が d 波超伝導を考えた式に良く合うことを示し，その対称性が実現していることを確認した[95].

対称性は，他の多くの手法でも調べられた．たとえば，常磁性的マイスナー効果（paramagnetic Meissner 効果）と呼ばれる現象が，ブラウニシュら（W. Braunisch *et al.*）によって発見された[96]が，同年に，ジグリストとライス（M. Sigrist and T. M. Rice）によって，これが d 波の対称性の証拠であることが指摘された[97]．また，彼らは，いわゆる π ジャンクションというジョセフソン

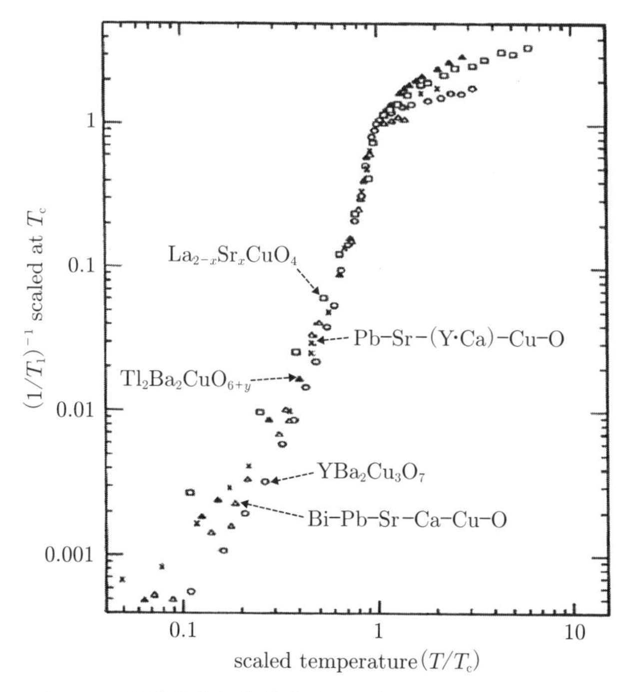

図 5-45　いくつかの銅酸化物超伝導体系の $1/T_1$ を T_c での値でスケールして，T に対してプロットした[94]．

接合対*3(**図 5-46**)において，超伝導秩序パラメーター Δ の符号の反転の有無によって，そのジョセフソン臨界電流の外部磁場依存性に，π だけの位相のズレが生じることを指摘し，ボールマンら(D. A. Wollman *et al.*)の実験によって支持された[98]．

---

*3　ジョセフソン接合：たとえば，絶縁体薄膜を挟んで弱く相互作用する二つの超伝導体，S_1，S_2 でできているもの．S_1，S_2 の超伝導オーダーパラメーターに位相差があるときに，ゼロ電圧電流(ジョセフソン電流)が流れる．超伝導が巨視的位相を持つものであることが明瞭に示された．ジョセフソンはこの理論でノーベル賞を受けた．

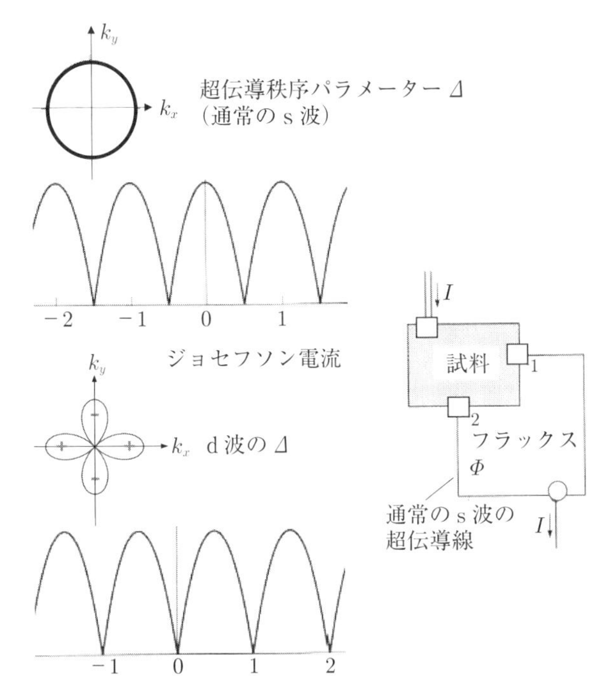

図 5-46　π ジャンクションの構成図．図右のループ内を通るフラックス Φ の変化の際，ジョセフソン電流の位相が s 波と d 波の超伝導対称性を持つ二つの試料で図左のように π だけ異なる．

外部磁場の侵入長 λ も，準粒子励起のエネルギーギャップが大きく開く s 波の場合とノードを持つ d 波の場合とでその温度依存性が大きく異なる．今，$\delta\lambda \equiv \lambda(T) - \lambda(0)$ とすれば，s 波の場合には $T \to 0$ で $\delta\lambda$ が指数関数的にゼロに近づくが d 波の場合には，それが T に比例した形でゼロに近づく．不純物散乱の効果があるとこのような温度依存性が，T^2 に変化するため，実験的証明が難しかったが，ハーディら(A. Hardy *et al.*)の $YBa_2Cu_3O_{6.95}$ に対する実験によって実証された．これを**図 5-47** に示す[99]．

一方，走査型トンネリング分光法(STS)は，物質の表面を観測する手段として，この高温超伝導体研究の時期に急速に発展した．この手法では，超伝導体

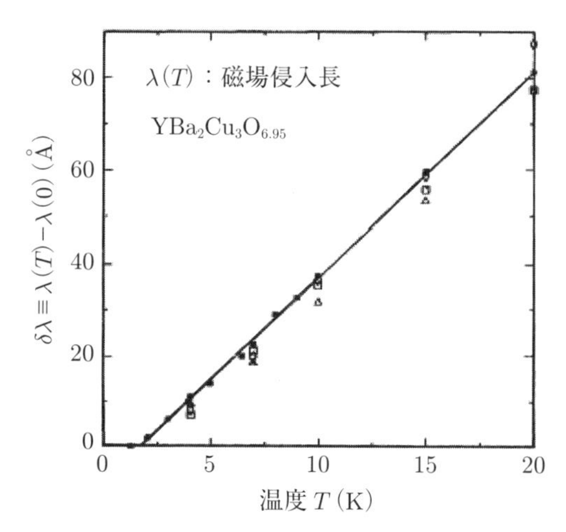

図 5-47　磁場侵入長 λ の低温域での温度変化 $\delta\lambda \equiv \lambda(T) - \lambda(0)$[99]．d 波では $\delta\lambda$ が T に比例する．

の表面に先端のとがった Pt や W の探針を近づけて直接接触させずに，試料表面と探針の間に印加した電圧 V と，トンネル電流 I との関係 $\mathrm{d}I/\mathrm{d}V$-V 曲線から準粒子励起状態密度($\propto \mathrm{d}I/\mathrm{d}V$)とそのエネルギー eV を求める．実験は，多くの場合，平坦な原子面が得られやすい $Bi_2Sr_2CaCu_2O_8$ を用いて行われた．この手法を用いた研究例では，単に表面の原子像や，超伝導エネルギーギャップを含めた準粒子励起エネルギー状態密度を測定するだけでなく，準粒子の干渉パターンをも観測できるなど大きな進展があったが，その詳細については原著論文を参照されたい(たとえば，文献[100])．

やはり銅酸化物高温超伝導体の研究の時期に大きく発展してきた ARPES は，フェルミ面上の各点に開く超伝導ギャップを直接見ることのできる手段として有用であった．中性子散乱や，NMR 等のようにギャップの位相(符号)の関係までを調べることはできないが，銅酸化物超伝導体は，図 5-10 のような簡単な“フェルミ面”を有しているので，ギャップの対称性を議論するときも，後出の鉄系超伝導体の場合と異なって，その面内異方性を見ればほぼ推測される．**図 5-48** には，そのギャップの異方性を見た初期の実験例を示す[101]が，

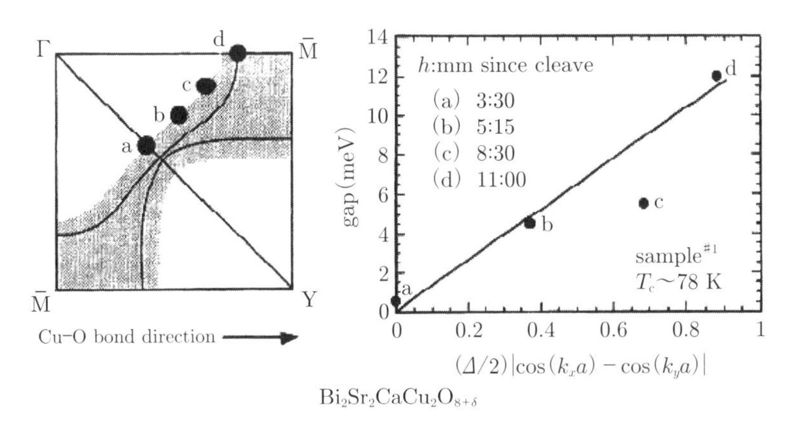

図 5-48　$Bi_2Sr_2CaCu_2O_{8+\delta}$ に対する角度分解光電子分光でフェルミ面上に観測される超伝導ギャップが d 波で説明される角度依存性を持つことを示した初期のデータ例[101]．図右には劈開した後の経過時間も示されている．

これが d 波の対称性を持っていることと矛盾がないことがわかる．また，現在では meV 程度のギャップも明瞭に測定できるようになってきたことを言い添えておく．

5-2-5　その他の実験結果

さて，銅酸化物の異常金属相を含む全体像をその相図を眺めて見なおす前に，これまでに書き残した点を補充しておきたい．

5-2-4 の最後に ARPES のデータを紹介したついでに，電子の分散曲線に関する研究結果の例を**図 5-49** に示す[102]．そこでのパネル a，b および c は，それぞれ，$(La, Sr)_2CuO_4$(LSCO at 20 K $< T_c$)，$Bi_2Sr_2CaCu_2uO_8$(Bi2212 at 20 K $< T_c$)，および Pb-doped $Bi_2Sr_2CuO_6$(Pb-Bi2201 at T=30 K $> T_c$)に対して［h h 0］に沿った方向((b)の内挿図はそれから外れた方向)に測定した電子分散曲線である．正孔数は δ で示されている．さらに，波数 k の，フェルミ波数 k_F からの距離 $k - k_F \equiv k'$ を結合エネルギーが 170 meV となる位置で 1 になるようスケールしたのちに横軸として使用している．いずれの系でも，フェルミ面から 70 meV 程度下方でキンクを持つように見える．これに関する

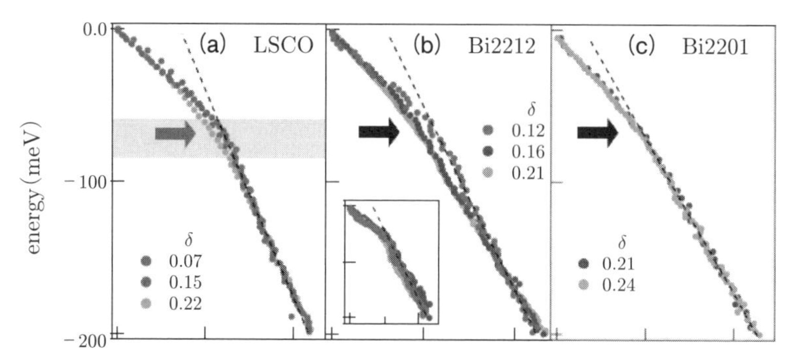

図 5-49　図(a)，(b)および(c)は，それぞれ，$La_{2-x}Sr_xCuO_4$(LSCO at 20 K $< T_c$)，$Bi_2Sr_2CaCu_2O_8$(Bi2212 at 20 K $< T_c$)および Pb-doped $Bi_2Sr_2CuO_6$(Pb-Bi2201 at $T = 30$ K $> T_c$)に対して［h h 0］に沿った方向((b)の内挿図はそれから外れた方向)に角度分解光電子分光法で測定された電子分散曲線．正孔数がδで示されている．波数kの，フェルミ波数k_Fからの距離$k - k_F \equiv k'$を結合エネルギーが170 meVとなる位置で1になるようスケールして横軸としている[102]．フェルミエネルギーより〜70 meV下にキンクを持つとの指摘がなされた(カラー図による詳細は文献[102]を参照のこと)．

詳しい実験と考察から，これがフォノンとの結合によるもので，超伝導発現に一定の役割を持っているとの指摘もなされた[103]．しかし，磁気励起との結合によるものとの主張も多い[104, 105, 107]

また，フワンら(Hwang *et al.*)[108]はフォノンであれ，磁気励起であれ，鋭いスペクトルを出しているものが超伝導を引き起こしているとする考えが必ずしも成立しないとして注意を促している．たとえば，共鳴ピークが磁気励起スペクトルに鋭く現れても，背景となる幅広い励起が存在することを考えることが超伝導出現に対してはより重要だからとして，その実験的裏付けにも言及している．

次に，不純物効果についての研究を紹介する．T_cが液体窒素温度(〜77 K)をはるかに超えたあたりから，その応用を視野にした研究熱が高まったが，高温超伝導体材料への不純物混入の影響も問題であった．実際は，超伝導を発現するCuO_2面に意識的に不純物を混入させない限り，T_cが大きく変わるほど

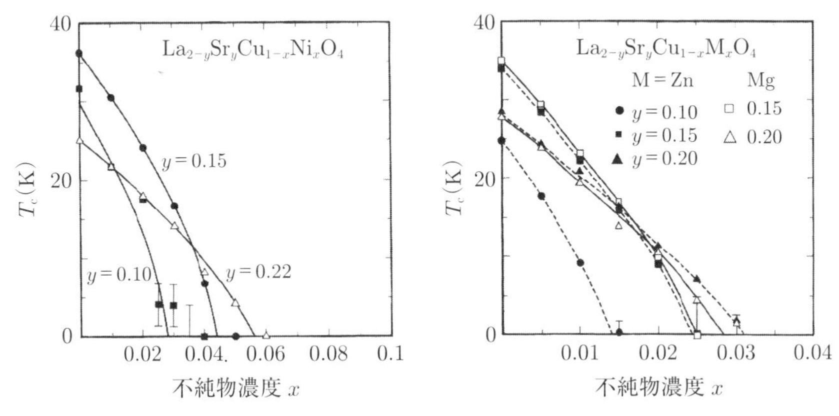

図 5-50 CuO_2 面にドープされた不純物 Ni(図左)と非磁性不純物 Zn，Mg(図右)が $La_{2-y}Sr_yCuO_4$ 与える超伝導 T_c への影響．dT_c/dx は正孔濃度 $p(\sim y)$ に反比例するように見える[109]．

の混入は起こらないようであるが，それでも Cu サイトに 1% 程度の不純物が存在すると大きな T_c 下降を示す．そこでは，通常の超伝導体(オーダーパラメーター Δ がフェルミ面上で符号変化を持たない超伝導体)に対して成立する，"非磁性不純物が T_c にほとんど影響しないというアンダーソンの定理"が見られるのか，それとも，第 2 章で短く述べたように，フェルミ面上で Δ の符号変化が存在するために，非磁性不純物散乱によって T_c が下降しているのかが問題であった．それに関する研究について簡単に述べる．

図 5-50 に，$La_{2-y}Sr_yCu_{1-x}M_xO_4$ に対して初期に調べられた，M＝Zn, Mg，Ni(これらはいずれも不純物が正孔キャリア濃度 p を変えないものである)の場合の T_c の下降曲線を示した[109-111]．実験結果には x が小さなところでほとんどの場合 $|dT_c/dx| \propto 1/p(=1/x)$ の関係が見られる．また，通常の超伝導体に対して磁性不純物がもたらすものと同様の対破壊効果のために，$|dT_c/dx|$ が大きくなるというわけでもない．

アブリコゾフ-ゴルコフ(AG)による(2.7)式自体は，もともと磁性不純物がもたらす T_c の下降を論じたものであるが，銅酸化物のように，フェルミ面上で Δ の符号が変わっている場合には，非磁性不純物に対しても，類似の T_c の

議論に適用できる．これは，不純物散乱の効果で，正負のΔが混じり合うことによってΔの成長を妨げあうからである．その場合，散乱の時間τを使って，対破壊パラメーターαを$\alpha=\hbar/(2\pi k_B T_{c0}\tau)$と定義すると，$\hbar/\tau(\equiv\gamma)$を，$\gamma\propto(xu)\times\pi N_F u/[1+(\pi N_F u)^2]$でおきかえて使うことができる（ただし，$u$，$N_F$はそれぞれ不純物ポテンシャルの大きさ，フェルミ面でのスピンあたりの電子状態密度で実験的には$N_F\propto p$）．uが小さい場合は，$\gamma\propto N_F\propto p$（ボルン散乱）で，$u$が大きい場合は$\gamma\propto 1/N_F$（ユニタリー散乱）であるが，Zn，Mg，Niのどの不純物の場合でも，実験的には$\gamma\propto 1/N_F\propto 1/p$となっており，d波の超伝導との矛盾はないが，$|\mathrm{d}T_c/\mathrm{d}x|$の不純物元素依存性までは完全には理解されていない．

もう一つは伝導の二次元性に由来した電子局在に関してのもので，不純物等による電子散乱時間をτとして，$\varepsilon_F\tau/\hbar\sim O(1)$の大きさになってくると電子局在効果で超伝導$T_c$が大きく抑制され始めること，また，1枚膜の単位幅，単位長さの抵抗値$R_\square$（シート抵抗(sheet resistance)）が$h/(4e^2)\sim 6.45\ \mathrm{k\Omega}$で$T_c$がほぼ消失することが知られている．実際には，$p$の増加とともにフェルミエネルギー$E_F$も大きくなるので，オーバードープ域では電子局在効果が効かなくなり，図5-50に見られるように，xとともに$|\mathrm{d}T_c/\mathrm{d}x|$が減少するものと考えられる．

実験的に見ても，$\gamma/E_F\sim O(1)$となるところでT_cが消失することから，電子局在の影響が実験から強く指摘された[110]．また，その後にもいくつかの実験が出た[112-114]．たとえば，マンドラスら（D. Mandrus *et al.*）は**図5-51**に示したように，CuO_2の二次元面1枚の抵抗$R_\square$が，$h/(4e^2)\cong 6.45\ \mathrm{k\Omega}$に近い値で消えることを$Bi_2Sr_2Ca_{0.9-x}Y_xCu_2O_y$で示し，電子局在の効果として説明した．これは，上記の$\gamma/E_F\sim O(1)$とほぼ同一のものである．

一方，福住ら[114]も$YBa_2(Cu_{1-x}Zn_x)_3O_{7-y}$の単結晶に対しての測定によって，$T_c$と$R_\square$の関係を調べ，**図5-52**のような結果を得た．そこでは，アンダードープ域で$R_\square=6.45\ \mathrm{k\Omega}$で超伝導が消えるという，電子局在効果が期待するものと同一の結論を得ている．しかし，オーバードープ域では，T_cの消失する$R_\square$が6.45 kΩよりかなり小さい値にずれるという結果を提出し，単な

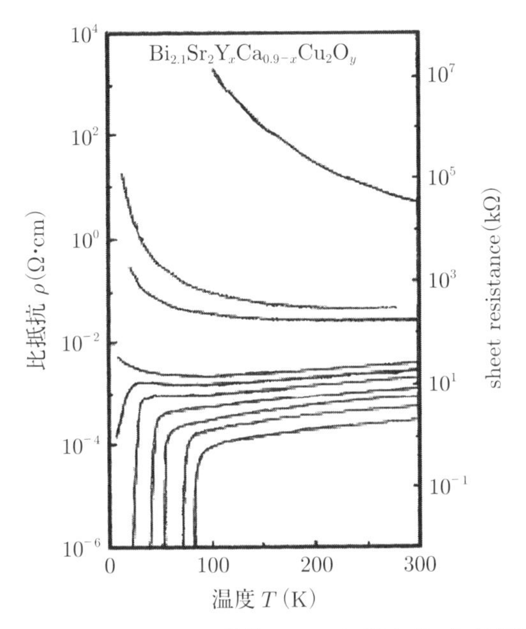

図 5-51　$Bi_{2.1}Sr_2Y_xCa_{0.9-x}Cu_2O_y$ 結晶のシート抵抗 $R_\square$ と超伝導 T_c との関係を示したデータ例．x が増加すると $R_\square$ が大きくなり電子局在の理論的な予想値 $R_\square = h/(2e^2) \sim 6.45\ \mathrm{k\Omega}$ に近いところで超伝導が消える[112]．

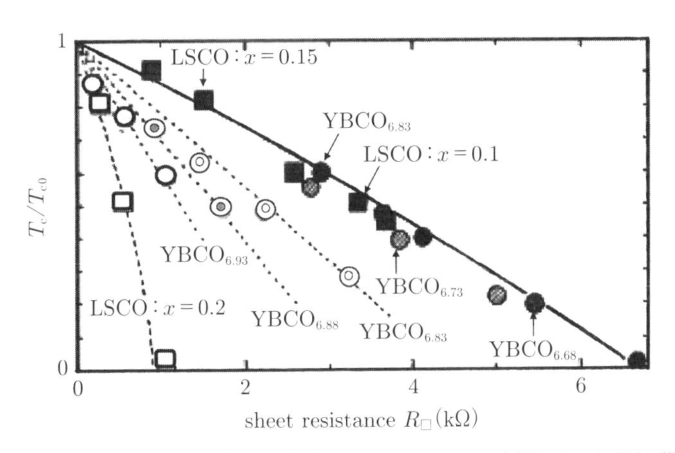

図 5-52　La214 系や Y123 系の単結晶についてのシート抵抗 $R_\square$ と超伝導 T_c との関係[114]．

る電子局在効果だけでは説明ができていない．これは，オーバードープ域で電気伝導度がよくなると，電子局在効果が生じる以前に，非磁性不純物散乱による対破壊効果が支配的になったことによると考えている(詳細な議論は文献を参照されたい)．

5-3　銅酸化物の異常金属相

ここまで，高温超伝導とそれを発現する強相関電子系の物性の概略を見渡してきた．ここでは，5-1-1 に短く取り上げた巨視的物性をあらためて思い起こし，異常な金属相をよく表す相図を示して，その特徴をまとめてみたい．

(a)電気抵抗 ρ に見られる広い温度域での T に比例した温度依存性は，非フェルミ液体に予想されるような集団励起が電子の散乱寿命を短くしていることを示す．その起源は，低次元性だけでなく金属相でも残った強い磁気揺らぎで，モット絶縁体相の近くにある電子系の特徴が色濃く残る(図 5-5)．

(b)熱起電力 S の記述に(5.1)式を用いる場合，その大きな絶対値の説明に，大きい $(\mathrm{d}\tau/\mathrm{d}E)/\tau$(大きい揺らぎ)か，小さな E_F を用いることが必要で，後者の場合に，$E_\mathrm{F} \ll k_\mathrm{B}T$ で適用されるハイクス(R. R. Heikes)の公式[115]と呼ばれるものが登場したこともある．しかし，それが S の挙動をよく表せるわけでもなく，むしろ，少数の正孔が動くという RVB 描像が現象を簡潔に記述する側面がある(図 5-7)．

(c)一様磁化率も，通常の金属に見られるパウリの常磁性とは異なる(図 5-4)．ジョンストン[3]は，磁化率を以下のように分離し，局在磁気モーメント描像で扱える成分(右辺の第2項)が，超伝導の出現する正孔濃度(p)領域でも存在するとした．

$$\begin{aligned}\chi(p,T) &= \chi_0(p) + \chi^{2\mathrm{D}}(p,T)\\ &\equiv \chi_0(p) + [\chi^{2\mathrm{D}}_{\max}(p) - \chi_0(p)]F[T/T_{\max}(p), \end{aligned} \tag{5.15}$$

ここで，$\chi^{2\mathrm{D}}_{\max}(p)$ は $T = T_{\max}(p)$ での $\chi(p)$ の最大値で，F はユニバーサルな関数，すなわち，$\chi^{2\mathrm{D}}_{\max}$ でスケールされた量である $\chi^{2\mathrm{D}}(T/T_{\max})/\chi^{2\mathrm{D}}_{\max}$ は p に依らない．

このとき，$T_{\max}(p)$ は，NMR ナイトシフトやホール係数 R_H 等に対して定義される特徴的温度 T_0[7,8]と強く連関したものに見える（なお，磁化率に関しては他のデータ[116-120]も参照されたい）．

（d）ホール係数 R_H の振る舞いは，電子系の異常さを特に低濃度ドープ領域でよく表す．正孔ドープ系（たとえば，$La_{2-x}Sr_xCuO_4$ 系）では，$R_H \propto 1/p$ $(=1/x)$ が，$Nd_{2-x}Ce_xCuO_4$ のような電子ドープ系では $R_H \propto -1/n$（n；ドープされた電子数）が成立するだけでなく，その温度依存性が極めて強い点で，熱起電力 S の場合と軌を一にする．また，その温度依存性を特徴づける温度（T_0；図 5-6 参照）が NMR ナイトシフト K や中性子散乱で観測される反強磁性相関長 ξ の温度変化を特徴づける温度と強く結びついている．さらに，同様の温度領域から成長し始めるスピン一重項相関の成長とも連動している[7,8]．なお．このスピン一重項相関は，特徴的温度 T_{SG} で反強磁性相関を凌駕する．

特に，文献[17]で示された反強磁性近傍のフェルミ液体モデルでの R_H の振る舞いの説明の成功は，RVB 描像による説明との議論の上で，一つの注目される点になろう．

（e）低温で電子比熱係数の p 依存性は，モット絶縁体相に近づくにつれて減少する．もし，モット絶縁体に近づくとき，有効質量が大きくなっていくようなら電子比熱はどんどん増大するはずであるが，実際は逆である．このことは，ホール係数 R_H の p 依存性とも矛盾がなく，通常の金属が示す p 依存性との違いを際立たせている．

このように，巨視的に眺めてきた物性量$(\rho, S, \chi, R_H, C_{el})$の p, T 依存性だけでなく，微視的な物理量（$\chi''(\boldsymbol{Q}, \omega)$，NMR-$1/T_1T$，$K$ や光電子分光，測定データ等）にも，モット絶縁体相に隣接する磁気的活性さが織りなす，通常の金属系には見られない新奇な物性が多数現れてきた．これらを大まかに捉え，その T-p 相図としてまとめて**図 5-53**（a）に示した[121]．そこには，以下のような特徴的な温度がある．

・モット絶縁体相での反強磁性転移温度 T_N，

・キャリアがドープされた相において，反強磁性相関の成長と，それに前後して現れるスピン一重項電子対に対する特徴的温度，さらに，ホール係数等に

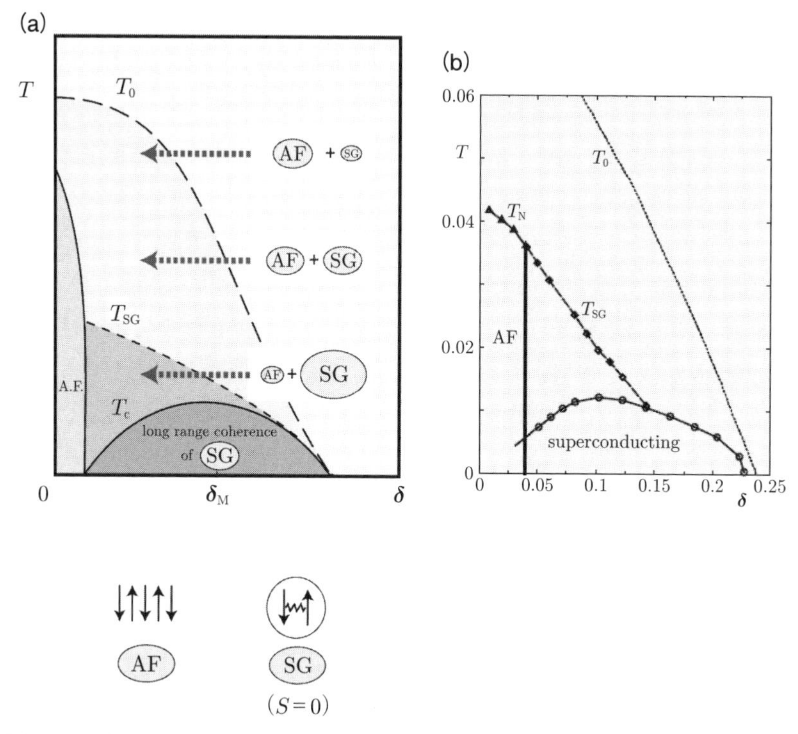

図 5-53　(a)銅酸化物超伝導体の概念的相図[121]．(b)は，反強磁性揺らぎの効果をフレックス近似で，さらに超伝導揺らぎの効果を自己無撞着 t-マトリックス近似で理論側から導出した相図[122]．

も際立った温度変化が現れる温度[7,8]をまとめた T_0,

・スピン一重項相関が反強磁性相関を凌駕してくるスピンギャップ温度 T_{SG},

・超伝導転移温度 T_c,

・キャリア濃度が 1/8 の付近に，ストライプ秩序相が存在する場合の転移温度,

がある．

一方，小林らは，反強磁性揺らぎの効果をいわゆる FLEX 近似(fluctutation-exchange approximation)法で，さらに超伝導揺らぎの効果を自

己無撞着 t-マトリックス近似(self-consistent t-matrix approximation)法で扱い，上記の物理描像と同様の相図が得られると報告している[122]ので，これを図 5-53(b)に示した．

La214 系では，スピンギャップ相の存在が Y123 系のように明瞭には観測されていない．これに関しては，上述のストライプ秩序の形成が高温側から影響している可能性が考えられている．

ここまで，高温超伝導の舞台となる異常金属相に関して，電子物性を中心にして，著者が比較的早い時期に抱いた描像をここに示した．

最後に，チャッタージーら(U. Chatterjee *et al.*)が最近発表した，光電子分光の結果をもとに描いた相図を紹介して第5章を終えることにする[123]．この論文では，**図 5-54**(a)のように図の領域を主に四つの領域，高温の電子非コヒーレント相，電子がコヒーレント運動をしている相($T < T_{coh}$)，スピン擬

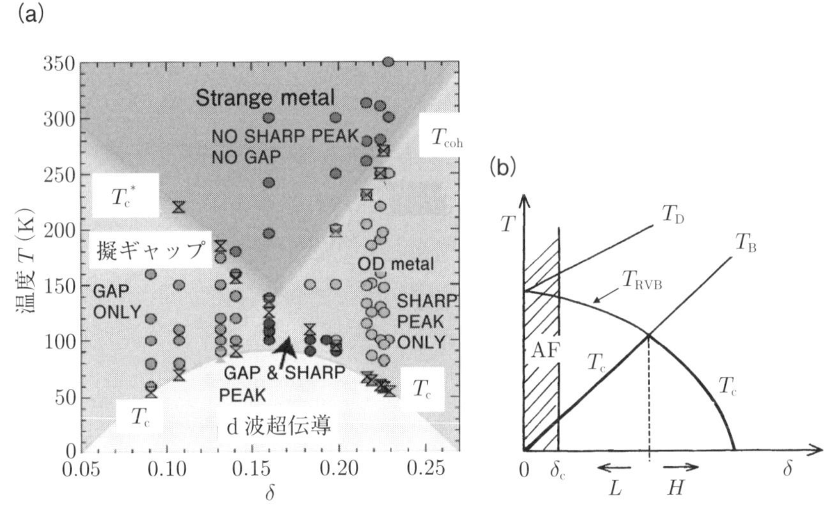

図 5-54　(a)光電子分光法で最近得られた結果から作成された相図[123]と，(b)t-J 模型に対する平均場近似を使って導出された計算からの相図[124]．(b)での L，H はアンダードープ域とオーバードープ域を示す．T_{RVB} は RVB 状態に移る温度．

ギャップがある相 ($T < T_c^*$), 超伝導が現れる相 ($T < T_c$)に区分した報告を行っている. これは, t-J モデルを用いた棚本ら計算の帰結(図 5-54(b))[124]とよく対応しているように見える. 図 5-53 と 5-54 に残る違いがどれだけ本質的なものがあるかどうはわからないが, いずれにせよ, 銅酸化物系が示す異常な金属相の特徴が, 多彩な研究によって浮かびあがり, 物性物理学分野に大きなインパクトを与えたものになったことを感じてもらえれば幸いである.

第5章 文 献

[1] M. K. Wu, J. R. Ashburn, C. J. Torng, P. H. Hor, R. L. Meng, L. Gao, Z. J. Huang, Y. Q. Wang, and C. W. Chu : Phys. Rev. Lett. **58**(1987)908.

[2] 藤田敏三：パリティ別冊 No. 4(1988)12.

[3] D. C. Johnston : Phys. Rev. Lett. **62**(1989)957.

[4] H. Takagi, B. Batlogg, H. L. Kao, J. Kwo, R. J. Cava, J. J. Krajewski, and W. F. Peck, Jr. : Phys. Rev. Lett. **69**(1992)2975.

[5] T. Nishikawa, J. Takeda, and M. Sato : J. Phys. Soc. Jpn. **62**(1993)2568.

[6] J. Takeda, T. Nishikawa, and M. Sato : J. Phys. Soc. Jpn. **62**(1993)2571.

[7] T. Nishikawa, J. Takeda, and M. Sato : J. Phys. Soc. Jpn. **63**(1994)1441.

[8] J. Takeda, T. Nishikawa, and M. Sato : Physica C **231**(1994)293.

[9] J. W. Loram, K. A. Mirza, J. R. Cooper, and W. Y. Liang : Phys. Rev. Lett. **71**(1993)1740.

[10] J. W. Loram, K. A. Mirza, W. Y. Liang, and J. Osborne : Physica C **162-164**(1989)498.

[11] T. Nishikawa, S. Shamoto, M. Sera, M. Sato, S. Ohgushi, K. Kitaoka, and K. Asayama : Physica C **209**(1993)553.

[12] D. Vaknin, S. K. Sinha, D. E. Moncton, D. C. Johnston, J. M. Newsam, C. R. Safinya, and H. E. King, Jr. : Phys. Rev. B **58**(1987)2802.

[13] N. Nishida, H. Miyatake, D. shimada *et al.* : Japanese J. Appl. Phys. **26**(1987)1856.

[14] Y. Tokura：固体物理 **25**(1990)618.

[15] Y. Tokura, H. Takagi, and S. Uchida : Nature **337**(1989)45.

[16] F. C. Zhang and T. M. Rice : Phys. Rev. B **37**(1988)3759.

[17] H. Kontani, K. Kanki, and K. Ueda : Phys. Rev. B **59**(1999)14723.

[18] P. W. Anderson : Science **237**(1987)1196.

[19] A. Fujimori, Y. Tokura, H. Eisaki, H. Takagi, S. Uchida, and M. Sato : Phys. Rev. B **40**(1989)7303.

[20] S. Sugai, S. Shamoto, and M. Sato : Phys. Rev. B **40**(1989)9292 ; S. Sugai and M. Sato : Phys. Rev. B **38**(1988)6436.

[21] S. Uchida, T. Ido, H. Takagi, T. Arima, Y. Tokura, and S. Tajima : Phys. Rev. B **43**(1991)7942.

[22] T. Takahashi, H. Matsuyama, H. Katayama-Yoshida, Y. Okabe, S. Hosoya, K. Seki, H. Fujimoto, M. Sato, and H. Inokuchi : Nature **334** (1988) 691. ; 52. T. Takahashi, H. Matsuyama, H. Katayama-Yoshida, Y. Okabe, S. Hosoya, K. Seki, H. Fujimoto, M. Sato, and H. Inokuchi : Phys. Rev. B **39** (1989) 6636.

[23] D. S. Dessau, Z.-X. Shen, D. M. King, D. S. Marshall, L. W. Lombardo, P. H. Dickinson, A. G. Loeser, DiCarlo, C.-H. Park, A. Kapitulnik, and W. E. Spicer : Phys. Rev. Lett. **71** (1993) 2781.

[24] C. T. Chen, L. H. Tjeng, J. Kwo, H. L. Kao, P. Rudolf, F. Sette, and R. M. Fleming : Phys. Rev. Lett. **68** (1992) 2543.

[25] C. C. Homes, T. Timusk, R. Liang, D. A. Bonn, and W. N. Hardy : Phys. Rev. Lett. **71** (1993) 1645.

[26] D. B. Tanner and T. Timusk : Physical Properties of High Temperature Superconductors III, ed. D. M. Ginsberg, World Scientific, Singapole (1992) p. 363.

[27] T. Timusk and B. Sttat : Rep. Prog. Phys. **62** (1999) 61.

[28] A. V. Puchkov, D. N. Basov, and T. Timusk : J. Phys. : Condens. Matter **8** (1996) 10049.

[29] A. Kaminski, J. Mesot, H. Fretwell, J. C. Campuzano, M. R. Norman, M. Randeria, H. Ding, T. Sato, T. Takahashi, T. Mochiku, K. Kadowaki, and H. Hoechst : Phys. Rev. Lett. **84** (2000) 1788.

[30] D. A. Bonn, R. Liang, T. M. Riseman, D. J. Baar, D. C. Morgan, K. Zhang, P. Dosanjh, T. L. Duty, A. MacFarlane, G. D. Morris, J. H. Brewer, and W. N. Hardy : Phys. Rev. B **47** (1993) 11314.

[31] W. Marshall and R. Lowde : Rep. Prog. Phys. **3I** (1968) 705.

[32] for example, H. F. Fong, P. Bourges, Y. Sidis, L. P. Regnault, J. Bossy, A. Ivanov, D. L. Milius, I. A. Aksay, and B. Keimer : Phys. Rev. B **61** (2000) 14773.

[33] D. S. Inosov, J. T. Park, P. Bourges, D. L. Sun, Y. Sidis, A. Schneidewind, K. Hradil, D. Haug, C. T. Lin, B. Keimer, and V. Hinkov : Nat. Phys. **6** (2000) 178.

[34] H. Matsukawa and H. Fukuyama : J. Phys. Soc. Jpn. **61** (1992) 1882.

[35] T. Tanamoto, H. Kohno, and H. Fukuyama : J. Phys. Soc. Jpn. **62** (1993) 717.

[36] T. Tanamoto, H. Kohno, and H. Fukuyama : J. Phys. Soc. Jpn. **62** (1993) 1455.

[37] K. Levin, J. K. Kim, J. P. Lu, and Q. Si : Physica C **175** (1991) 449.

[38] Q. Si, Y. Zha, and K. Levin : Phys. Rev. B **47** (1993) 9055.

[39] Y.-J. Kao, Q. Si, and K. Levin : Phys. Rev. **61** (2000) R11898.

[40] A. Kobayashi, A. Turuta, T. Matuura, and Y. Kuroda : J. Phys. Soc. Jpn. **70** (2001) 1214.

[41] M. Sato, M. Ito, H. Harashina, M. Kanada. Y. Yasui, A. Kobayashi, and K. Kakurai : J. Phys. Soc. Jpn. **70** (2001) 1342.

[42] M. Ito, H. Harashina, Y. Yasui, M. Kanada, S. Iikubo, M. Sato, A. Kobayashi, and K. Kakurai : J. Phys. Soc. Jpn. **71** (2002) 265.

[43] M. Ito, Y. Yasui, S. Iikubo, M. Soda, A. Kobayashi, M. Sato, K. Kakurai, C.-H. Lee, and K. Yamada : J. Phys. Soc. Jpn. **73** (2004) 991.

[44] H. Yoshizawa, S. Mitsuda, H. Kitazawa, and K. Katsumata : J. Phys. Soc. Jpn. **57** (1988) 3686.

[45] S.-W. Cheong, G. Aeppli, T. E. Mason, H. Mook, S. M. Hayden, P. C. Canfield, Z. Fisk, K. N. Clausen, and J. L. Martinez : Phys. Rev. Lett. **67** (1991) 1791.

[46] J. M. Tranquada, P. M. Gehring, G. Shirane, S. Shamoto, and M. Sato : Phys. Rev. **46** (1992) 5561.

[47] G. Shirane, Y. Endoh, R. J. Birgeneau, M. A. Kastner, Y. Hidaka, M. Oda, M. Suzuki, and T. Murakami : Phys. Rev. Lett. **59** (1987) 1613.

[48] S. Chakraverty, B. Halperin, and D. R. Nelson : Phys. Rev. Lett. B **39** (1989) 2344.

[49] Y. Endoh, K. Yamada, R. J. Birgeneau, D. R. Gabbe, H. P. Jenssen, M. A. Kastner, C. J. Peters, P. J. Picone, T. R. Thurston, J. M. Tranquada, G. Shirane, Y. Hidaka, M. Oda, Y. Enomoto, M. Suzuki, and T. Murakami : Phys. Rev. B **37** (1988) 7444.

[50] S. M. Hayden, G. Aeppli, H. A. Mook, S.-W. Cheong, and Z. Fisk : Phys. Rev. B **42** (1990) 10220.

[51] M. Sato, S. Shamoto, J. M. Tranquada, G. Shirane, and B. Keimer : Phys. Rev. Lett. **61** (1988) 1317.

[52] K. Kodama, S. Shamoto, H. Harashina, M. Sato, M. Nishi, and K. Kakurai : J. Phys. Soc. Jpn. **63** (1994) 4521.

[53] J. Rossat-Mignod, L. P. Regnault, C. Vettier, P. Bourges, P. Burlet, J. Bossy, J. Y. Henry, and G. Lapertot : Physica C **185-189** (1991) 86.

[54] M. Sato, S. Shamoto, T. Kiyokura, K. Kakurai, G. Shirane, B. J. Sternlieb, and J. M. Tranquada : J. Phys. Soc. Jpn. **62** (1993) 263.

[55] K. Maki and H. Won : Phys. Rev. Lett. **72**(1994)1758.
[56] H. F. Fong, B. Keimer, P. W. Anderson, D. Reznik, F. Dogan, and I. A. Aksay : Phys. Rev. Lett. **75**(1995)316.
[57] H. F. Fong, B. Keimer, D. Reznik, D. L. Milius, and I. A. Aksay : Phys. Rev. B **54**(1996)6708.
[58] D. Z. Liu, Y. Zha, and K. Levin : Phys. Rev. Lett. **75**(1995)4130 ; Mazin Phys. Rev. Lett. **75**(1995)4134.
[59] V. Barzykin and D. Pines : Phys. Rev. B **52**(1995)13585.
[60] R. C. Yu, M. B. Salamon, Sian Ping Lu, and C. Lee : Phys. Rev. Lett. **62**(1992) 1431.
[61] Y. Itoh, H. Yasuoka, A. Hayashi, and Y. Ueda : J. Phys. Soc. Jpn. **63**(1994)22.
[62] E. Baldini, A. Mann, B. P. P. Mallett, C. Arrell, F. van Mourik, T. Wolf, D. Mihailovic, Jeffrey L. Tallon, C. Bernhard, J. Lorenzana, and F. Carbone : arXiv. 1510.00305.
[63] Ch. Renner, B. Revaz, J.-Y. Genoud, K. Kadowaki, and Ø. Fischer : Phys. Rev. Lett. **80**(1998)149.
[64] P. Bourges : The Gap Symmetry and Fluctuations in High Temperature Superconductors, ed. J. Mok, G. dentscher, D. Pavuna, and S. A. Wolf : Plenum Press, New York(1998).
[65] P. Dai, M. Yethiraj, H. A. Mook, T. B. Lindemer, and F. Dŏgan : Phys. Rev. Lett. **77**(1996)5425.
[66] H. F. Fong, B. Keimer, D. L. Milius, and I. A. Aksay : Phys. Rev. Lett. **78**(1997) 713.
[67] M. Arai, T. Nishijima, Y. Endoh, T. Egami, S. Tajima, K. Tomimoto, Y. Shiohara, M. Takahashi, A. Garrett, and S. M. Bennington : Phys. Rev. Lett. **83** (1999)608.
[68] T. R. Thurston, P. M. Gehring, G. Shirane, R. J. Birgeneau, M. A. Kastner, Y. Endoh, M. Matsuda, K. Yamada, H. Kojima, and I. Tanaka : Phys. Rev. B **46** (1992)9128.
[69] K. Yamada, C. H. Lee, K. Kurahashi, J. Wada, S. Wakimoto, S. Ueki, H. Kimura, Y. Endoh, S. Hosoya, G. Shirane, R. J. Birgeneau, M. Greven, M. A. Kastner, and Y. J. Kim : Phys. Rev. B **57**(1998)6165.
[70] J. M. Tranquada, B. J. Sternlieb, J. D. Axe, Y. Nakamura, and S. Uchida :

Nature **375** (1995) 561.

[71] A. R. Moodenbaugh, Y. Xu, M. Suenaga, T. J. Forkert, and R. N. Shelton : Phys. Rev. B **38** (1988) 4596.

[72] K. Kumagai, Y. Nakamura, I. Wtanabe, Y. Nakamichi, and H. Nakajima : J. mag. Mag. Mat. **76** & **77** (1988) 601.

[73] M. Sera, Y. Ando, S. Kondoh, K. Fukuda, M. Sato, I. Watanabe, S. Nakashima, and K. Kumagai : Solid State Commum. **69** (1989) 851.

[74] Y. Nakamura and S. Uchida : Phys. Rev. B **46** (1992) 5841.

[75] J. M. Tranquada, B. J. Sternlieb, J. D. Axe, Y. Nakamura, and S. Uchida : Nature **375** (1995) 561.

[76] H. A. Mook, P. Dai, F. Dogan, and R. D. Hunt : Nature **404** (2000) 729.

[77] C. Stock, W. J. L. Buyers, R. Liang, D. Peets, Z. Tun, D. Bonn, W. N. Hardy, and R. J. Birgeneau : Phys. Rev. B **69** (2004) 014502.

[78] V. Hinkov, S. Pailhès, P. Bourges, Y. Sidis, A. Ivanov, A. Kulakov, C. T. Lin, D. P. Chen, C. Bernhard, and B. Keimer : Nature **429** (2004) 650.

[79] M. Ito, Y. Yasui, S. Iikubo, M. Soda, M. Sato, A. Kobyashi, and K. Kakurai : J. Phys. Soc. Jpn. **72** (2003) 1627.

[80] S. M. Hayden, H. A. Mook, Pengcheng Dai, T. G. Perring, and F. Dogan : Nature **429** (2004) 531.

[81] J. M. Tranquadal, H. Woo, T. G. Perring, H. Goka, G. D. Gu, G. Xu, M. Fujita, and K. Yamada : Nature **429** (2004) 534.

[82] S. Iikubo, M. Ito, A. Kobayashi, M. Sato, and K. Kakurai : J. Phys. Soc. Jpn. **74** (2005) 275.

[83] N. Pyka, W. Reichardt, L. Pintschovius, G. Engel, J. Rossat-Mgnod, and J. Y. Henry : Phys. Rev. Lett. **70** (1993) 1457.

[84] H. Harashina, K. Kodama, S. Shamoto, M. Sato, K. Kakurai, and M. Nishi : J. Phys. Soc. Jpn. **64** (1995) 1462.

[85] H. Harashina, K. Kodama, S. Shamoto, M. Sato, K. Kakurai, and M. Nishi : Physica C **263** (1996) 257.

[86] D. Reznik, B. Keimer, F. Dogan, and I. A. Aksay : Phys. Rev. Lett. **75** (1995) 2396.

[87] B. Normand, H. Kohno, and H. Fukuyama : J. Phys. Soc. Jpn. **64** (1995) 3903.

[88] D. Reznik, L. Pintschovius, M. Ito, S. Iikubo, M. Sato, H. Goka, M. Fujita, K.

Yamada, G. D. Gu, and J. M. Tranquada : Nature **440**(2006)1170.

[89] M. Takigawa, A. P. Reyes, P. C. Hammel, J. D. Thompson, R. H. Heffner, Z. Fisk, and K. C. Ott : Phys. Rev. **43**(1991)247.

[90] H. Hammel, M. Takigawa, R. H. Heffner, Z. Fisk, and K. C. Ott : Phys. Rev. Lett. **63**(1989)1992.

[91] 滝川仁：個体物理 **25**(1990)107.

[92] H. Yasuoka：高温超伝導の科学，立木昌，藤田敏三編，裳華房(1999)p. 121.

[93] K. Asayama, Y. Kitaoka, K. Fujiwara, K. Ishida, and S. Ohsugi : The Physics and Chemistry of Oxide Superconductors, Springer Proceedings in Physics **60** (1992)349.

[94] Y. Kitaoka, K. Ishida, G.-q. Zheng, S. Ohsugi, and K. Asayama : J. Phys. Chem. Solids. **54**(1993)1385.

[95] Y. Ito, K. Yoshimura, T. Ohmura, H. Yasuoka, Y. Ueda, and K. Kosuge : J. Phs. Soc. Jpn. **63**(1994)1455.

[96] W. Braunisch, N. Knauf, V. Kataev, S. Neuhausen, A. Grutz, A. Kock, B. Roden, D. Khomskii, and D. Wohlleben : Phys. Rev. Lett. **68**(1992)1908.

[97] M. Sigrist and T. M. Rice : J. Phys. Soc. Jpn. **61**(1992)1908.

[98] D. A. Wollman, D. J. Van Harlingen, W. C. Lee, D. M. Ginsberg, and A. J. Leggett : Phys. Rev. Lett. **71**(1993)2134.

[99] A. Hardy, D. A. Bonn, D. C. Morgan, R. Liang, and K. Zhang : Phys. Rev. Lett. **70**(1993)3999.

[100] K. McElroy, R. W. Simmonds, J. E. Hoffman, D.-H. Lee, J. Orenstein, H. Eisaki, S. Uchida, and J. C. Davis : Nature **422**(2003)592.

[101] Z.-X. Shen, D. S. Dessau, B. O. Wel, D. M. Kin, W. E. Spicer, D. Marshall, L. W. Lombardo, A. Kapitulnik, P. Dickinson, S. Doniach, J. A. G. Loeser, and C. H. Park : Phys. Rev. Lett. **70**(1993)1553.

[102] A. Lanzara, P. V. Bogdanov, X. J. Zhou, S. A. Kellar, D. L. Feng, E. D. Lu, T. Yoshida, H. Eisaki, A. Fujimori, K. Kishio, J.-I. Shimoyama, T. Noda, S. Uchida, Z. Hussain, and Z.-X. Shen : Nature **412**(2001)510.

[103] T. Cuk, F. Baumberger, D. H. Lu, N. Ingle, X. J. Zhou, H. Eisaki, N. Kaneko, Z. Hussain, T. P. Devereaux, N. Nagaosa, and Z.-X. Shen : Phys. Rev. Lett. **93** (2004)117003.

[104] P. Dai, H. A. Mook, G. Aeppli, S. M. Hayden, and F. Dogan : Nature **406**

(2000) 965.

[105] E. Demler and Z. C. Zhang : Nature **396** (1998) 733.

[106] D. J. Scalapino : Science **284** (1999) 1282.

[107] T. Dahm, V. Hinkov, S. V. Borisenko, A. A. Kordyuk, V. B. Zabolotnyy, J. Fink, B. Buchner, D. J. Scalapino, W. Hanke, and B. Keimer : Nature Phys. **5** (2009) 217.

[108] J. Hwang, T. Timusk, and G. D. Gu : Nature **427** (2004) 714.

[109] H. Harashina T. Nishikawa, T. Kiyokura, S. Shamoto, M. Sato, and K. Kakurai : Physica C **212** (1993) 142.

[110] H. Fujishita and M. Sato : Solid State Commun. **72** (1989) 529.

[111] J. Takeda, T. Nishikawa, and M. Sato : Physica C **231** (1994) 293.

[112] D. Mandrus, L. Forro, C. Kendziora, and L. Mihaly : PR B **44** (1991) 2418.

[113] A. T. Bollinger, G. Dubuis, J. Yoon, D. Pavuna, J. Misewich, and I. Božović : Nature **472** (2011) 458.

[114] Y. Fukuzumi, K. Mizuhashi, K. Takenaka, and S. Uchida : Phys. Rev. Lett. **76** (1996) 684.

[115] R. R. Heikes, R. C. Miller, and R. Mazelsky : Physica **30** (1964) 1600.

[116] H. Takagi, Y. Tokura, and S. Uchida : Proc. 2nd NEC Conf. Hakone October (1988) p. 238.

[117] Y. Ando, M. Sera, S. Yamagata, S. Kondoh, M. Onoda, and M. Sato : Solid State Commun. **70** (1989) 303.

[118] M. Oda, T. Ohguro, N. Yamada, and M. Ido : Phys. Rev. B **41** (1990) 2605.

[119] R. Yoshizaki, N. Ishikawa, H. Sawada, E. Kita, and A. Tasaki : Physica C **166** (1990) 417.

[120] M. Oda, C. Manabe, N. Momono, and K. Kosuge : Phys. Rev. B **49** (1994) 16000.

[121] M. Sato : Physica C **262** (1996) 271.

[122] A. Kobayashi, A. Tsuruta, T. Matsuura, and Y. Kuroda : J. Phys. Soc. Jpn. **70** (2001) 1214.

[123] U. Chatterjee, D. Ai, J. Zhao, S. Rosenkranz, A. Kaminski, H. Raffy, Z. Li, K. Kadowaki, M. Randeria, M. R. Norman, and J. C. Campuzano : PNAS, **108** (2011) 9346.

[124] T. Tanamoto, H. Kohno, and H. Fukuyama : J. Phys. Soc. Jpn. **62** (1993) 1415.

6

第 6 章

多軌道系の超伝導

6-1 $Na_xCoO_2 \cdot yH_2O$ の超伝導

6-1-1 Na_xCoO_2 の物性

Na_xCoO_2 に H_2O 分子をインターカレートして得られる $Na_xCoO_2 \cdot yH_2O$ ($x \sim 0.3$, $y \sim 1.3$, $T_c \sim 4.5$ K) は，銅酸化物高温超伝導体ののちに見つかった初の 3d 電子系酸化物超伝導体である[1]．その積層構造を**図 6-1** に模式的に示すとともに，母物質である Na_xCoO_2 の単結晶や，H_2O インターカレーションによって c 軸方向に膨らんだ水和物 ($Na_xCoO_2 \cdot yH_2O$) 単結晶の写真，さらには，そのマイスナー反磁性（超伝導反磁性）のデータを示した．$x=0$ での Co の価数が +4 で，もし，これが絶縁体的なら，超伝導相が，高温超伝導銅酸化物同様，モット絶縁体相から導出された金属相と見なせる．さらに，電気伝導を担うのが，CoO_2 三角格子なので，低次元性のほかに“幾何学的フラストレーション”の効果*1も加わりそうで，“高温超伝導体の異常金属状態に似た磁気揺らぎの強い状態ができている”との期待が集まり，理論と実験の双方から母物質である Na_xCoO_2 の物性を含めて数多くの研究がなされることとなった（現在では，$x=0$ に当たる CoO_2 が金属的でモット絶縁体状態にはないと考え

---

*1　基底状態が巨視的に縮退している系をフラストレート系と呼ぶ．このような系では，$T \to 0$ の際にその状態をユニークに決めることができない．たとえば，隣との相互作用が反強磁性的なイジングスピンを三角格子上に上向き，下向きにおく場合，どうおいても，そのエネルギーが最も低くなる状態をユニークには決められないので，フラストレート系であることがわかる（**図 6-2**）．局在モーメントを持っていない系でも，原子サイズに近い磁気励起が期待できる強相関系では類似の描像で考えることが多い．

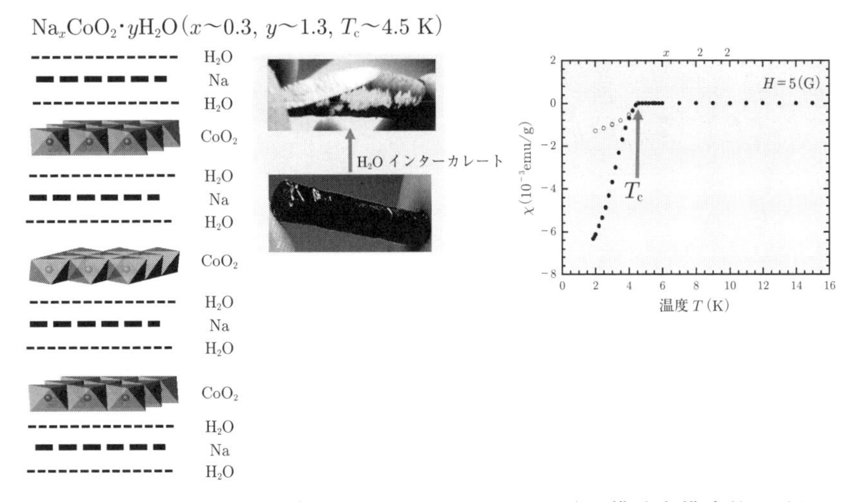

図 6-1　$Na_xCoO_2 \cdot yH_2O$ (x~0.3, y~1.3, T_c~4.5 K)の構造を模式的に示し，さらに，母物質である Na_xCoO_2 の単結晶，および H_2O インターカレーションによって c 軸方向に膨らんだ水和物($Na_xCoO_2 \cdot yH_2O$)の単結晶の写真を示した．そのマイスナー反磁性も示されている．

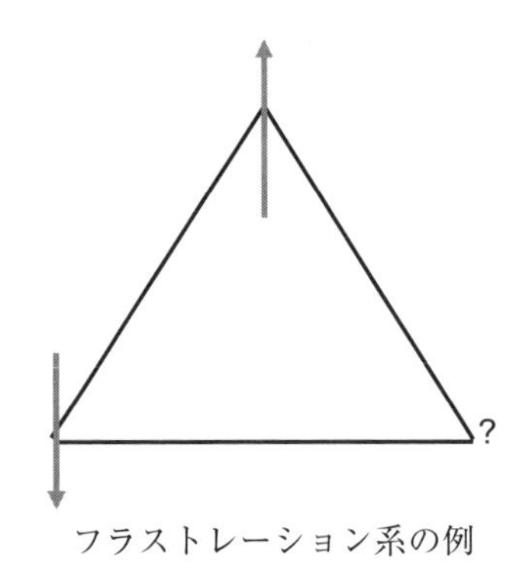

図 6-2　反強磁性的イジング相互作用を持つ三角形上のスピンは上向き，下向きで基底状態を一意的に作ることができない．このような三角形で構成される格子系は，基底状態が巨視的な数の縮退を持つフラストレート系の一例である．

られている).

この系は基本的に多軌道，多バンド系で，これが銅酸化物系と異なる点である．また，その超伝導について，スピントリプレットのクーパー対を持つ可能性がバンド計算結果をもとに指摘され，実験側からも同様の主張があった．キャバ(R. J. Cava)の言葉を借りれば，従来のものとは異なる(unconventionalな)あらゆる超伝導の可能性[2]が提案された稀な物質だったので，多様な手法が多くの研究者によって進められ，銅酸化物の研究以来，計算や実験の手法がいかに進展したかが実感できる系となった

ここではまず，母物質である γ 型の Na_xCoO_2 の物性とその水和物 $Na_xCoO_2 \cdot yH_2O$ の超伝導の具体的研究結果を，インターカレートされた H_2O 分子の役割等も考慮しながら記述する．この系は通常の熱処理でまず $0.7<x<0.8$ のものを作成した後，Br_2 濃度を制御した Br_2/CH_3CN 中に浸して目的の x 値を持つものに変えたあと，CH_3CN で洗浄して得られる．中性子非弾性散乱実験に用いた大型単結晶では，Na のデインターカレーションが比較的容易であるが，H_2O もしくは D_2O のインターカレーションにはもっと長い時間が必要で容易でもない．その詳細については文献を参照されたい[1,3,4]．

図 6-3 に，Na_xCoO_2 の粉末および単結晶試料のいくつかに対する磁化率 $\chi(T)$ を，それぞれ，上下の図に示し，**図 6-4** 左には，$Na_{0.5}CoO_2$ の単結晶に対し印加磁場方向を変えて測定した磁化率 χ の温度依存性，図 6-4 右には，電気抵抗率 ρ と比熱の温度依存性を示し，加えて，**図 6-5** の(a)，(b)には，それぞれ，150 K で見積もられた $d\chi/dT$ と低温電子比熱係数 γ_{el} の x 依存性[3]を示す．粉末試料に対する電気抵抗 ρ のデータが示されていないのは，Br_2/CH_3CN 中で作成された試料を使った測定が困難だからである．これらの図で以下のことに気が付く．

(1) $x=0.5$ の試料には，磁化率に $T_{c1}(\cong 87\,K)$ と $T_{c2}(\cong 53\,K)$ で異常が見られ，それが単結晶試料で測定された ρ や比熱にも反映されている(ただし，T_{c1} で ρ に現れる異常は小さい)．これらの磁気的な異常は，Co が持つ磁気モーメントの秩序に関連したものであるが，Na 原子の区切りのいい数字の際に生じるその原子位置の秩序にも関連していると思われる．しかし，ここでは

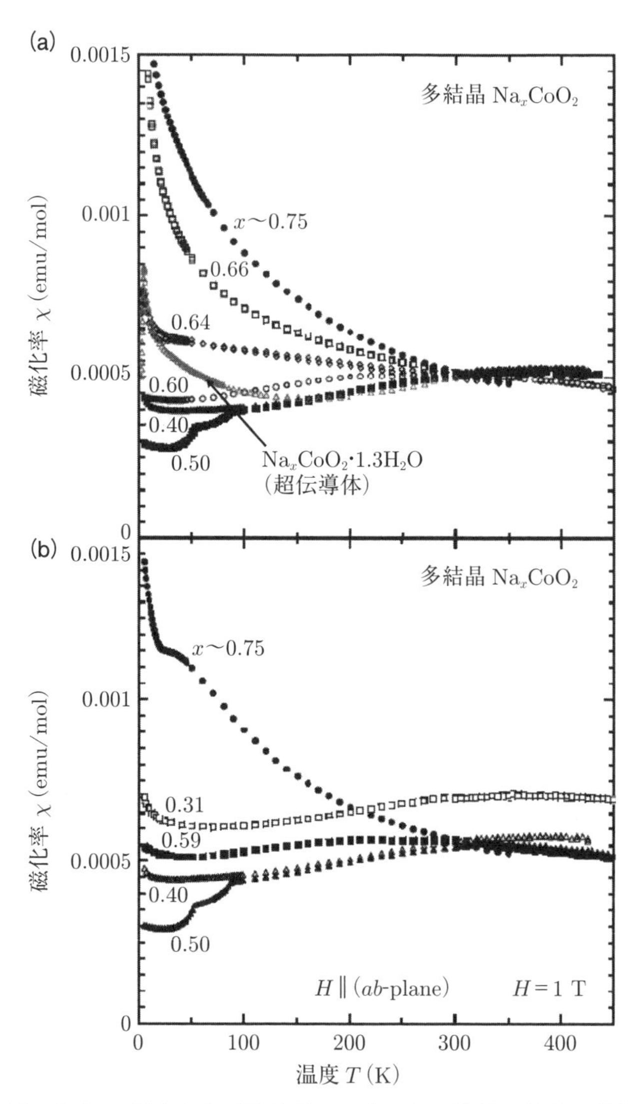

図 6-3　Na_xCoO_2 の粉末および単結晶のいくつかの試料に対する磁化率 $\chi(T)$ の温度変化[3].

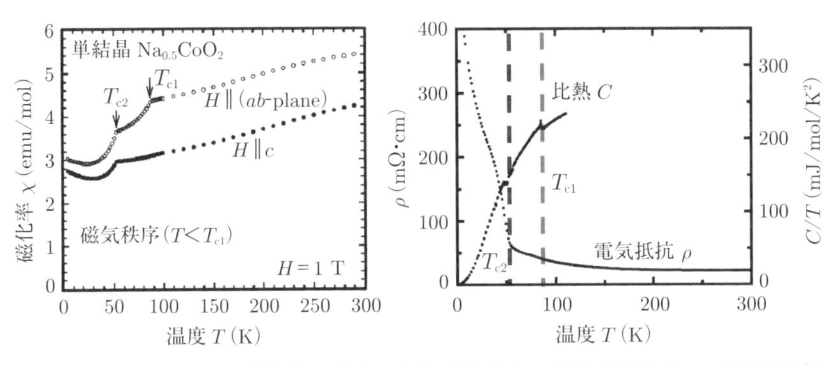

図 6-4 $Na_{0.5}CoO_2$ の単結晶に対する印加磁場方向の異なる磁化率 χ の温度依存性(左)と，電気抵抗 ρ および比熱の温度依存性(右)[3].

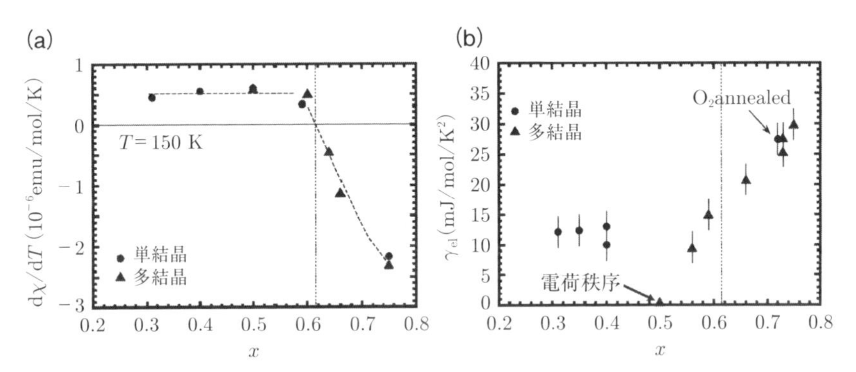

図 6-5 (a),(b)は，それぞれ，Na_2CoO_2 の 150 K での $d\chi/dT$ と，低温電子比熱係数 γ_{el} の x 依存性を示す[3].

後者の秩序に深くは踏み込まない.

(2) $d\chi/dT$-x 曲線や低温電子比熱係数 γ_{el}-x 曲線の振る舞いには $x \sim 0.62$ を境に明瞭な違いが見られる.

これらをもとに少々先走って，Na_xCoO_2 T-x 相図に描いたのが**図 6-6** である．図 6-5(b)に見られる 150 K 付近での $d\chi/dT$ は，$x \sim 0.62$(細い破線)で正の領域と負の領域に明瞭に区別され，$x < 0.62$ では，銅酸化物で見られたスピン擬ギャップ現象の場合と同様，$d\chi/dT > 0$ の振る舞いが見える．この場合,

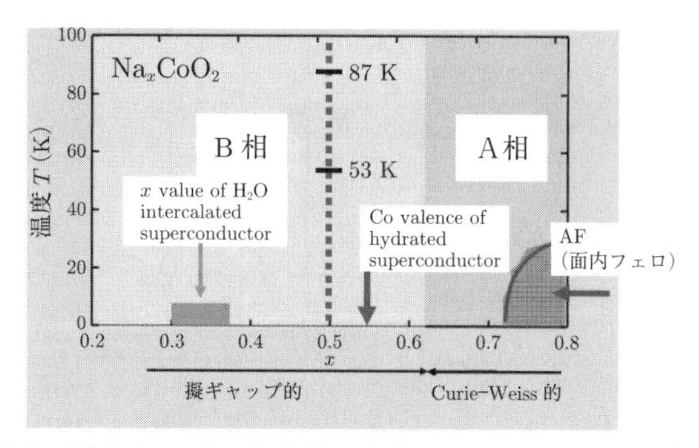

図 6-6　図 6-3〜図 6-5 のデータを基にした，Na_xCoO_2 の T-x 相図．ただし，$x > 0.7$ にあるもう一つの磁気秩序相や，超伝導を示す $Na_xCoO_2 \cdot yH_2O$ の x 領域をも含めて描いている．

Co のモーメントは少なくても第一義的には，反強磁性的な相互作用をもっているはずである．また，γ_{el} は，$x \sim 0.62$ を境に x 依存性を示さない領域と x とともに増加する領域とに分けられる．

図 6-6 に示した Na_xCoO_2 の相図は，上述の実験結果やフーら(M. L. Foo *et al.*)のデータ[5]をもとにつくられているが，Na_xCoO_2 の $x > 0.7$ にあるもう一つの磁気秩序相や，超伝導を示す $Na_xCoO_2 \cdot yH_2O$ の x 領域をも含めたものである．ここでまずは，$x > 0.7$ における磁気秩序と $x \sim 0.5$ の磁気秩序について見てみよう．なお，超伝導相の Co の価数が x の値から単純に見積もられるものとは異なり実は図の太い矢印の位置($x \sim 0.55$)にあることを後述するが，その矢印が $x < 0.62$ の領域，すなわち，スピン擬ギャップ様の振る舞いが見える領域に含まれていることを予め指摘しておく．

$x > 0.7$ において，小さな強磁性磁化が現れる磁気秩序は本橋ら[6]によって報告され，その後，中性子非弾性散乱によって確認された[7, 8, 9]．これらはすべて，$x > 0.7$ の磁気秩序が，CoO_2 面内で強磁性的(面間は反強磁性的)であることを報告していたので，トリプレットのクーパー対が形成されているのではないかとの予測も出た．

一方，$x = 0.5$ の試料の磁気秩序パターンは，NMR と中性子散乱の測定に

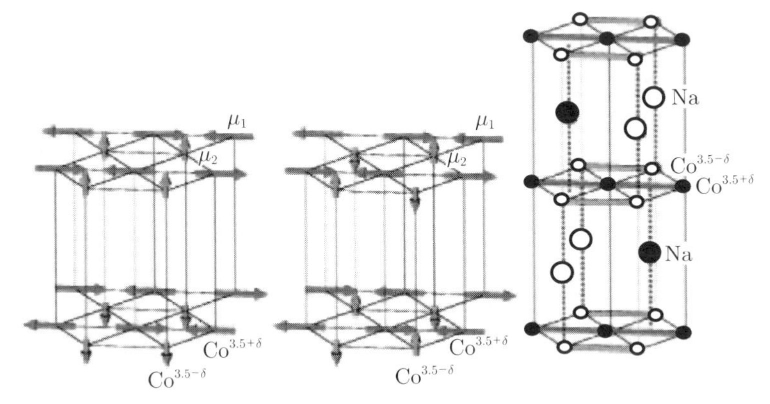

$Pnmm$(♯59)；$a = 4.87618(5)$　$b = 5.63053(9)$
$c = 11.1298(2)$ Å　at R.T.

図 6-7　右に $Na_{0.05}CoO_2$ の模式構造．大きな白，黒丸は，Na の秩序[11]に由来した二つの異なるサイトを示し，小さな白，黒丸は，結晶学的に異なる二つの Co サイト(それぞれ，$Co^{3.5+\delta}$，$Co^{3.5-\delta}$)を示すが，その違いは，Na イオンが c 軸方向に隣り合った Co を結ぶ線上にあるかどうかで決まる[3,4,10]．左と中図に，矢印の向きで磁気構造を Co 原子のみを抜き出して示したが，$Co^{3.5-\delta}$ サイトの磁気モーメント μ_2 の面内構造が反強磁性的か強磁性的かは未確定．

よって調べられたが，結果は $x > 0.7$ に対するものとは全く異なっていた．それを**図 6-7** に示す[3,10]．$x = 0.5$ では Na の秩序があるので，Co1 と Co2 の二つのサイトに分かれるが，それらは，T_{c1} で磁気秩序を持ち，図 6-7 に見られるような磁気構造を取る．中性子散乱から，Co1 の低温での秩序モーメントは $\mu_1 \sim 0.34 \pm 0.03\mu_B$/Co で，Co2 では，NMR 測定の結果から $\mu_2 \sim \mu_1/3$ となっている．このとき，μ_1 は面内に反強磁性的である一方，μ_2は面に垂直方向に向いていることまでは NMR 測定からわかっているが，面内が強磁性で面間反強磁性なのか，それとも面内で反強磁性かの識別がされていない．また，μ_2 のモーメントは T_{c2} 以下で，c 軸からわずかに外れることが NMR の結果判明している．このことについての詳細な議論は，上記の文献[3]や[12]に詳しい．ここでは，**図 6-8** に，$Na_{0.5}CoO_2$ 単結晶に対して観測された 1/2 1/2 1 磁気ブラッグ反射の積分強度を示し，さらに T_{c2} でのその異常が小さいことを書き

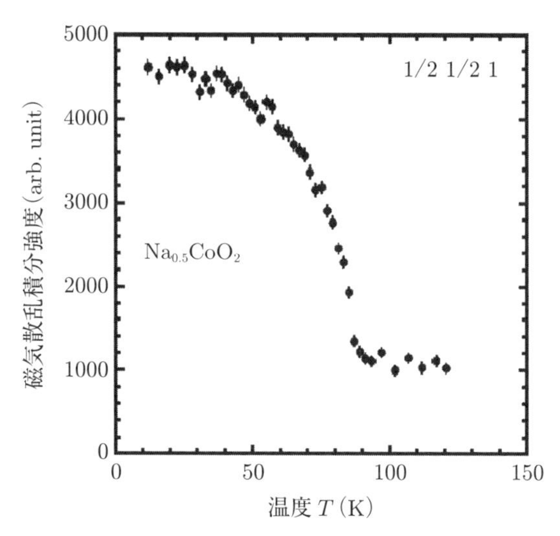

図 6-8　中性子散乱によって $Na_{0.5}CoO_2$ に観測された 1/2 1/2 1 磁気ブラッグ反射強度の温度依存性[3].

とめておく．なお，Na 原子の秩序についても多くの報告があるがここでは割愛する．

大きなモーメントを持つ Co サイトの面内反強磁性秩序は，$x<0.62$ の領域内にある試料が，電子の反強磁性相関，もしくはスピン一重項相関を持って上記のようなスピン擬ギャップ現象と似た振る舞いを出すことと自然につながり，トリプレットのクーパー対の形成とは逆のものである．ともあれ次は，これまで概観してきた Na_xCoO_2 の磁気的性質をもとにし，$Na_xCoO_2 \cdot yH_2O$ の超伝導について考えてみる．

6-1-2　$Na_xCoO_2 \cdot yH_2O$ の超伝導

$Na_xCoO_2 \cdot yH_2O$ 内での Co イオンの価数は，単純には $(4-x)$ のはずである．これに対するバンド計算の結果をもとに，$x<1$ で考えうるフェルミ面の形状を**図 6-9** に示す[13, 14]．立方対称からの歪みを持った O 原子が作り出す結晶場中で，Co3d 電子の t_{2g} 軌道は a_{1g} と e_g' 軌道に分裂するが，そのとき，

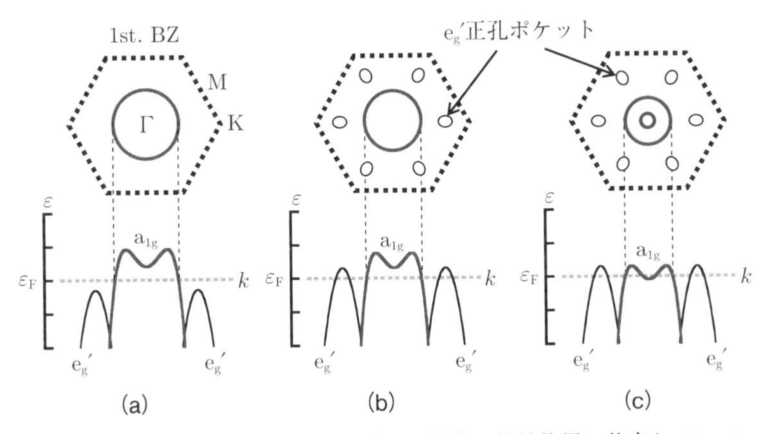

図 6-9　t_{2g} 軌道が分裂してできる a_{1g} と e_g' 軌道の相対位置に依存して，フェルミ面の形状が変化する可能性を示す図．CoO_2 層が薄いほど e_g' 軌道の相対位置が上がる[13, 14]．

CoO_2 層が薄いほど e_g' 軌道の相対位置が上がる．Co の価数が $+3(x=1)$ のときには，この全てのバンドが満たされていわゆるバンド絶縁体となる(図 6-9 では，Γ 点近くのフェルミ面が主に a_{1g} 軌道からなるホールポケットで，K 点近くに 6 個見えているのが，主に e_g' 軌道からなるホールポケットである)．いずれにせよ，銅酸化物系が単一バンド系なのに対し，この系は基本的には多軌道，多バンド系である．

このようなフェルミ面をもとに，単一バンドや多バンド[15-24]の電子間相互作用を考慮した超伝導機構が理論側から提案されているので，まずはそれを先に紹介する．

Γ 点を中心とする一つのフェルミ面だけが存在する場合，単一バンドを考えればよく，強相関の場合には三角格子上の二次元 t-J モデル，相関がそれより弱い場合はハバードモデルが適用できる．t-J モデルの平均場近似では時間反転対称性の破れた $(d_{x^2-y^2}+id_{xy})$ 波の超伝導が 1/2-filling 近傍で安定になる[15-19]．これは，三角格子の C_6 対称性のもとで完全に縮退した $d_{x^2-y^2}$ 波と d_{xy} 波が作る上記の超伝導状態が，フェルミ面上のどこでも超伝導ギャップを持つので，エネルギー的に安定だからである．高温展開の結果も，d 波超伝導の相関が低温で発達することを示し，RVB 型の超伝導の出現を示唆する[20,21]．しかし，その時間反転対称の破れが初期段階での μSR 実験によって否定されている[22]．

三角格子上のハバードモデルを使った摂動論的計算では，d 波超伝導状態と p 波超伝導状態が安定になる[23,24]．さらにフェルミ面が二つの部分に分離しているときには f 波超伝導が実現する可能性もある[25]が，強い電子間相互作用の系に有効な t-J モデルより，比較的弱い相互作用系を扱うので，フラストレーション効果より，フェルミ面の形状や低エネルギースピン励起の詳細が重要になる．いずれのモデルでも Co 酸化物の実験で結論されるように電子密度の高い領域(5.50 以上，図 6-6 参照)では超伝導を実現することが難しい．

複数のフェルミ面を考慮したモデルも考えられてきた[26-30]．それによると，もし K 点付近に e_g' 軌道によるホールポケットが存在する場合，$\boldsymbol{q}=(0,0)$ に近い波数をもつスピン揺らぎによってスピン三重項超伝導が実現する[26-29]と言われるが，これはフェルミ面が六つに離れている点が重要である．さらに，図 6-7 右のように Γ 点の周りに二つのフェルミ面がある場合には，それらが関与した磁気励起の介在で，拡張 s 波シングレットの超伝導が実現するとの指摘もある[30]．

このように，バラエティにとんだ超伝導発現機構の理論的考察と並行する形で超伝導状態の実験的研究も進んだ．この超伝導体が従来のものとは異なったものかどうかを知るための実験の結果をここから順に紹介したい．Na_xCoO_2 に H_2O をインターカレートした系では，まず，Na が $x=0.3$ ほどに減るが，実際の Co の価数は，$(H_3O)^+$ イオンの存在のために $x=0.5\sim0.6$ に対応するといわれる[31]．

インターカレート後は，Na^+ の層と O^{2-} 層の間にある H_2O 分子のためにこれらの層間の引力が弱くなるので CoO_2 層が薄くなる．この効果で，Co の価数が一定と仮定した場合でも，フェルミ面の形状が Na_xCoO_2 より図 6-9 の右側方向にずれ，ホールポケットが現れるのではないかという．しかし，光電子分光の実験では，$Na_xCoO_2\cdot yH_2O$ のフェルミ面に e_g' バンドのホールポケットは見えておらず[32]，そのトップはフェルミエネルギーより 50 meV ほど下にある．試料表面では H_2O 分子が抜けてしまうために，見えないのではないかといった疑念も出るが，表面からかなり深いところまでの測定もあるようなので，その可能性は低い．

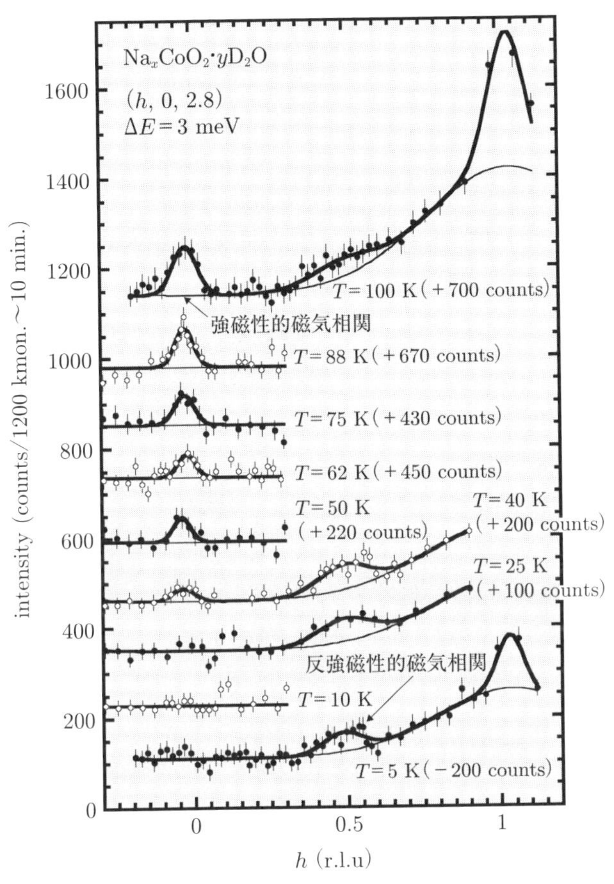

図 6-10 エネルギー $\omega=3$ meV での $(h, 0, 2.8)$ に沿った Q-スキャンで観測した散乱強度を多くの温度で示した[4,10]．強磁性的相関を表す $h=0$ においては温度が低下するに従って，強度が消えていくのに対し，反強磁性相関に対応する $h=0.5$ では，強度が消えない．すなわち，トリプレット電子対形成に結びつくものとは異なる振る舞いが見え，e_g' バンドのホールポケットが見えないことをも支持する．

図 6-10 に大型の $Na_xCoO_2 \cdot yD_2O$ 単結晶試料を用いて行われた中性子磁気非弾性散乱実験の結果を示した[4, 10]．そこには，エネルギー ω を 3 meV に固定し，$(h, 0, 2.8)$ に沿って h-スキャンを行って観測した磁気散乱強度を多くの温度で示した．それぞれ，強磁性的，反強磁性的な磁気相関に対応した散乱位置である $h=0$ と 0.5 に，散乱強度のピークが見られるが，$h=0$ においては温度が低下するに従って，スペクトル強度が消えていくのに対し，反強磁性相関に対応する $h=0.5$ ではスペクトル強度が消えない．すなわち，スピン三重項対の形成に結びつくものとは明らかに異なる振る舞いがここにも見え，光電子分光実験で e_g' バンドのホールポケットが見えないことをも支持する．

銅酸化物では，モット絶縁体相に注入された電子正孔の濃度に対して超伝導相を含めた“異常金属相”の図が描かれたが，$Na_xCoO_2 \cdot yH_2O$ では x の値が大きくは変化していないので，T-x 相図が発表されてはいるものの特に意味あるものにはならず，むしろ，NMR 核四重極周波数と呼ばれる，Co サイトの対称性の低下を表す ν_Q に対して作られた T-ν_Q 相図が系統的変化を最もよく表す．これを**図 6-11** 下に示す(実際は T-ν_{Q3} 相図，ν_{Q3} は Co の核スピンの 5/2↔7/2 の遷移に対応するもので $\nu_{Q3} \cong 3\nu_Q$ である)．またそこには，ν_{Q3} だけではなく c 軸長も描かれている．これは著者らのグループによって全体像を完成させたものである[33]が，他のグループによっても ν_Q の小さな領域で ν_Q と T_c の相関が指摘されていた[34, 35](詳細は省略するが，試料の作成法の違いや作成後の室温以上での保持時間によって ν_Q と T_c が変化するのでこのような図が描ける．これらの変化が見られる理由についてここでは割愛する)．ν_{Q3} の増大(CoO_2 層の厚みの減少)と c 軸長の増大も相関を持っているので，桜井らが指摘している T_c と c 軸長の関係[36]も同様の起源によると思われる．

この相図の特徴は二つある．第一は，超伝導相を分断する非超伝導相があることで，第二は，両サイドの超伝導相の T_c がほぼ水平につながり，決して別々の超伝導発現機構によるものではないことを示唆することである．この横軸の値が大きくなることと，フェルミ面の形状が図 6-9 で右側にずれることが対応するので，超伝導電子対の対称性自体も，そのずれに伴って変わってよさそうに見えるが，ここで述べた第二の特徴はそれを否定している．

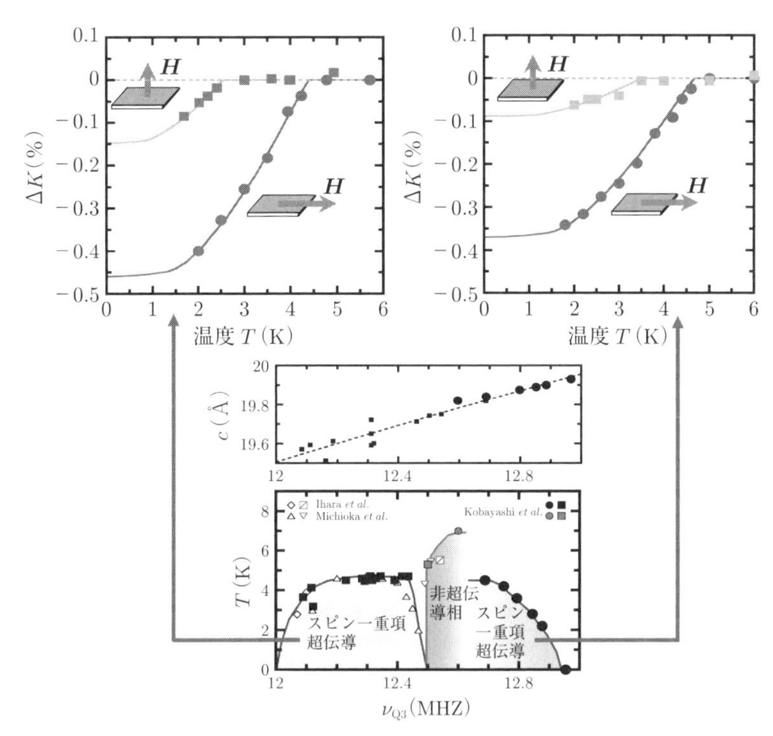

図 6-11 図下は，NMR 核四重極周波数 ν_Q に対して作成された T-ν_Q の系統的相図(ここでは，Co の核スピンの 5/2↔7/2 の遷移に対応する $\nu_{Q3} \cong 3\nu_Q$ を用いている)．図上には，図下で二つに分断された各超伝導相に対応する NMR ナイトシフトの温度依存性が，CoO_2 面内と面直方向の磁場に対して示されている[33]．c 軸長と ν_{Q3} の相関も示されている．

図 6-11 上の二つのパネルに，下パネルの相図の中心部にある非超伝導相を挟んだ左右両側の超伝導相での NMR のナイトシフト K の結果を示す[37-40]．ν_{Q3} の異なる二つの超伝導相の ΔK-T 曲線は，どの超伝導相においても，どの磁場方向においても，ナイトシフトが常伝導相で見られたものから減少し，低温でスピン磁化率が消失することを示している(ΔK は T_c より上の温度での値からのずれ)．この K の減少が超伝導反磁性によるものでないことは，ΔK の測定磁場依存性等，いくつかの手段で確認されている．もちろんこれは，スピ

ン一重項の超伝導電子対が全 ν_{Q3} 領域で生じていることの証拠で，スピン三重項の超伝導の可能性を完全に否定したものである．これも光電子分光において "e_g' バンドホールポケットが見えていない" というこれまでの結果と符合する．また，図6-9の左から右への動きに対応したフェルミ面の形状の変化が，$Na_xCoO_2 \cdot yH_2O$ の電子比熱係数 γ_{el} の ν_{Q3} 依存性に見られない[4]ことも，二つの超伝導領域が異なった超伝導対称性を持っているということに否定的である．そのほかに，H_2O を含まない Na_xCoO_2 の相図(図6-6)中，面内のスピン相関が $x<0.62$ の領域で反強磁性的であることも，超伝導電子対がスピン一重項状態にあることを間接的に支持する結果である[3]．

では，この超伝導が完全なギャップを持ったものか，それともノード($\Delta=0$ となる節)を持った(ここではd波的な)ものか．まず，NMRのCoスピン格子緩和率 $1/T_1$ を**図6-12**に縦軸を $1/T_1(T_c)$，横軸温度を T_c でスケールした形

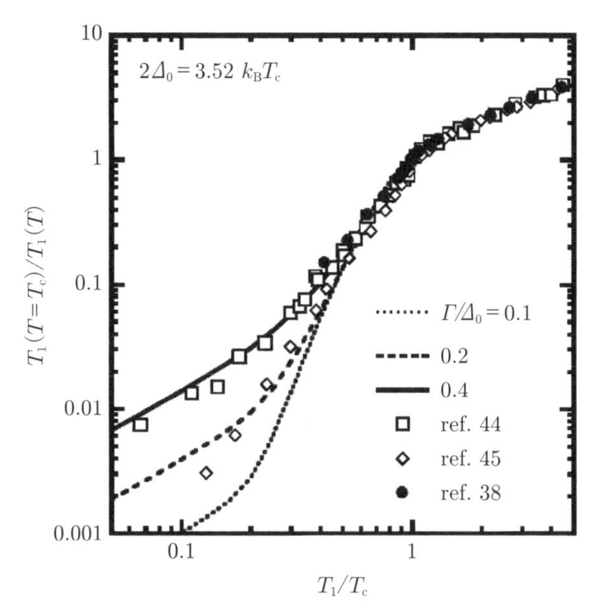

図6-12　$Na_xCoO_2 \cdot yH_2O$ のいくかの試料に対して観測された $1/T_1$ の温度変化を，準粒子の幅を考慮して計算したものと比較して示した[38, 41]．ただし，$1/T_1$ は $1/T_c$ でスケールされている．

で示すが，実験結果には，その曲線にヘーベル-シュリヒターピークが見られない[38, 42-45]．このピークの非存在や T_c 以下での T^3 依存性が，通常は超伝導ギャップにノードがあることを示すと思われているがそれほど単純でもない．たとえば，準粒子(超伝導電子対を組んでない電子)の寿命によるエネルギー幅 Γ がギャップ 2Δ の 1/10 ほどになると，コヒーレンスピークが見えなくなってくることが簡単な計算から知られる(図 6-12 参照)．図には，T に依存しない Γ 値を入れて計算した 3 種の曲線も示してある(実際には，Γ が温度依存性を持つが，T_c 近くでの振る舞いのみを考えての計算である)．また，全フェルミ面上でギャップをもつか，それとも Δ にノードがあるかの区別は，T_c 直下の $\log(1/T_1)$-$\log T$ 曲線が下に凸か上に凸かで決まるとも言われるが，データはそれを区別できるほどはっきりはしない．また，図 6-11 の相図に見られる非超伝導相が，磁気的な秩序形成のために超伝導が消失している領域であるとの考えもあったが，$\mathrm{Na}_x\mathrm{CoO}_2\cdot y\mathrm{D}_2\mathrm{O}$ 内の D 核や Co 核の NMR，さらには交流磁化率の詳しい測定・解析から，7 K 付近で起こっているシャープな相転移が，本質的には，電荷密度波相か電荷秩序相への転移のようで[33]，その近傍で起こる超伝導も，磁気秩序相に接した磁気的機構による超伝導発現とはすぐには言いがたい．T_c より十分低い温度で $1/T_1T=$ 一定の成分の存在がある試料で見られたことを，ギャップにノードがある場合のランダムネスもしくは不純物効果に起因したものとする向きもあるが，それには，第 2 章や第 5 章で記述した，不純物効果と T_c の下降とを同時に考慮した議論が必要である．

実際に，非磁性不純物ドープによる T_c への影響を見ると，**図 6-13** のように 1 K/% 程度の T_c の下がりが見られるが，これはノードを持った銅酸化物超伝導体，もしくは，フェルミ面上で符号の反転がある超伝導体に期待される値に比べはるかに小さく，むしろギャップが完全に開いた s 波の超伝導を示唆している[46](なお，非磁性不純物による対破壊効果を考えるとき，散乱の効果は $|\mathrm{d}T_c/\mathrm{d}x|$ そのものに効くので，$|\mathrm{d}T_c/\mathrm{d}x|/T_{c0}$ を用いた議論を展開すると誤解を招くことがあることに留意)．

最後に残った問題として電子-格子相互作用による超伝導発現機構の可能性について，^{16}O を ^{18}O で置き換えたときの T_c への効果(アイソトープ効果)を

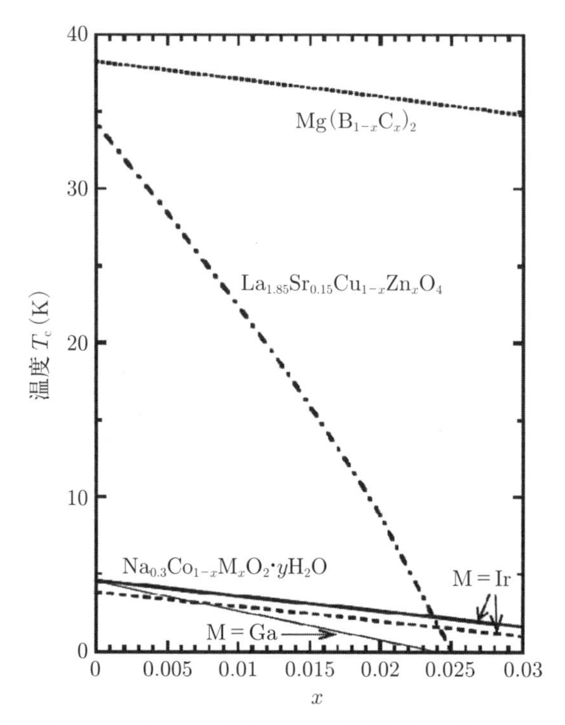

図 6-13　$Na_xCoO_2 \cdot yH_2O$ の Co サイトへの不純物ドープによる T_c の下降レート[46]．$|dT_c/dx|$ はギャップにノードをもつ超伝導体に比べ極めて小さい(非磁性不純物による対破壊効果を考えるとき，T_c ではなく $|dT_c/dx|T_{c0}$ を考えるのは間違いなので注意)．

調べた結果を見る．試料は同時に作成した Na_xCoO_2 に対して，一方は $^{16}O \to ^{16}O$，もう一方は $^{16}O \to ^{18}O$ の置き換えを同時進行で行って準備したものである．$^{16}O \to ^{18}O$ の置き換えはラマン散乱によるフォノンエネルギーのシフトから少なくても 50% 分なされていることがわかっている．これに対して，$T_c \propto M^{-\alpha}$ から求めた α は $\sim 0.0 \pm 0.06$ で，単純な BCS 理論の予想よりは極めて小さく[47]フォノンが超伝導発現に寄与していないという結果を与えているかのようである．しかし，電子間の相互作用パラメーター U を一般的に言われている 4.5 eV 程度にとると，この小さなアイソトープ効果はフォノン機構でも理解可能[48]なので，この実験からは，フォノン機構を否定することはできなかったというのが適切である．

以上のように，スピン三重項の超伝導の可能性が強く指摘されていた $Na_xCoO_2 \cdot yH_2O$ の超伝導が，実はスピン一重項状態の超伝導電子対を持ったものであることが明確になったほか，ギャップパラメーター Δ に，符号の変化を持つ d 波対称性を持つと考えられたことも非磁性不純物による T_c への影響が小さいという事実が否定している．NMR $1/T_1T$ にコヒーレンスピークが見られないことの根拠を確実にするためにも，電気抵抗等の定量的なデータがほしいところであるが，水和物試料であるという事情がこれを困難にしている．

6-2　鉄系の超伝導

6-2-1　鉄系超伝導体の巨視的物性と超伝導概観

鉄系の超伝導は，2008 年に $LaFeAsO_{1-x}F_x$（最高 T_c～27 K）で発見された[49]もので，その後，La→Ln（Ln＝ランタン系列元素）の置換によって，瞬く間に T_c～55 K に達した[50等]．また，同じ FeAs 伝導面を持つ $BaFe_2As_2$ の Ba を K で部分置換することによって T_c＝38 K の超伝導[51等]，さらには，Fe を Co で部分置換した系の超伝導も確認された[52等]．

銅酸化物の超伝導が，CuO_2 の二次元伝導面を持つほとんどの系に見られるのと同様，鉄系の超伝導も FeAs 面を持つ多くの系に見られる．また二次元伝導層で構成される類似系の FeSe にも現れる[53]ので，銅酸化物の強相関電子系が示す異常な物性発現の理解をより深めるためや，さらに高い超伝導転移温度の実現を目指した研究が再燃した．最近では，FeSe の単層膜で超伝導転移温度が～100 K を超えるものも聞かれ[54-56]，インターカレートされた試料である（Li, Fe）OHFeSe でも高い転移温度が 40 K を越えるものが出て[57]，その物質的な広がりという面だけでなく，新しい超伝導発現機構に対する可能性も広がり，今後もまだ活発に研究が続く状況にある．

まず，この一連の系の超伝導および常伝導状態の物性を理解するために，そ

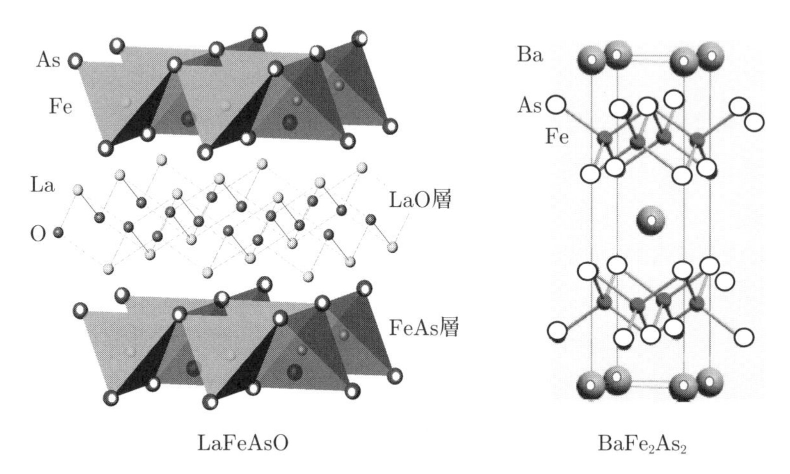

図 6-14　鉄系超伝導体の二つの母物質相，LaFeAsO(空間群：$P4/nmm$ at R.T.)と $BaFe_2As_2$(空間群：$I4/mmm$ at R.T.)の結晶構造．特に前者は FeAs の四面体を明示している．

の典型的系である $LaFeAsO_{1-x}F_x$ 系(La1111 系)と $Ba(Fe_{1-x}Co_x)_2As_2$ 系(Ba122 系)の構造図を**図 6-14** に示す．Fe を中心にした As 四面体がその稜共有で連なった二次元伝導面を作っているのが特徴で，高温正方晶のユニットセルには，2 個の Fe 原子を含む FeAs 層(面内の格子定数 a)が，それぞれの系に 1 枚および 2 枚含まれている(本著では今後，特に断らない限り，この正方晶のユニットセルの指数付けを念頭に記述を進めるが，場合によっては，その二次元性を考慮し，逆格子空間の点を(Q_x, Q_y)を逆格子単位で表すことも予め断っておく．

鉄系超伝導体と銅酸化物との類似性は，それが二次元伝導面を持っているということだけではない．すなわち，超伝導相を持つ多くの物質系で，その母物質，たとえば LaFeAsO や $BaFe_2As_2$ が反強磁性を示し[58, 59]，それらに，それぞれ，O→F，Fe→Co といった元素置換を施すと，反強磁性相に隣接した領域に超伝導相が現れる．これが，鉄系超伝導の発現機構を，銅酸化物系と同様，磁気的なものとする考えを一層自然にし，銅酸化物研究で築きあげられた道筋に沿う手法が多く適用されてきたので，そのデータの集積は驚くほど迅速に進んだ．また，鉄系超伝導体の電子系がCu酸化物よりは弱相関域にあり，母相もモット絶縁体状態にはないので，現れてくる物性異常もCu酸化物系よりやや地味で，銅酸化物系に対する研究が通ってきた，“フェルミ液体か，非フェルミ液体か”といった論争もなく，磁性による超伝導発現を考える際には，スピン揺らぎを介在した議論を展開して問題がなさそうにも見えた．なお，母相での磁気秩序は，いわゆるストライプ型と呼ばれるもので，最近接のFe原子が一つの方向で強磁性的に，その垂直方向には反強磁性的に並ぶものである．

一方で，鉄系超伝導の発現機構を磁気揺らぎ機構に限定しない立場での研究も進められてきた．この系では，Asの四面体が作る結晶場中にFeイオンが位置し，複数のt_{2g}軌道($3d_{yz}$, $3d_{zx}$, $3d_{xy}$の3個)がフェルミ準位近くに存在して低エネルギー物性を決めている多軌道・多バンド系であることが，e_g軌道のうちの一つである$3d_{x_2-y_2}$が物性を決めるCu酸化物と同一線上にあるとは限らない点が注目されたからである．そのことがどのような役割を持つかについても十分留意し，以下の超伝導発現機構に関する議論を進めていきたい．なお，すでに，4-1の末尾に記述したように，Fe位置でAs_4四面体が作る結晶場中ではFeのt_{2g}軌道とe_g軌道のエネルギーが逆転していることに注意されたい．

図6-15に，$LaFeAsO_{1-x}F_x$[60]および$LaFeAsO_{1-x}H_x$[61]の相図を，**図6-**

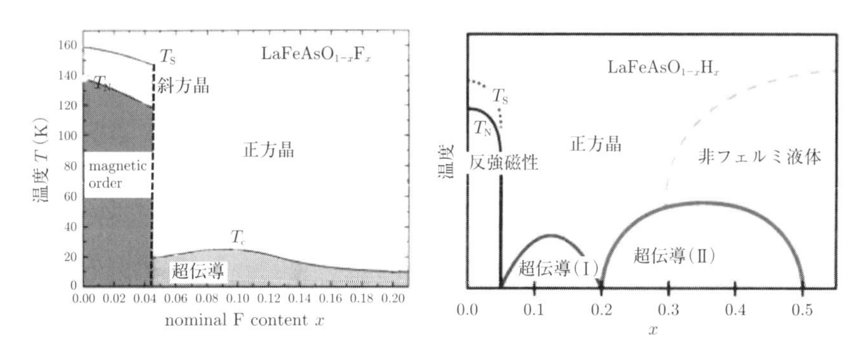

図6-15　$LaFeAsO_{1-x}F_x$[60]および$LaFeAsO_{1-x}H_x$[61]の模式的な相図．後者にはダブルドーム構造が見られる．

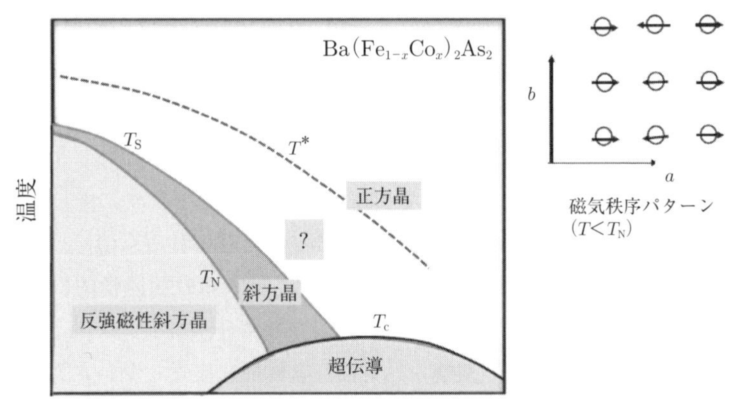

図 6-16　Ba(Fe$_{1-x}$Co$_x$)$_2$As$_2$ もしくは BaFe$_2$(As$_{1-x}$P$_x$)$_2$ の模式的な T-x 相図[62-65]．LaFeAsO$_{1-x}$F$_x$ や LaFeAsO$_{1-x}$H$_x$ と同様反強磁性相($T<T_N$)より少し高い温度で，降温の際，正方晶→斜方晶の構造相転移を持つ．T^* 以下では，巨視的には正方晶でも，結晶の4回対称性が静的物理量においてさえ破れているという，いわゆるネマティック相が徐々に見え始める温度である(詳細はテキスト参照)．図右に Ba(Fe$_{1-x}$Co$_x$)$_2$As$_2$ の反強磁性相に見られる磁気秩序パターンを模式的に示す．

16 に Ba(Fe$_{1-x}$Co$_x$)$_2$As$_2$ 系もしくは，BaFe$_2$(As$_{1-x}$P$_x$)$_2$ 系の T-x 相図[62-65]を模式的に示す．LaFeAsO$_{1-x}$F$_x$ 系では，$x=0$ で温度 T_S～140 K に正方晶-斜方晶の構造相転移が現れ，反強磁性秩序がそのわずか下の温度 T_N に現れる．x を増加させると電子キャリアが FeAs 層にドープされ，x～0.04 でその磁気秩序が消え超伝導相に入る．転移温度 T_c は，x～0.11 で最大値(～28 K)をとったあと，LaFeAsO$_{1-x}$F$_x$ の場合には x～0.20 で消えるが，LaFeAsO$_{1-x}$H$_x$ では，x のさらなる増加で再び超伝導が現れる．その超伝導も図 6-15 のように消えるが，そこで，反強磁性が再び出てくる[66](NdFeAsO$_{1-x}$H$_x$ 系や SmFeAsO$_{1-x}$H$_x$ 系では，x～0.20 での T_c の減少も見られない)．

Ba(Fe$_{1-x}$Co$_x$)$_2$As$_2$ では，反強磁性相と超伝導相の共存が見られる．また，反強磁性相のネール温度 T_N と T_c が交差する x 値のあたりで最大の T_c を

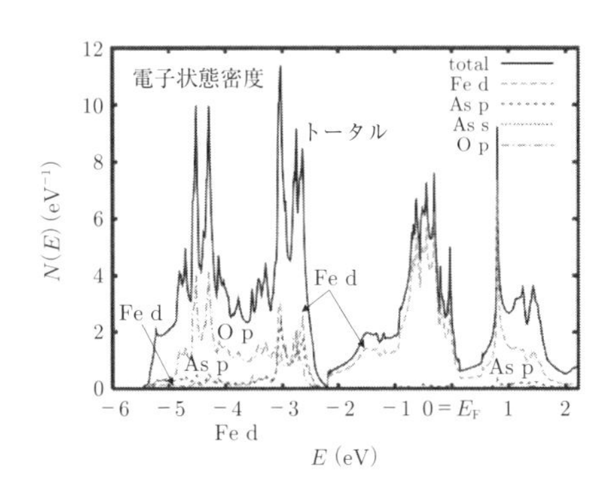

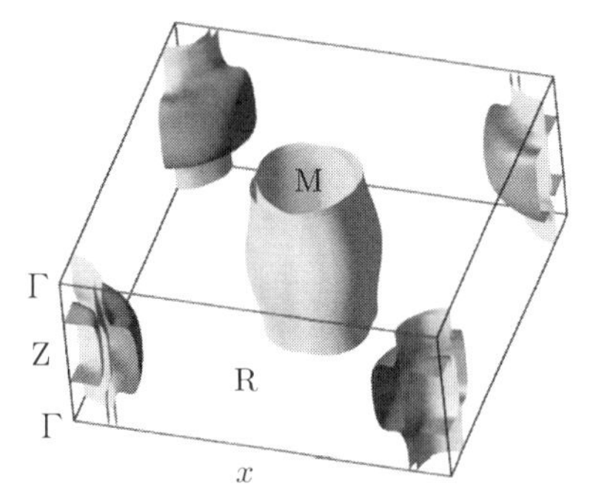

フェルミ面の形状
(BZ of the tetragonal cell:2 Fe 原子 in an FeAs plane)

図 6-17　LaFeAsO に対するバンド計算の結果[67]．左図が電子状態密度を示し，右図がフェルミ面の形状を示す．

とっている．T^* は，いわゆるネマティック異常(nematic anomaly)が crossover 的に現れる温度を指しているが，これについては後で戻ることにする．なお，$Ba_{1-x}K_xFe_2As_2$ は反強磁性体の $BaFe_2As_2$ の FeAs 層に正孔をドープした系であるが，それについても後に触れる．

もう一つの準備として，LaFeAsO に対するバンド計算の結果(**図 6-17**)を見てみる[67]．それによれば，LaFeAsO の高温正方晶のユニットセルの逆格子空間内で，($\boldsymbol{Q}=(0,0,0)$ (Γ 点)の周りに 2 枚，正孔の二次元的フェルミ面が，$\boldsymbol{Q}=(1/2, 1/2, 0)$ (M 点)の周りに 2 枚，電子の二次元的フェルミ面がある(そのほかに Z 点周りに重い有効質量を持った電子の三次元的ホールポケットもある)．このうち最も面内電気伝導に寄与するのは，M 点周りの軽い電子フェルミ面である．これら，電子，正孔の数は LaFeAsO の Fe あたりそれぞれ 0.13 とされるので，F 置換量 x の変化で正孔が埋まっていくことによる変化の考慮も重要になる．いずれにせよ，大まかに見れば，M 点周りの正孔と Γ 点周りの電子が主な物性とその x 依存性を決めているのが鉄系の特徴である．

スピン揺らぎの媒介によるクーパー対の形成は，この超伝導が発見された直後に二つのグループから提出され[68, 69]，$S_{\pm}$ の対称性を持つ超伝導が実現して

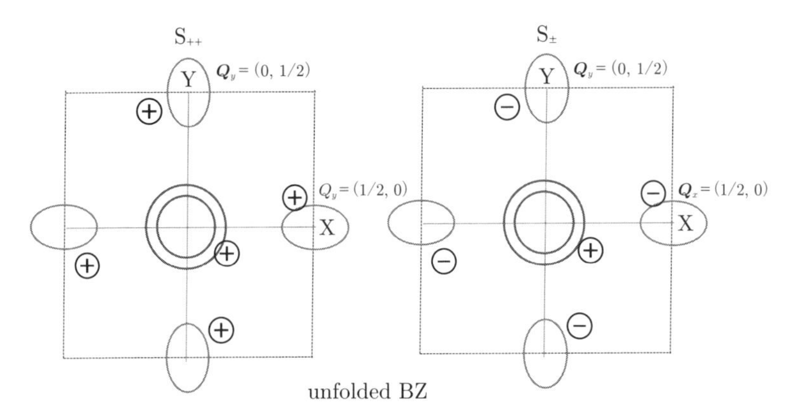

図 6-18　符号反転を持つ $S_\pm$ 対称のオーダーパラメーター Δ を，反転を持たない S_{++} 対称の Δ とともに示した(図では，一枚の FeAs 層に 1 個のみの Fe 原子を含むユニットセルに対応する，いわゆる畳みこみのない(unfolded)ブリルアンゾーンを用いているので，X 点が，Fe 原子 2 個を含む正方晶のユニットセルに対するブリルアンゾーンの M 点に当たる，すなわち，ここでの Δ_X, Δ_Y は本書では Δ_M と書かれていることに注意).

いるとされた．$S_\pm$ の対称性は，正方晶ユニットセルに対する二次元逆格子空間内の M 点(1/2, 1/2)周りと Γ 点(0, 0)周りにある，切り離された二次元フェルミ面上の超伝導オーダーパラメーター Δ(それぞれ，Δ_M, Δ_Γ)の符号が反転しているものあり，面内での方向依存性については符号変化もノード($\Delta=0$ となる点)もない．その様子を，**図 6-18** に符号反転のない S_{++} の対称性とともに示した(ただし，この図にかぎり，1 枚の FeAs 層に Fe 1 個のみが含まれるユニットセル(格子定数 $a_0=a/\sqrt{2}$)に対応した折り畳みのないブリルアン域(unfolded Brillouin Zone (BZ))を用いているので，X 点 $\boldsymbol{Q}_X$ が，通常のユニットセルの M 点 $\boldsymbol{Q}=(1/2, 1/2)$ に当たっている).

$S_\pm$ の超伝導電子対(クーパー対)を作り出す相互作用は，Γ 点周りと M 点(図 6-18 では，X 点，Y 点)周りにあるフェルミ面間を繋ぐ二次元ベクトル $\boldsymbol{Q}\sim(1/2, 1/2)$ の磁気励起とされている(なお，S_{++} の対称性は，縮退した軌道の揺らぎ，すなわちそれらの軌道の電子占有数の揺らぎ(単に軌道揺らぎと呼ぶ)が引き起こす超伝導で実現すると言われるが，これについては後述する．

鉄系の超伝導が磁気的相互作用で発現する場合，これまでの研究で極めて身近になった銅酸化物系の場合と類似しているという意味では，従来型の(conventional な)超伝導と言えなくもないが，そこに磁気的機構以外の新たな要素が見え隠れして新しい観点がもたらされる可能性があるので，それも念頭にしてこの系の具体的物性を眺めてみる．

図 6-19 に，$LaFe_{1-y}Co_yAsO_{0.89}F_{0.11}$，$NdFe_{1-y}M_yAsO_{0.89}F_{0.11}$ (M＝Co & Ru)の抵抗 ρ の温度依存性[70, 71]を例として示し，**図 6-20**(a)に $LaFe_{1-y}Co_y$

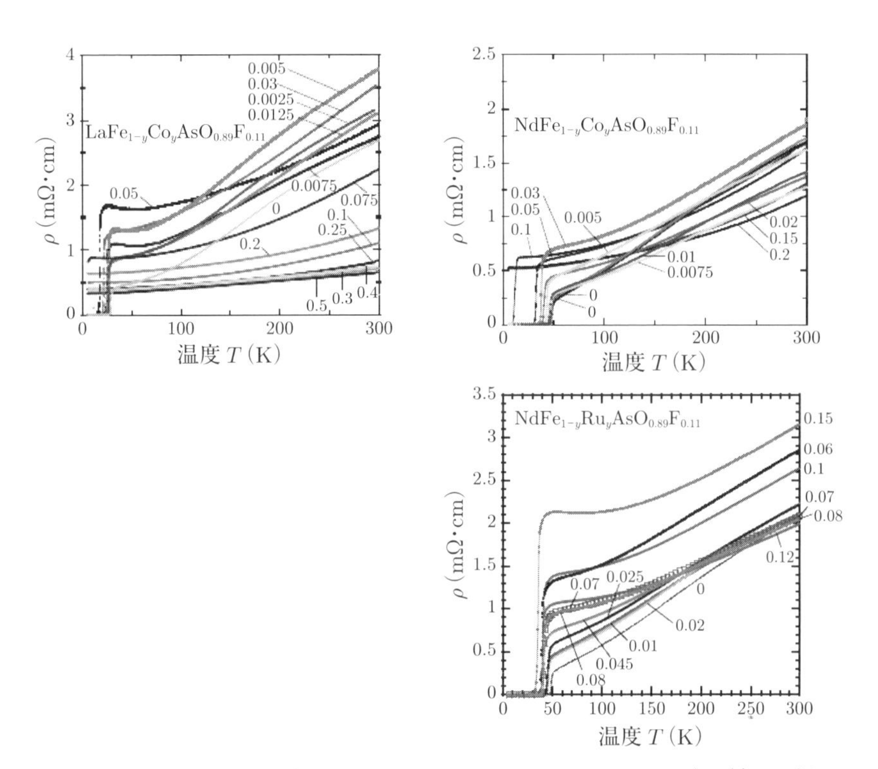

図 6-19 $LnFe_{1-y}M_yAsO_{0.89}F_{0.11}$ (Ln＝La or Nd；OM＝Co or Ru)に対して調べた電気抵抗 ρ の温度依存性をいくつかの y に対して測定した結果を例示した．ここでは，M 原子を T_c が最大となる F 濃度に固定して，y 依存性を調べている[70, 71]．

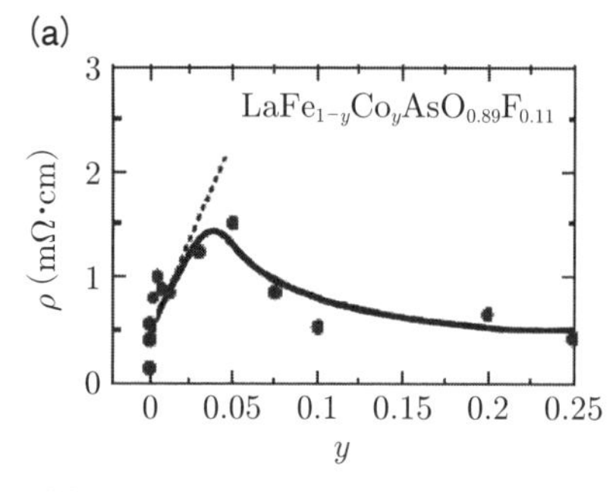

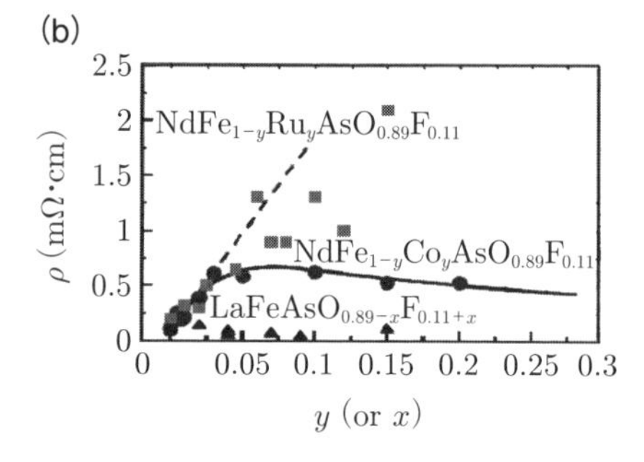

図 6-20 $LnFe_{1-y}M_yAsO_{0.89}F_{0.11}$ (Ln＝La or Nd;OM＝Co or Ru) や $LaFeAsO_{0.89-x}F_{0.11+x}$ に対して調べた残留抵抗 ρ の y もしくは x 依存性を，いくつかの系で示した[70,71]．図中の破線は，ドープ初めの $d\rho/dy$ を示したもの．

$AsO_{0.89}F_{0.11}$ の残留抵抗の y 依存性[70]を，図 6-20(b)には，$NdFe_{1-y}M_yAsO_{0.89}F_{0.11}$ (M＝Co & Ru)の残留抵抗の y 依存性および $LaFeAsO_{0.89-x}F_{0.11+x}$ の残留抵抗の x 依存性を示した(どの系も $y=0$ や $x=0$ で T_c が最大となるように選んだ表式を用いている)．**図 6-21** は，それまでに筆者らのグループが行ったこの種の研究結果を，$LaFe_{1-y}M_yAsO_{0.89-x}F_{0.11+x}$ (M＝Co, Ni & Ru)と表記してまとめあげ，その T_c を，母相である LaFeAsO の FeAs 層にドープされた電子キャリア数を念頭にプロットした．そこでは，Ni, Co および F に関しては，それぞれが 1 個当たり 2, 1, 1 個の電子をドープして FeAs 層のキャリアの数を変えるものとした．一方，Fe と価電子配列が同型(isoelectronic)の Ru のドープでは電子がドープされないので，横軸を $y+0.11$ としてプロットし，単に不純物散乱の影響のみが見えるようにした．このとき暗に，変形しないバンド(rigid band)を念頭に，電子ドープはバンドの充填率のみを変えるものとしている．もし，ドープされた電子が不純物サイトに磁気モーメントを持って局在してしまえば，T_c に対する影響についての考え方も変わる．実験的に rigid band の描像が成立しているように見えることは，電子比熱係数 γ_{el} の測定を主にした実験で，M＝Co および Ni に対して示されていた[72]が，出田らは $BaFe_{2-x}M_xAs_2$ に対して ARPES 実験で，

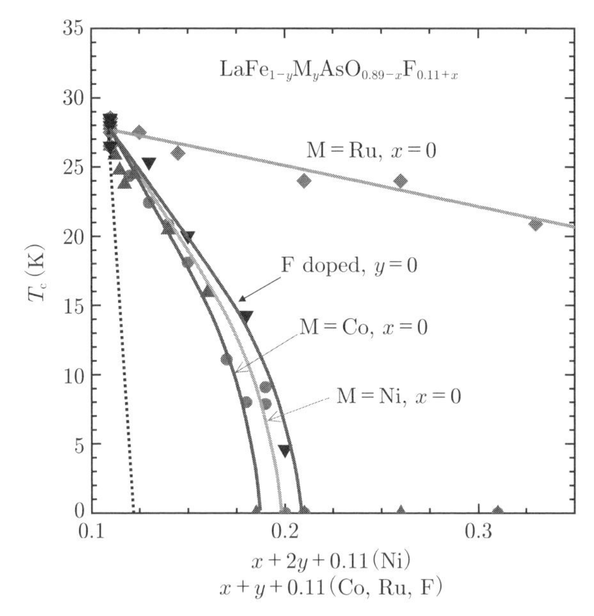

図 6-21　いくつかの系の T_c を，母物質である LaFeAsO にドープされた伝導電子数に対して示した．そこでは，Ni，Co，F のドープによってバンドの形が変わらないという単純な描像(rigid band 描像)を使い，伝導電子数の変化は，不純物原子 1 個あたり，それぞれ，2，1，1 とした．ただ，伝導電子を持ち込まない Ru の場合には横軸を $y+0.11$ としてドープの効果が見えるようにした[70-72]．点線は，$S_{\pm}$ 対称の超伝導オーダーパラメーターに対して，残留抵抗値から見積もった T_c の下降速度を示す(見かけ上の残留抵抗は単結晶に見られる内的な値に比べ 4 倍程度大きくなっているとして補正してある)．

フェルミ面の体積を測定して特に M＝Co についてこれを確認している[73](M＝Ni については，それからのずれも見えている)．

これらのデータをもとに，不純物サイトに局在モーメントをもたらさない rigid band 描像を基本にした考察で，不純物のドーピングのもたらす T_c の下降がどんな機構によるのか，ひいては，超伝導の対称性やその発現機構について，どのような情報をもたらされるのかについて，以下のような議論と指摘が文献[70]を中心になされた(なお，M＝Mn のように rigid band 描像からずれるケースについてはあとにまわす).

（1） FeAs面にドープされる不純物がCoおよびNiの場合には，そのドーピングの初めに残留抵抗が増大し，さらにドープ量を増やすと減少し始める．電気伝導に主に寄与するのは，M点周りのフェルミ面上にある有効質量の小さい電子で，それが不純物散乱を受けるので初めは増大するが，ドープ量が増えるとΓ点周りのホールのフェルミポケットが消えていくと同時にM点周りの電子キャリア数が増えることや，系が磁気的に活性でなくなったりするので，残留抵抗も減少するし抵抗の温度依存性も変わる．M＝Ruでは，ドープ量の増大とともに不純物散乱は増えるがキャリア数には変化がないので，残留抵抗のドープ量依存性もCoおよびNiの場合とは異なってくる．

（2） 一方，OサイトへされるFドープの場合には，伝導層にランダムネスが導入されないので，ドープ量xが増大しても，不純物散乱の抵抗への影響がなく，単に電子キャリア数の増大の影響だけで残留抵抗がxとともに急速に減少する(図6-20).

（3）しかし，図6-21は，Co，NiおよびFドープの系に見られたT_cが，不純物による散乱の有無にかかわらず母物質にドープされた電子数(n)だけで表される共通の関数となっていることを示している．また，超伝導が見られなくなるのが，Γ点周りのホールのフェルミ面がなくなるときであることを強く示唆もする．電子数変化がないRuドープ系では，T_cのドープ量依存性が際立って小さいこともこれを支持する(むろん，観測されたような小さなT_cの変化は電子数変化がなくても他の物理量の変化によって起こりうる[74]).

このように，T_cが散乱によって影響されないのはどんな場合で，影響を受けるのはどんな場合か？　ここで思い出してもらいたいのは，クーパー対の破壊に関する式，(2.7)式が適用されるケースが二つあったことである．そのうちの一つは，スピン一重項のクーパー対が磁性不純物によってスピンフリップ散乱を受ける場合であり，もう一つは，銅酸化物のd波，もしくは鉄系に提案されている$S_\pm$に見られるような，フェルミ面上で符号の異なる二つのオーダーパラメーターΔの住み分けがある場合で，そこでは，非磁性不純物による散乱によってもT_cが下降する．一方，そのどちらでもない場合は，いわゆるアンダーソンの定理が成立して，不純物散乱の T_c への影響はない．このことを思い起こせば，ここで紹介した結果は，$S_\pm$ ではなく S_{++} 対象を強く示していると考えることができる．

それでは，実験データは定量的にも，$S_\pm$ 対称を否定しているのであろうか．それを知るために，非磁性不純物によるポテンシャル散乱が，符号変化のある Δ を持つ超伝導の T_c への影響を簡単に見積もってみよう．ここでは，Δ がフェルミ面上で符号を変えているとして(2.7)式を適用してみる(5-2-5 参照)．低温域の残留抵抗値の不純物ドープによる増加分から不純物による電子散乱時間 τ を見積もって，対破壊パラメーター(pair breaking parameter) $\alpha \equiv \hbar/(2\pi k_B T_{c0}\tau)$ を計算する(これに関しては文献[70]に特に詳しい)．このとき，アンダーソン局在によって生じる抵抗増大は，別の問題と考えて，T_c 下降の起源には含めない)．その結果は，図 6-21 の点線のようになる．ここでは，文献[67]のバンド計算結果と矛盾のないパラメーターを用い，さらに，焼結した多結晶を使っていることを考慮して，残留抵抗が実測のものの 1/4 として見積もっている．この因子の不確定さが破線の傾きにずれをもたらす可能性はあるが，それでも観測した $|dT_c/dy|$ との差が大きく，実験で観測された T_c の下降を，符号変化のある Δ を持った超伝導に対する対破壊効果と見なすのは容易でない．ちなみに，$LaFe_{1-y}Co_yAsO_{0.89}F_{0.11}$ に対して見積もられた dT_c/dy は，-60 K/% で，実測値は -2.5 K/% と大きく異なり，$LaFe_{1-x}Ru_xAsO_{0.89}F_{0.11}$ では実測値がさらに小さい．$NdFe_{1-y}Co_yAsO_{0.89}F_{0.11}$ と，$NdFe_{1-y}Ru_yAsO_{0.89}F_{0.11}$ についてもほぼ同様の結果が得られている[70,71]．

単結晶に対するデータはどうか．$Ba(Fe_{1-x}Co_x)_2As_2$ への陽子線照射による残留抵抗の増加をみて，$S_\pm$ 対称の Δ を持つ超伝導体の T_c 降下速度を見積もった場合でも，観測された値よりはるかに大きいことが判明している[75,76]．なお，この非磁性不純物散乱による T_c の下降速度の結果は，そののち，理論側からも取り上げられ[77]，上記の議論を支持する結果が報告されている．

もう一方で，LnFeAsO の電子伝導を担わない LnO 面の O→H 置換を行った $LnFeAsO_{1-x}H_x$ も Ln＝La，Ce，Sm，Gd に対して $0<x<0.5$ の領域で作成された[61]．この場合には，$LaFeAsO_{0.89-x}F_{0.11+x}$ の場合と同様，非磁性不

純物による伝導電子散乱がない．観測されたT_cのx依存性は，$LnFeAsO_{1-x}H_x$に対して図6-15に示されている．$LaFe_{1-y}M_yAsO_{0.89}F_{0.11}$や$LaFeAsO_{0.89-x}F_{0.11+x}$ではドープされた電子数$n$が，それぞれ，$n=y+0.11\leqq 0.2$や$n=x+0.11\leqq 0.2$にしか現れなかった超伝導が，$LnFeAsO_{1-x}H_x$では$x=n\sim 0.2$あたりでいったん消失するようだが，さらに$n$を大きくすると，$T_c$-$n$曲線にもう一山現れる(図6-15)．また，Laよりイオン半径の小さなランタニド元素Lnでは，その二つの山が合体して幅広い山になるし，$LnFeAsO_{1-x}H_x$でも，高圧下では二つの山が合体した一つの山になる．

これは，Γ点周りの正孔バンドが埋まってしまうと超伝導が消えるという上記のFeサイト置換やO→F置換の場合と一見相反するように見えるが，そうではなく，実はO→Hの置換の場合には，単純なrigid band描像が適用できないからと言われる．文献[61]の著者らはLaではFeAs四面体の歪みが大きいときに，xz，yzとxy軌道間のエネルギー分裂が大きいが，その分裂がなくなるとT_c-x曲線が単一ドーム型になるとし，山川ら[78]はHの濃度の増加とともに，スピン揺らぎと軌道揺らぎの双方が増強され，xの小さいところでS_{++}だったものが，xの増大に伴って$S_{\pm}$へとクロスオーバーもあり得ること，さらに鈴木ら[79]は，xの大きい領域では別のスピン揺らぎを考えたうえで$S_{\pm}$が実現する，といった議論を展開している．

これらのことに関しては，超伝導電子対形成における関与が言われるスピン揺らぎや軌道揺らぎについて紹介する際にあらためて記述する(ただ，誤解を避けるためにつけくわえると，スピン揺らぎや軌道揺らぎは，超伝導発現において協奏しているともいわれ，一方がもう一方を抑えていると考えることが必ずしも適当かどうかはわからない)．

これまでは，母物質の電子伝導面に電子キャリアをドープしたときの現象を眺めてきたが，次は正孔ドープを試みた場合の結果について見てみる．$Ba_{1-x}K_xFe_2As_2$に対しては文献[80]，$Ba(Fe_{1-x}Mn_x)_2As_2$に対しては，文献[81]，さらに$Ba(Fe_{1-x}Cr_x)_2As_2$に対しては文献[82, 83]等の結果があるが，**図6-22**には$Ba(Fe_{1-x}Cr_x)_2As_2$の結果を示した．$Ba_{1-x}K_xFe_2As_2$では

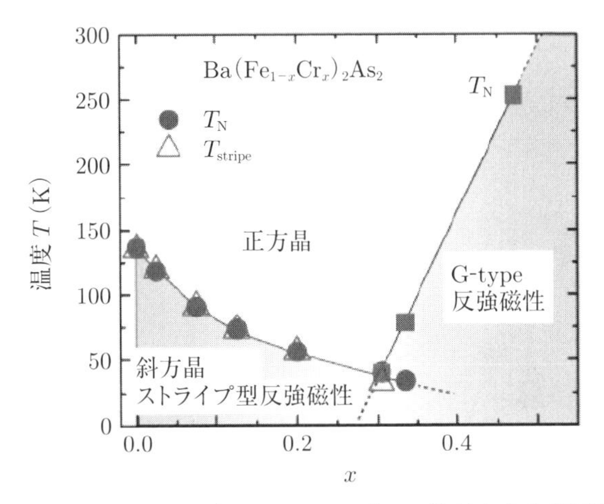

図 6-22　$Ba(Fe_{1-x}Cr_x)_2As_2$ のドーピング効果を表す相図[82].

超伝導が現れるが，電子と正孔の対称性は見られない．$Ba(Fe_{1-x}Mn_x)_2As_2$ や $Ba(Fe_{1-x}Cr_x)_2As_2$ では，Mn や Cr のドープによって磁気秩序が消えず抵抗も減少しない．その意味では，Co や Ni による電子ドーピングの場合とは大きく異なる．

一方，超伝導相にある $LaFeAsO_{0.89}F_{0.11}$ (Ln＝La, Nd) に Mn をドープした $LaFe_{1-y}Mn_yAsO_{0.89}F_{0.11}$ に見られる，Mn ドーピングの効果も注意を引く[70]．低温での抵抗 ρ が，電子ドープの場合に比べて Mn 濃度 y に対して急速に増加し，T_c も下降するが，符号反転のある Δ を持つ超伝導に期待される対破壊効果による T_c 下降の速度よりは小さそうである．Fe→Mn の置換では，Mn に局在モーメントが存在するので，それによる対破壊が T_c を下降させるとする提案[84]もあるが，ここでは，シンら (S. J. Singh *et al.*) の $SmFe_{1-y}M_yAsO_{0.88}F_{0.12}$ (M＝Mn, Ni) の結果[85] (**図 6-23**) にも注目したい．この結果は，文献[70]ですでに見たのと同様に，Mn ドープでは T_c 直上の ρ が急速に上昇するが，Ni ドープではその ρ が大きくは変化せず，T_c のみが Mn ドープの際と同様に変わる．これは，Ni ドープの場合，電子が FeAs 面に供給されてホールのフェルミ面を埋める[86]効果で抵抗が増大しないが，一方

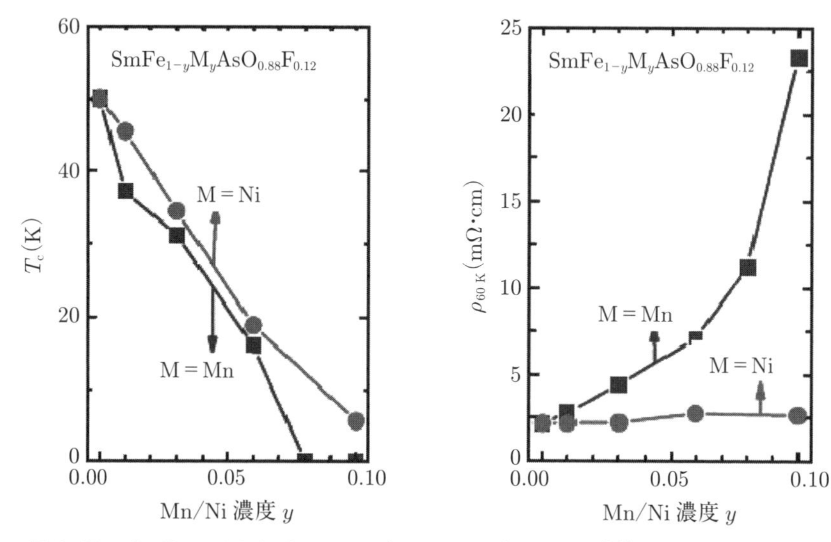

図 6-23　$SmFe_{1-y}M_yAsO_{0.88}F_{0.12}$ (M=Mn, Ni)の T_c-y 曲線および T=60 K での抵抗 ρ の y 依存性[85].

の Mn ドープでは，$Ba(Fe_{1-x}Mn_x)_2As_2$ の場合に示されたように，Mn が局在モーメントを持って，フェルミ面を変えず[87]に，何らかの大きな変化を生み出すからと思われる．抵抗変化の微視的機構が何であれ，二次元系でのシート抵抗 $R_{\square}$(1 cm×1 cm の 1 枚膜の抵抗)が "$h/4e^2$~6.45 kΩ を超えると超伝導が消失する" という，よく知られた電子局在効果に関する現象と符合する．この議論は，第5章の文献[110]以来，やはり第5章の文献[112-114]をも取り上げながらしばしば強調されたもので，本章の文献[70]にも詳しく記述された．もちろん，Mn の磁気モーメントによる対破壊効果も存在していることを否定するわけではない．

なお，Ln 元素のうちでも特にイオン半径の大きな La が含まれる $LaFeAsO_{1-x}F_x$ への Mn ドープでは，かなり特殊な事情が働いているようなので，興味のある者は文献[88]を参考にされたい．

6-2-2 鉄系超伝導体の微視的物性

ここからは，微視的実験の結果をながめていくことにする．特に超伝導の発現機構に注目すれば，スピン揺らぎか軌道揺らぎか(もしくはこれに対応して，オーダーパラメーター Δ が $S_{\pm}$ 対称か S_{++} 対称か)，さらには，2種類の揺らぎの協奏のために，二つの対称性の双方がある条件のもとに見られるか等に興味がわく．そのことを理解するために，NMRや中性子非弾性散乱実験の結果を中心にして眺める．

NMRナイトシフトの温度変化は，超伝導状態でスピン磁化率が消えていくことを当初から明確に示した[89, 90]ので，スピン一重項のクーパー対形成が生じるs波，もしくはd波であることがまずわかった．さらに，Δ がノードを持たないこともBa122系ですぐに明らかにされた[91]．

核スピン縦緩和率 $1/T_1T$ の結果はどうか？　初めに，$LaFeAsO_{1-x}F_x$ および $Ba(Fe_{1-x}Co_x)_2As_2$ の $1/T_1T$ の x 依存性の全体像を見るために，**図6-24**(a)と(b)にそれぞれの系の $1/T_1T$-T の温度依存性をいくつかの x 値に対して示した[92, 93]．この図からも，電子ドープ量が増加するに従って磁性の活性さが弱まることがよくわかる．**図6-25**(a)には，$LaFeAsO_{0.89}F_{0.11}$ と，$LaFe_{1-y}Co_yAsO_{0.89}F_{0.11}$ ($y=0.0075$) に対する $1/T_1$ の温度依存性を示し，図6-25(b)には，いくつかのグループの $1/T_1$ のデータをそれぞれの T_c での値でスケールしてまとめて示した[94](なお，図中のデータには，文献[95-100]のデータも含まれている)．これらは初期に測定されたものが多いが，その後もほぼ同様のデータが得られている．

これらの図を眺めてわかることの第一は，T_c 直下にいわゆるヘーベル-シュリヒター型のコヒーレンスピークが見られないことである．今，$1/T_1T$ の振る舞いを決めるのが，核スピンと準粒子の相互作用で生じる($p_1 \rightarrow p_2$)の準粒子スピン反転散乱で，それが大きいのは，第5章の(5.14)式から $\chi''(\boldsymbol{Q}, \omega_0)$ が大きいところ，ここでは，散乱ベクトル $\boldsymbol{Q}(=\boldsymbol{p}_1-\boldsymbol{p}_2)$ が逆格子空間内の Γ とM周りのフェルミ面を結ぶ $\boldsymbol{Q}_M=(1/2, 1/2)$ 近くのときであるから，それに対応したコヒーレンス因子の影響が主に効いてくるはずである．単純に第2章の

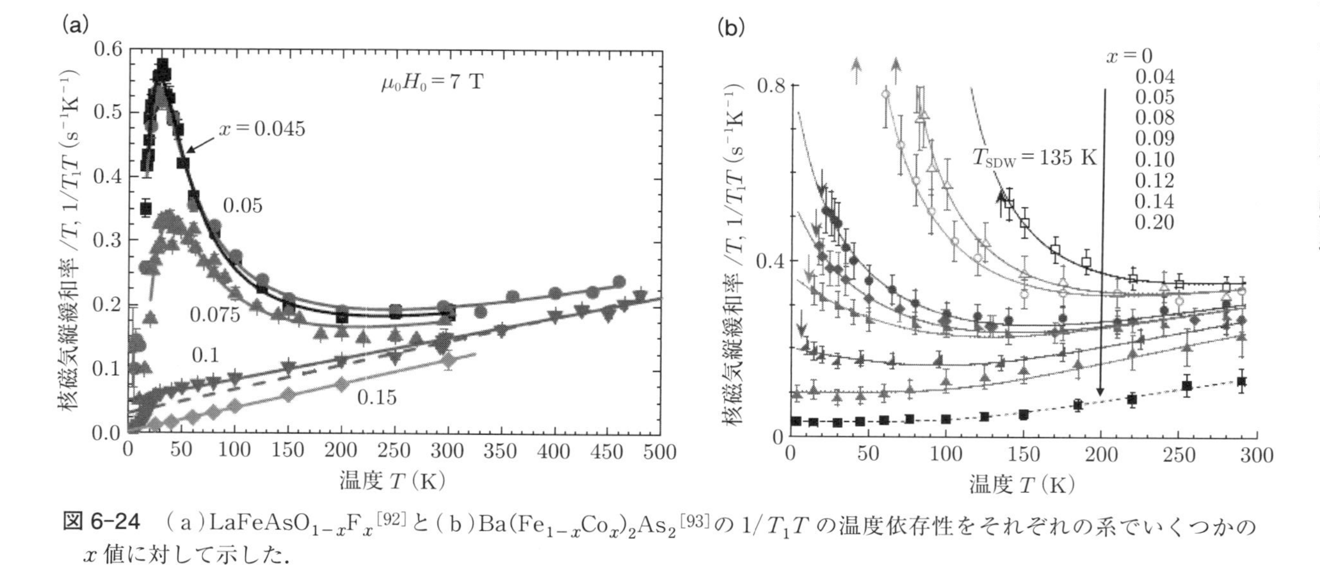

図 6-24　(a) $LaFeAsO_{1-x}F_x$[92]と(b) $Ba(Fe_{1-x}Co_x)_2As_2$[93]の $1/T_1T$ の温度依存性をそれぞれの系でいくつかの x 値に対して示した.

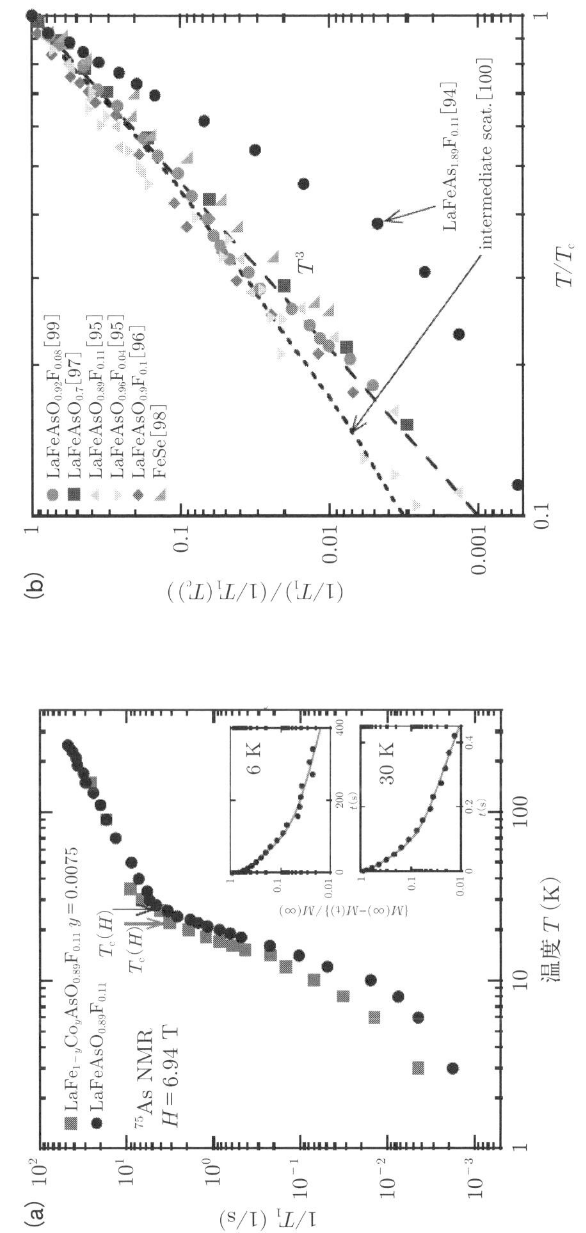

図 6-25　(a)小林らが $LnFe_{1-y}Co_yAsO_{0.89}F_{0.11}$ ($y=0.0$, 0.0075) に対して測定した $1/T_1T$ の温度依存性[94]．(b)いくつかのグループの $1/T_1$ のデータをそれぞれの T_c での値でスケールした形にまとめたもの．図内の引用データについては文献[94-100]を参照されたい．

(2.6a)式から考えると，Δ_Γ と Δ_M の符号が同一か異なるかが，ピークが現れるかどうかを決めることになる，すなわち，$\Delta_\Gamma\Delta_M<0$ ($S_\pm$ symmetry) ならピークが現れず，$\Delta_\Gamma\Delta_M>0$ (S_{++} 対称) ならピークが現れるとすると，実験結果は$\Delta_\Gamma\Delta_M<0$ ($S_\pm$ 対称) で，超伝導を発現させる相互作用に磁気励起(スピン揺らぎ)が重要なことを示している．しかし，それほど単純でもないので，それについては，「軌道の揺らぎが引き起こす超伝導ではないか」という別の提案との関連でのちに議論する．

NMR $1/T_1$ のデータからもう一つ気が付くことは，$(1/T_1)/(1/T_1(T_c))$ の温度変化を見ると，T_c 直下での減少速度が，試料によって大きく異なることである．これを $1/T_1\propto T^\alpha$ と ($0.3<T/T_c<1.0$ で) 便宜的に表すと小林らのデータ[90, 101]からは $\alpha\sim5.5$-6 が得られ，$\alpha\sim3$ となる他のグループの結果との差異が，当初，際立っていた．$\alpha\sim3$ の振る舞いに対しては，異なったフェルミ面上での Δ 値の違い，もしくは，Δ の異方性を考慮して説明するものと，$S_\pm$ 対称の Δ に対する不純物の影響で，超伝導ギャップ内に電子レベルが誘起されたとする立場からの説明があるが，いずれも $S_\pm$ を仮定したものである．

α の違いがなぜ現れるかをすぐに解明することは当初容易ではなかった．しかし，小林らのデータ同様，α の大きな値は，Ba122 を含め，いくつかの例が他のグループからも報告されている[102, 103]．なお，O→H の試料に対する $1/T_1T$ の T_c 近傍での振る舞いにも，上記の $LaFeAsO_{1-x}F_x$ に見られたものと際立った差異があるようには見えない[104]．

さて，$1/T_1T$-T 曲線にヘーベル-シュリヒター型のコヒーレンスピークが現れていないことで，超伝導の対称性が $S_\pm$ に限定されるかどうかに答えるため二つのことを考える．一つは，スピンや軌道の揺らぎがあるときの準粒子の寿命 τ の T_c 上下での変化(もしくはエネルギー幅の広がり $\hbar/\tau$ の変化)の影響で，もう一つは，$T<T_c$ での準粒子数の減少とそれによるスピン磁化率増強効果の急激な減少である[101, 105, 106]．実際の系での準粒子エネルギー幅 $\hbar/\tau$ として，Y123 系銅酸化物に対して観測したボンら(D. A. Bonn *et al.*)の表式(第5章の文献[30])があるので，それにならって $LaFeAsO_{1-x}F_x$ の準粒子のエネルギー幅 $\hbar/\tau(\equiv\Gamma)$ に $\Gamma(T)=\Gamma(T_c)\cdot\exp[-a(1-T/T_c)]$ の形を導入し，

ボンらの値より控えめなパラメーター，$a \sim 5$，$\Gamma(T_c) = 3k_B T_c$ を使い，よく知られたダインズら(R. C. Dynes *et al.*)の式[107]

$$N_S(\varepsilon) = N_N(\varepsilon) \times \mathrm{Re}\left[\frac{\varepsilon - i\Gamma(T)}{[\{\varepsilon - i\Gamma(T)]\}^2 - \Delta(T)^2]}\right] \tag{6.1}$$

から，超伝導状態での準粒子状態密度 $N_S(\varepsilon)$ を求めて，NMR $1/T_1$ を計算する(なお，N_N は常伝導状態での電子状態密度である)．ここでは通常の等方的な超伝導ギャップに対してコヒーレンスピークがどうなるかを見るのが目的なので，$\Delta(T)$ をフェルミ面上で一定とする．さらに，$1/T_1$ に主に寄与する $\boldsymbol{Q}$ 領域(Q_M 近傍)で，磁化率増強因子 $1/(1-\alpha_m(\boldsymbol{Q}))$ の平均値が $T \sim T_c$ で，たとえば，~2.5 とすると，**図 6-26** の太い実線で示したものが得られる[105, 106]．もちろん，これは大まかな試算であるが，$x=0.11$ に対して観測されたコヒーレンスピークを持たないデータをよく再現する．同じ図に，$x=0.15$ の試料のデータとともに，A15 型化合物として知られる V_3Si のデータ[108]も示したが，磁気的な相互作用が超伝導の発現に役割を持っているとは思えないこの系でも

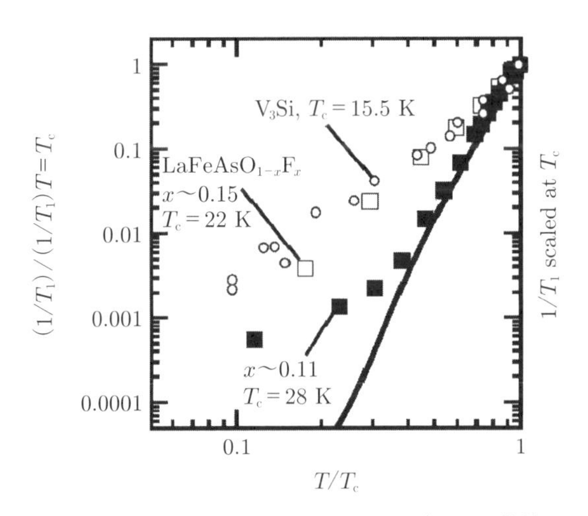

図 6-26　準粒子のエネルギー幅が与える，NMR $1/T_1$-T 曲線のコヒーレンスピークへの影響に関する試算の結果[106]．詳細はテキスト参照．A15 型超伝導体に見られた同様の曲線[108]も示した．

コヒーレンスピークが現れないことは，準粒子のエネルギー幅の大きい(揺らぎの大きな)系に対して，単にそのピークの有無のみで対称性を判断することには十分な注意が必要であることを示す．後述するが，イノゾフら(D. S. Inosov *et al.*)が中性子磁気非弾性散乱実験で得たBa122(T_c〜25 K)単結晶の結果[109]も$\Gamma(T_c)$が大きいためにT_1の振る舞いが大きな影響を受けている可能性がある．

次に，中性子散乱の結果についての紹介に移る．散乱ベクトル$\boldsymbol{Q}$，励起エネルギーωの磁気励起スペクトル強度$\chi''(\boldsymbol{Q},\omega)$は，第5章，5-2の(5.8a)式と(5.8b)式によって決定づけられるが，超伝導相では，第2章，(2.6c)式で表されるコヒーレンス因子

$$[1-(\varepsilon_{p1}\varepsilon_{p2}+\Delta_{p1}\Delta_{p2})/E_{p1}E_{p2}]/2$$

がそこに入り込むことになる．これは，準粒子形成を伴う散乱，すなわちクーパー対破壊を伴う場合のもので，電子の波数ベクトル$\boldsymbol{p}_1$と$\boldsymbol{p}_2$が位置するそれぞれのフェルミ面でのオーダーパラメーターの積$\Delta_{p1}\Delta_{p2}$の符号によってT_c以下での温度依存性が異なる．銅酸化物ではその影響でいわゆる共鳴ピークが現れ，d波の対称性の根拠となった．Fe系の磁気非弾性散乱に関するこの議論は，マイヤーとスカラピーノ(T. A. Maier and D. J. Scalapino)によってなされた[110]．これはもちろん，磁気秩序相に隣接した超伝導相で，磁気秩序相の磁気ブラッグ点に当たる$\boldsymbol{Q}_{\mathrm{M}}$周辺での磁気励起スペクトル$\chi''(\boldsymbol{Q},\omega)$が，超伝導転移前後でどう変化するかを論じ，$\Delta_\Gamma\Delta_{\mathrm{M}}<0$ (S_{++})ならそのスペクトルにピークは出ないが，$\Delta_\Gamma\Delta_{\mathrm{M}}<0$ ($\mathrm{S}_\pm$)なら共鳴ピークが現れるとした(**図6-27**左)．このピークはΓ点とM点の周りの二つのフェルミ面のネスティングの良し悪し等に依存する事情があるにしても，$\omega=\omega_{\mathrm{p}}<|\Delta_\Gamma|+|\Delta_{\mathrm{M}}|$の位置に，鋭く現れるはずである．一方，大成ら[111,112]は，現実に生じる準粒子散乱過程の詳細を考慮して，コヒーレンス因子由来のピークとは異なった機構で磁気非弾性散乱スペクトルのピークが，$\Delta_\Gamma\Delta_{\mathrm{M}}>0$ (S_{++})の場合でも，$\omega_{\mathrm{p}}(>|\Delta_\Gamma|+|\Delta_{\mathrm{M}}|)$の位置に現れることをイノゾフらのBa122のデータ[109]に対して指摘し，$\boldsymbol{Q}\sim\boldsymbol{Q}_{\mathrm{M}}$に見られるピークが，必ずしも$\mathrm{S}_\pm$対称性を示すわけでないとした．その計算例を図6-27右[112]に示す．

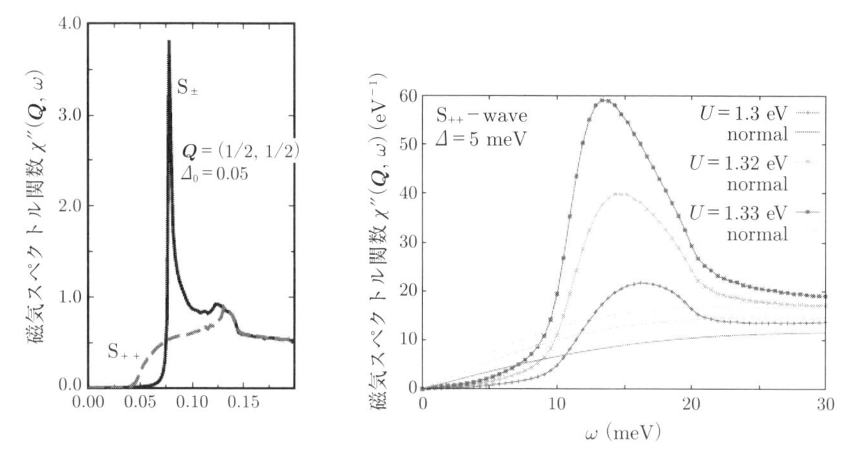

図 6-27 $S_\pm$ および S_{++} 対称の超伝導からの磁気非弾性散乱スペクトルへの影響．左図が $S_\pm$ に対応[110]，右図は，Ba122 の結果に対して S_{++} の可能性を論じた大成らの計算結果[111, 112]．U はバンド内クーロン相互作用．

磁気励起スペクトルの測定例は数多いが，なかでもいち早く報告されたのが，クリスティアンソンら(A. D. Christianson *et al.*)が $Ba_{1-x}K_xFe_2As_2$ 粉末試料($x=0.4$，$T_c=38$ K)に対して観測した散乱強度-散乱ベクトル面での強度マップである(**図 6-28**)[113]．その結果では，超伝導による χ'' の増強が最大となるエネルギー ω_p は，~ 14 meV$=4.3\,k_BT_c$ であるとした．この結果は，マイヤー＆スカラピーノと大成らのそれぞれが言う判断基準では識別がつきがたい．単結晶についてのデータの代表的なものの一つとして，$BaFe_{1.85}Co_{0.15}As_2$($T_c=25$ K)に対するイノゾフらの結果を**図 6-29** に示した[109]．このとき求められた ω_p の値は ~ 9.5 meV$=4.4\,k_BT_c$ となり，ω_p/k_BT_c の値は上記の粉末試料に対する結果とほぼ等しい．イノゾフらのレビュー論文[114]では，他の実験手法で得られた $|\Delta_1|+|\Delta_2|$ の値が $3.6\,k_BT_c$(~ 7.7 meV)であることを考えれば，$S_\pm$ に対してマイヤー＆スカラピーノの言う $\omega_p<|\Delta_1|+|\Delta_2|$ を必ずしも満たしていない．また，後述するように，$Ca_{10}Pt_4As_8(Fe_{1-x}Pt_xAs)_{10}$[115] や $Ca_{10}Pt_3As_8(Fe_{1-x}Pt_xAs)_{10}$[116] に対しては，$\chi''(\boldsymbol{Q},\omega)$ の測定から，それぞ

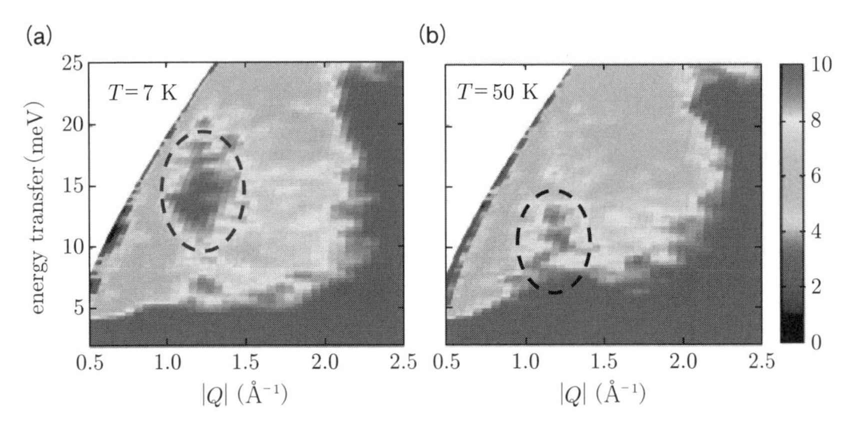

図 6-28　$Ba_{1-x}K_xFe_2As_2$(x=0.4，T_c=38 K)粉末試料に対してクリスティアンソンらが観測した散乱強度-散乱ベクトル平面での強度マップ[113]．常伝導相(50 K)で，(b)の破線内のエネルギー域に見られていた散乱強度が，超伝導相(7 K)で弱くなり，もっと高いエネルギー域((a)の破線内)に移動している(カラー図は文献[113]を参照のこと)．これが，文献[110]や[111, 112]とともに議論すべきものである．

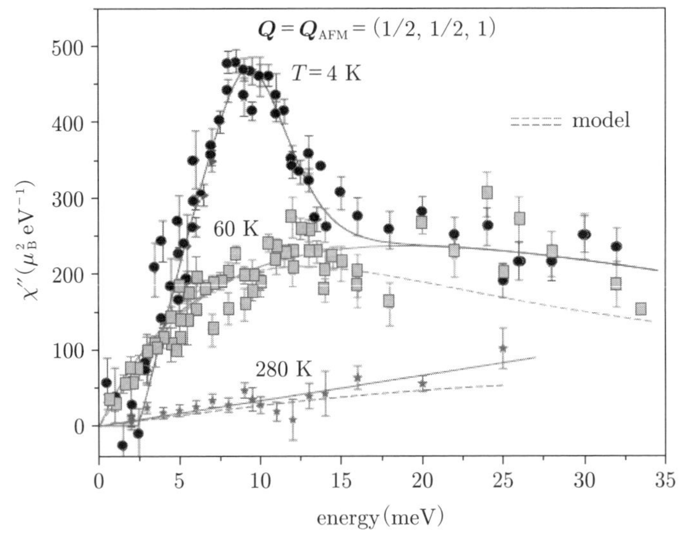

図 6-29　$BaFe_{1.85}Co_{0.15}As_2$ 単結晶(T_c=25 K)に見られた磁気励起スペクトルの T=4 K，60 K および 280 K のデータの比較．破線はモデル計算結果(詳細は文献[109]参照)．

れ，$\omega_p \sim 6.3\,k_B T_c$ と $6.2\,k_B T_c$ が得られており，この場合も，$\omega_p < |\Delta_1| + |\Delta_2|$ を満たすと考えるには大きすぎる．

Ba122 の中性子散乱実験結果に対する上記の指摘[111, 112]だけでなく，ミリ波領域の表面インピーダンス測定の結果[117]からの大きな $\Gamma(T_c)$ 値も NMR コヒーレンスピークが消失する条件を満たしていることを示唆する．確かに中性子磁気非弾性散乱の実験データも数多いが，$|\Delta_\Gamma| + |\Delta_M|$ と ω_p の大小関係からだけで対称性を判断するのにはリスクが伴う．異なったいくつかのフェルミ面上で，Δ を正確に決定することが必ずしも容易ではないからである．

最近の進展が著しい ARPES 実験では，Δ_Γ や Δ_M といったフェルミ面上の超伝導オーダーパラメーター(Δ)をある精度で決めることができるが，相対位相(符号の関係)を決めることはできない．同様に著しい発展が進む STM/STS では，準粒子の干渉パターンからそれを観察できると言われているが，その結果については文献を参照して考慮してもらいたい(たとえば，文献[118, 119])．

ここで，超伝導の軌道揺らぎ機構について短く記述する．再度断っておくが，基本的には正方晶か斜方晶の構造を持った鉄系で考える軌道揺らぎとは，$3d_{xz}$，$3d_{yz}$ 軌道の電子占有数の揺らぎのことを指す．Γ および M 点周りのフェルミ面間のネスティングによる強いスピン揺らぎが，Δ_Γ と Δ_M の符号が反転した $S_\pm$ 対称の超伝導をもたらすとするのがスピン揺らぎ機構であるが，一方，3d 電子軌道に縮退がある Fe 系の場合，その軌道間揺らぎの影響はどんなふうになるか？　これを考えるきっかけとなったのは，非磁性不純物がもたらす，T_c への影響に関する一連の実験結果[121, 120, 70–72]であったことはすでに述べた．すなわち，Fe サイトの非磁性不純物が T_c を降下させる速度 dT_c/dy (y は不純物濃度)が，$S_\pm$ 対称に予想されるものに比べて小さいことを理由に，非磁性不純物に対してアンダーソンの定理が成立する S_{++} 対称ではないかとの指摘がそこでなされた．この可能性は，直ちに理論的にも検討され[122, 123]，さらに軌道揺らぎによる超伝導機構が提案された[124, 125, 126]．そこでは，軌道揺らぎに対して，スピン揺らぎによるアスラマゾフ-ラルキン型のバーテックス補正(**図 6-30** に示す補正)を取り入れると，軌道揺らぎが大きく増強される．これが，軌道揺らぎ機構による S_{++} の超伝導を発現させる(詳細

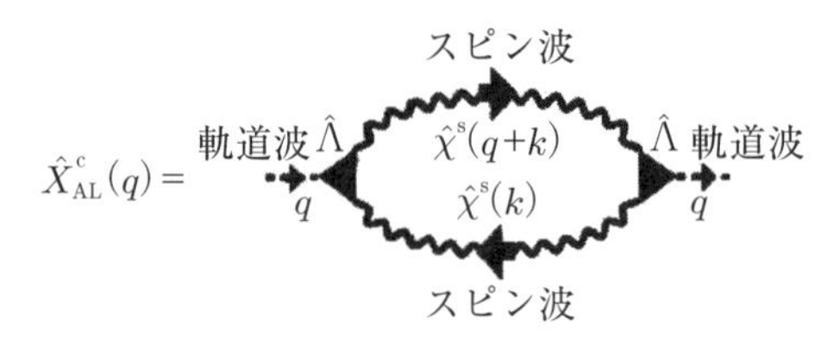

図 6-30　軌道揺らぎを増強するスピン揺らぎによるアスラマゾフ-ラルキン型のバーテックス補正．紺谷らによって指摘された[127]．S_{++} の超伝導を発現させることに関連する．

は文献[127]）とする．軌道揺らぎを議論したものには，他にも多数存在する（たとえば，文献[128, 129–133]に軌道の自由度が重要であるとの議論が展開されている）．

3d 電子の軌道の自由度の考慮は，図 6-16 の相図を記述するうえでも，大きな議論を呼び起こした．その図には，超伝導，反強磁性，構造相転移の温度（それぞれ，T_c, T_N, T_S）のほかに，もう一つの特徴的温度 T^* が加えられている（本書では，この T^* をネマティック温度と呼ぶことにする）．この温度は，巨視的には正方晶であっても，a-b 面内で電気抵抗に異方性が見られ，光電子分光に $3d_{yz}$，$3d_{zx}$ 軌道エネルギーにも分裂が見られるなど，静的な物理量におそらくは crossover 的な変化が出てくる温度である[134, 135, 64]．

注目されることは，（1）ほとんどの場合，T_N と T_S が対で現れ，$T_S = T_N + \delta$（δ は小さな正の値）の関係をみたすこと，すなわち，構造相転移が磁気秩序より高温側に現れることが何を意味するのか，および，（2）T^* の起源，とである．

このうち（1）に関しては次の二通りの解釈がある．第一は構造相転移が軌道の秩序によって生じたもので，それが結果としてストライプ型の磁気秩序を誘起するとし，もう一方は，スピン系が磁気秩序と構造相転移との双方を引き起こすが，格子系や軌道との結合の結果，$T_S > T_N$ となるとしている[136]．しかし，二つともギンツブルグ-ランダウ型の秩序パラメーター展開を使った現象論なので，どちらが真実を表しているかを知るためには，そのパラメーターの定量性が必要になる．（2）について紺谷ら[137]は，格子欠陥か不純物が，（後述のような）ソフト化した $3d_{yz}$，$3d_{zx}$ 軌道間の揺らぎをピン止めして，局所的に斜方晶相を安定化させているのではないかと指摘している．また，たとえば，試料内に不可避と思われるストレスが生じていれば，構造相転移に伴うフォノンソフト化のために，同様の局所的 4 回対称の破れが出てしまうので，結局は，構造相転移を引き起こす主たる微視的機構（すなわち，転移の際に格子振動ソフト化を第一義的に実現させている機構）が，磁気的な揺らぎか軌道の揺らぎのどちらかという問題に逆戻りしてしまう．電気抵抗等に見られる 4 回対称の破れは *a, b* 軸が入れ変わった局所的斜方晶のドメインの体積不均衡による．こうして，ザンら（Y. Zhang *et al.*）[138]が言うとおり，軌道の関わりを無視して，ネマティック相や超伝導機構を論ずることが困難となる．ほかに，スらの論文（Y. Su *et al.*）[139, 140]も参照いただきたい．

最近では，もともとバルク物質では磁気秩序を持たない FeSe 系の一枚膜系に対しての STM 実験で，$T_c > 100$ K の試料[55]および $T_c \sim 65$ K の試料[54]の超伝導機構が磁気的なものではないことを示唆する報告がなされ，さらには，同様の試料に非磁性不純物（Zn, Ag & K）を加えた系と磁性不純物（Cr, Mn）を加えた系とで，その周囲の超伝導の抑制の有無が異なることから，超伝導オーダーパラメーターに符号の変化があるようには見えないとした報告[56]もなされた．加えて，単結晶の $(Li_{0.8}Fe_{0.2})OHFeSe$（$T_c \sim 40$ K）に対する STM 実験[57]でも，Γ 点と M 点間の散乱による準粒子間干渉（Quasi Particle Interference Pattern（QPI））と呼ばれるものが見られないという，符号変化のない S_{++} オーダーパラメーターを示唆するデータが報告された．これら一連の結果は，軌道揺らぎ機構を後押ししているように見える．

この時点で，格子系の振る舞いについて付け加えておこう．まず，超音波による音速測定が，主に，$Ba(Fe_{1-x}Co_x)_2As_2$ の単結晶を使って，3 グループで実験がなされた[136, 141, 142]．**図 6-31** に，面内の ［1 0 0］方向に進む横波音響フォノンモード（TA モード）に対応する弾性定数 C_{66} の温度変化を，いくつかの試料に対して示す[141]．正方晶-斜方晶の相転移点 T_S で，この振動モードがソフトになる，すなわち，C_{66} がゼロに近づく．このとき，（1）$3d_{yz}$ と $3d_{zx}$

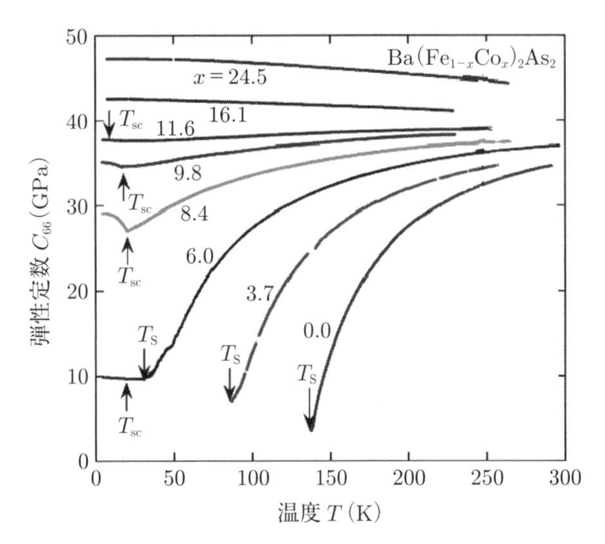

図 6-31　いくつかの x 値の Ba(Fe$_{1-x}$Co$_x$)$_2$As$_2$ 試料に対して，[100]方向の横波音響フォノンの音速測定で求めた弾性定数を温度に対してプロットした[141]（方向は正方晶の指数付けによる）．T_{sc}, T_S は，それぞれ，超伝導と構造転移温度．

軌道間の電子占有数の揺らぎ，その長距離秩序が転移の主たる機構で，磁気秩序はそれに誘起されるものと単純に考えることもできるが，もう一方では，(2)スピン系が磁気秩序と構造相転移との双方を引き起こしている，とする見方があることも上述のとおりで，実験的にはこれらを識別することが容易ではない．ただ，吉沢ら[141]や後藤ら[142]は電子四重極揺らぎ(軌道揺らぎ)を用いて結果が説明できるとして(1)の考えに近い．また，紺谷らは，フェルナンデスら(R. M. Fernandes *et al.*)がいう(2)の機構[136, 143]を使った説明が強いスピンフラストレーションを必要とすることや，スピン-格子相互作用が小さいことを考慮して，そのモデルの現実性に疑問を投げかけている．なお，超音波減衰率について言えば，音波の持つ波数ベクトルやエネルギーが，それぞれ，電子の波数ベクトルや超伝導ギャップに比べて十分小さいので，二つのフェルミ面にまたがった散乱は通常では起こらない．その理由で，Δ の符号の違いに依存するコヒーレンス因子が，通常の超伝導体以上に顔を出すことはない．

格子系の研究に欠かせないのは，もちろん，中性子非弾性散乱実験である．しかし，フォノンに関する研究は，磁気励起スペクトル $\chi''(\boldsymbol{Q}, \omega)$ の測定に比べ，数が少ない．これは，よく知られているとおり，電子–格子相互作用が実験で観測されている超伝導転移温度を説明できるほど大きくないこと(たとえば，文献[144]の密度汎関数摂動理論(density functional perturbation theory))で格子系の挙動を調べてみても，軌道の影響を抽出するのが容易ではないといった理由による(もちろん，中性子が電子軌道と直接相互作用を持たない)．それでも，初期には，粉末試料に対してのフォノンの測定がいくつかなされている[145]．文献[146]では，磁気モーメントがあることを考慮すると観測されたフォノンスペクトルのエネルギー依存性が理解されるとしている．

単結晶を用いた研究としては，たとえば，ミッタルら(R. Mittal *et al.*)の $CaFe_2As_2$ に対する測定や局所密度近似(local density approximation(LDA))や一般化された密度勾配近似(genealized gradient approximation(GGA))といった計算手法による解析[147]，レズニクら(D. Reznik *et al.*)の $BaFe_2As_2$ に対する非弾性 X 線散乱実験をあげることができる[148]．このうち後者は，全体的にフォノンは，静的磁気秩序ではなく磁気揺らぎと強く結合しているように見えることを指摘しているが，特に，フォノンに顕著な異常があることを示すデータを報告してはいない．一方，前者の実験では，[1 1 0]方向に進行する横波の光学モード(Σ_3 モード)と [1 1 0]方向に進行する縦波の光学モード(Σ_1 モード)に M 点で幅の顕著な異常が見られているのが興味深い．

ついでにいえば，$BaFe_2As_2$ に対してなされた X 線非弾性散乱実験でも，上記の超音波測定のみならず，T_S で [1 0 0]方向の横波音響モード(ここでは斜方晶の指数付け；格子定数 $\sqrt{2}a \times \sqrt{2}a$)の分散関係が調べられた[149]．実験データを**図 6-32** に示す．そこで見られた Γ 点周りのソフト化は，上記の超音波測定で見られたものに対応したものである．最近では，強力な X 線源である放射光施設の利用で，たとえ X 線といえども，1/10 meV 程度の精度でフォノンエネルギーの測定が可能になっていることの例としてここで取り上げた．

さて，本論に戻る．軌道揺らぎを通してフォノンへの影響が最も大きく現れ

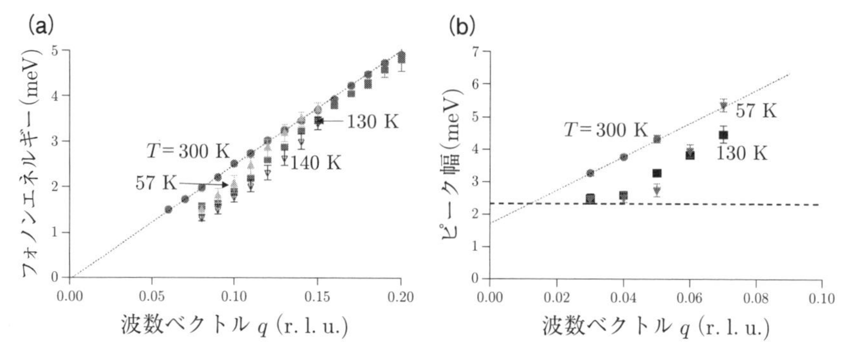

図 6-32　$BaFe_2As_2$ に対する X 線非弾性散乱実験で調べられた(正方晶の指数付けで)［100］方向(低温の斜方晶の指数付けで［110］方向)に進行する横波音響フォノン)の分散関係[149](ただし，横軸には低温斜方晶の逆格子単位が使用されている)．見られた Γ 点周りのソフト化は，上記の超音波測定に対応したものである[149]．

そうなのはどこであろうか．大成と紺谷[150]は，軌道揺らぎ感受率が大きくなるのは，逆格子空間の Γ および M 点の周りであることを指摘しているので，その二つの点に絞って $Ca_{10}Pt_4As_8(Fe_{1-x}Pt_xAs)_{10}$ のフォノンの温度変化を広いエネルギー域で測定してみた結果を紹介する．

この系は，通常の正方晶ユニットセル(格子定数 $a\times a\times c$)より大きなユニットセルを持つ($\sqrt{5}a\times\sqrt{5}a\times c$)が，超伝導発現に重要な $Fe_{1-x}Pt_xAs$ 面に関しては他の鉄系超伝導体と同様なので，今後，$a\times a\times c$ の擬正方晶の指数付けを用いて議論する[106, 151]．T_c～33 K である．はじめに，この系の磁気励起スペクトル $\chi''(\boldsymbol{Q},\omega)$ の振る舞いを紹介しておくのが適当なので，**図 6-33** に，3 K($<T_c$)で見られたその磁気散乱強度 $I(\boldsymbol{Q}_M,\omega)$ の，$T=38$ K($>T_c$～33 K)の値からの増分($I_{3\,K}-I_{38\,K}$)を示した[106, 151]．この増分が最大となる散乱エネルギーは，ω_p～18 meV である．ボーズ因子 $n+1$ を用いて $I(\boldsymbol{Q}_M,\omega)\propto\chi''(\boldsymbol{Q},\omega)/(n+1)$ であるが，低温データを扱っているので，この増分を $\chi''(\boldsymbol{Q},\omega)$ の変化としてみても問題は生じない．これは上述の通り，ω_p/k_BT_c～6.3 という大きな値となる．ちなみに，$Ca_{10}Pt_3As_8(Fe_{1-x}Pt_xAs)_{10}$

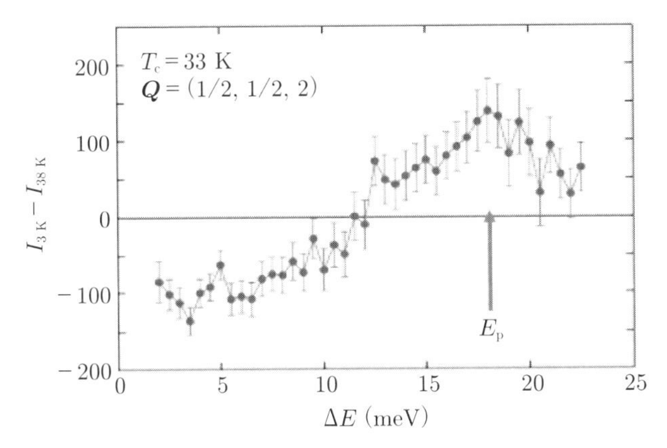

図 6-33　$Ca_{10}Pt_4As_8(Fe_{1-x}Pt_xAs)_{10}$ の 3 K（$< T_c$）で見られた磁気散乱強度 $I(Q_M, \omega)$ の，T=38 K（$> T_c$ ~33 K）の値からの増分（$I_{3\,K} - I_{38\,K}$）を示した[106, 151]．この増分が最大となるエネルギー（ω_p）は ~18 meV で，$\omega_p > |\Delta_1| + |\Delta_2|$ を思わせる．

の試料での ω_p/k_BT_c~6.2[152] と合わせて，$\omega_p > |\Delta_\Gamma| + |\Delta_M|$ を思わせる．これまでに強調してきたように，そうした場合は，軌道揺らぎ機構による S_{++} 対称の高温超伝導発現ということが考えられ，特に高温超伝導研究にとって重要なものに見える．

まず，$Ba(Fe_{1-x}Co_x)_2As_2$ の超音波測定や X 線非弾性散乱実験で弾性定数 C_{66} のソフト化が見られたモード（TA100 モード）を，$\boldsymbol{Q}$=(2, q, 0) でのエネルギースキャンによって測定した結果を，**図 6-34** に $\omega_q(T)/\omega_q$(265 K)-T の形で示す[106, 151]．これは，正方晶-斜方晶の構造相転移も反強磁性相への転移も見られない試料である．それにもかかわらず，$q \to 0$ でソフト化が起こっていること，さらにその大きさが，わずかにオーバードープ域の $Ba(Fe_{1-x}Co_x)_2As_2$ と同程度であることがわかる（$\omega_q(T) \propto (C_{66})^{1/2}$ であることに注意）．この結果は，Γ 点でのこのフォノンのソフト化の傾向が，構造相転移も反強磁性相への転移も見られない系で生じていることを示す．

さらに，M 点でのモードについても，その温度変化をいくつかの温度点を選び，$\boldsymbol{Q} = Q_M$ = (2.5, 0.5, 0) で測定したものが**図 6-35** に見られる．これは，

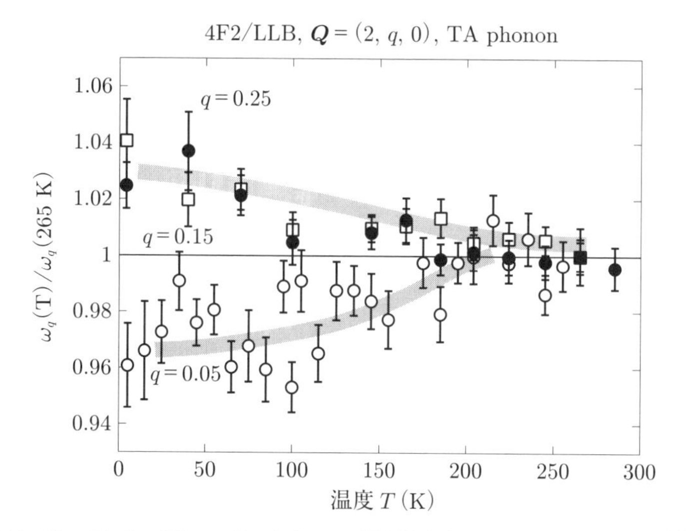

図 6-34　$Ca_{10}Pt_4As_8(Fe_{1-x}Pt_xAs)_{10}$ の [100]方向の TA フォノンの測定で得られた(2, q, 0)でのフォノンのエネルギー $\omega_p(T)$ を，$\omega_p(T)/\omega_q$ (265 K)-T の形で示す[106, 151]．構造相転移も反強磁性相への転移も見られない試料に対するものであるにもかかわらず，$q\to 0$ でソフト化が起こっている．

主に面内のモードを見る中性子スペクトロメーターの配置で測定されたものである．高温域と低温域で得られた散乱強度 I と，バックグラウンド(BG)を差し引いた後にボーズ因子 $(n+1)$ で除したデータとを載せた．詳細は述べないが，ω が 35-40 meV の領域を除いて，強度の ω 依存性はほぼボーズ因子の補正で説明可能なことが，モノクロメーターやアナライザーの高次反射に起因して現れることのある偽のピークが出ていないことを示す(偽ピークが見られる可能性がある見かけ上のエネルギーは，この場合，18 meV と 44 meV である[106, 151]．37 meV 周辺では，高温域より低温域の強度の方が大きいので何らかの反射の重畳を考えるのは難しい．面内の振動モードを測定する中性子分光器のセッティングで見られたこの異常は，計算からは，エネルギー域が FeAs 層のフォノンに対応するものと限定できるので，その起源が大成と紺谷[150]の理論的指摘との関連で興味が持たれる．

この結果は，$CaFe_2As_2$ の M 点で幅やエネルギーに見られた異常と共通の

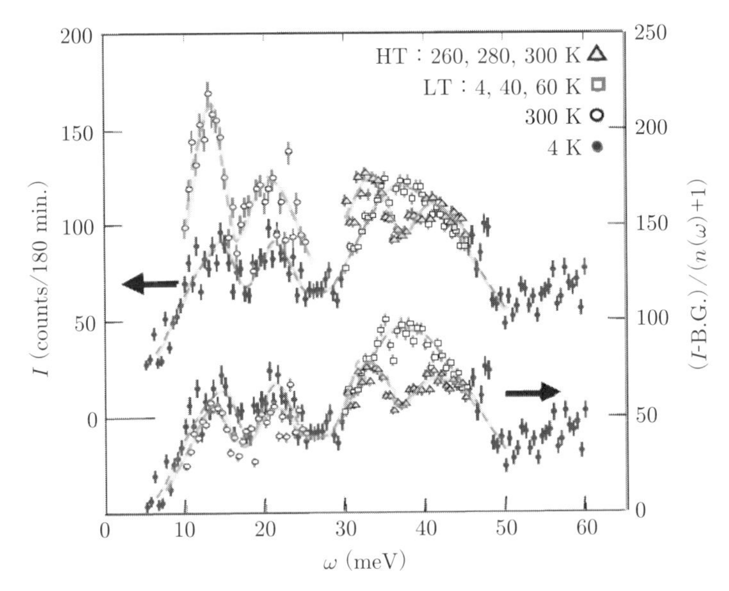

図 6-35　$Ca_{10}Pt_4As_8(Fe_{1-x}Pt_xAs)_{10}$ の面内振動フォノンを，固定点 $Q_M=(2.5, 0.5, 0)$ でエネルギースキャンして測定したデータ[151]．左軸が観測強度，右軸が，バックグラウンドを差し引いた後にボーズ因子$(n+1)$で補正して得られたスペクトル強度．30 meV≦ω≦45 meV の領域では，統計を上げるため，図中に示された 3 温度点の平均強度で示した．ω が 35-40 meV の領域で異常な温度変化が見える．他の ω 領域では，スペクトル強度はほぼボーズ因子の補正で説明可能である．詳細は本文参照．

ものを持っているようで，今後，軌道揺らぎの影響を考慮するうえでの手がかりを与える可能性を残す．このことについては，上述のミッタルらの結果[147]や FeSe 系の STM/STS の結果との関連でも留意する必要があろう．

ここまで鉄系超伝導の物性や超伝導機構について記述してきたが，単一バンドの銅酸化物超伝導体に対して，多バンド電子系の新たな可能性がどのような展開を見せるのかが注目される．軌道揺らぎの影響を観測しようとする試みは，磁気揺らぎを観測してきた研究に比較して数が少ないが，容易に否定されず，磁気揺らぎに代わるもの，もしくは，磁気揺らぎとの協奏によって高温超伝導の発現に寄与する可能性を持つものとして注目される．観測可能な物理量が少ないのが問題であるが，今後研究の深化によって，重要な知見が出て来ることを期待している．

第6章 文 献

[1] K. Takada, H. Sakurai, E. Takayama-Muromachi, F. Izumi, R. A. Dilanian, and T. Sasaki : Nature **422** (2003) 53.

[2] R. J. Cava : Chem. Commun. (2005) 5373.

[3] M. Yokoi, T. Moyoshi, Y. Kobayashi, M. Soda, Y. Yasui, M. Sato, and K. Kakurai : J. Phys. Soc. Jpn. **74** (2005) 3046.

[4] T. Moyoshi, Y. Yasui, Y. Kobayashi, M. Sato, and K. Kakurai : J. Phys. Soc. Jpn. **77** (2008) 073709.

[5] M. L. Foo, Y. Wang, S. Watauchi, H. W. Zandbergen, T. He, R. J. Cava, and N. P. Ong : Phys. Rev. Lett. **92** (2004) 247001.

[6] T. Motohashi, R. Ueda, E. Naujalis, T. Tojo, I. Terasaki, T. Atake, M. Karppinen, and H. Yamauchi : Phys. Rev. B **67** (2003) 066406.

[7] A. T. Boothroyd, R. Coldea, D. A. Tennant, D. Prabhakaran, L. M. Helme, and C. D. Frost : Phys. Rev. Lett. **92** (2004) 197201.

[8] L. M. Helme, A. T. Boothroyd, R. Coldea, D. Prabhakaran, D. A. Tennant, A. Hiess, and J. Kulda : Phys. Rev. Lett. **94** (2005) 157206.

[9] S. P. Bayrakci, I. Mirebeau, P. Bourges, Y. Sidis, M. Enderle, J. Mesot, D. P. Chen, C. T. Lin, and B. Keimer : Phys. Rev. Lett. **94** (2005) 157205.

[10] M. Sato, Y. Kobayashi, and T. Moyoshi : Physica C **470** (2010) S673.

[11] Q. Huang, M. L. Foo, J. W. Lynn, H. W. Zandbergen, G. Lawes, Yayu Wang, B. H. Tobyl, A. P. Ramirez, N. P. Ong, and R. J. Cava : J. Phys. Condens. Matter **16** (2004) 5803.

[12] M. Yokoi, Y. Kobayashi, T. Moyoshi, and M. Sato : J. Phys, Soc. Jpn. **77** (2008) 074704 ; F. L. Ning, S. M. Golin, K. Ahilan, T. Imai, G. J. Shu, and F. C. Chou : Phys. Rev. Lett. **100** (2008) 086405.

[13] D. J. Singh : PR B **61** (2000) 13397.

[14] M. Mochizuki and M. Ogata : J. Phys. Soc. Jpn. **75** (2006) 113703.

[15] G. Baskaran : Phys. Rev. Lett. Phys. Rev. Lett. **91** (2004) 097003.

[16] B. Kumar and B. S. Shastry : Phys. Rev. B **68** (2003) 1045086.

[17] Q.-H. Wang, D.-H. Lee, and P. A. Lee : Phys. Rev. B **69** (2004) 092504.

[18] M. Ogata : J. Phys. Soc. Jpn. **72** (2003) 1839.

[19] T. Watanabe, H. Yokoyama, Y. Tanaka, J. Inoue, and M. Ogata : J. Phys. Soc.

Jpn. **73**(2004)3404.

[20] T. Koretsune and M. Ogata : Phys. Rev. Lett. **89**(2002)116401.

[21] T. Koretsune and M. Ogata : Phys. Rev. B **72**(2005)134513.

[22] W. Higemoto, K. Ohishi, A. Koda, S. R. Saha, R. Kadono, K. Ishida, K. Takada, H. Sakurai, E. Takayama-Muromachi, and T. Sasaki : Phys. Rev. B **70**(2004) 134508.

[23] Y. Nishikawa and K. Yamada : J. Phys. Soc. Jpn. **71**(2002)2629.

[24] H. Ikeda, Y. Nishikawa, and K. Yamada : J. Phys. Soc. Jpn. **73**(2004)17.

[25] K. Kuroki and R. Arita : Phys. Rev. B **63**(2001)174507.

[26] K. Kuroki, Y. Tanaka, and R. Arita : Phys. Rev. Lett. **93**(2004)077001.

[27] K. Kuroki, Y. Tanaka, and R. Arita : Phys. Rev. B **71**(2005)024506.

[28] M. Mochizuki, Y. Yanase, and M. Ogata : Phys. Rev. Lett. **94**(2005)147005.

[29] Y. Yanase, M. Mochizuki, and M. Ogata : J. Phys. Soc. Jpn. **74**(2005)430.

[30] K. Kuroki, S. Onari, Y. Tanaka, R. Arita, and T. Nojima : Phys. Rev. B **73** (2006)184503.

[31] H. Sakurai, K. Takada, T. Sasaki, and E. Takayama-Muromachi : J. Phys. Soc. Jpn. **74**(2005)2909.

[32] T. Shimojima, K. Ishizaka, S. Tsuda, T. Kiss, T. Yokoya, A. Chainani, S. Shin, P. Badica, K. Yamada, and K. Togano : Phys. Rev. Lett. **97**(2006)267003.

[33] Y. Kobayashi, M. Yokoi, T. Moyoshi, and M. Sato : J. Phys. Soc. Jpn. **76**(2007) 103705.

[34] Y. Ihara, K. Ishida, C. Michioka, M. Katori, K. Yoshinura, K. Takata, T. Sasaki, H. Sakurai, and E. Takayama-Muromachi : J. Phys. Soc. Jpn. **74**(2005)867.

[35] C. Michioka, H. Ohta, Y. Itoh, and K. Yoshimura : J. Phys. Soc. Jpn. **74**(2005) 063701.

[36] H. Sakurai, N. Tsujii, O. Suzuki, H. Kitazawa, G. Kido, K. Takada, T. Sasaki, and E. Takayama-Muromachi : Phys. Rev. B **74**(2006)092502.

[37] Y. Kobayashi, M. Yokoi, and M. Sato : J. Phys. Soc. Jpn. **72**(2003)2453.

[38] Y. Kobayashi, H. Watanabe, M. Yokoi, T. Moyoshi, Y. Mori, and M. Sato : J. Phys. Soc. Jpn. **74**(2005)1800.

[39] Y. Kobayashi, T. Moyoshi, H. Watanabe, M. Yokoi, and M. Sato : J. Phys. Soc. Jpn. **75**(2006)074717.

[40] Y. Kobayashi, T. Moyoshi, M. Yokoi, and M. Sato : J. Phys. Soc. Jpn. **77**(2008)

063703.

[41] M. Sato, Y. Kobayashi, and M. Moyoshi : Physica C **470** (2010) S673.

[42] Y. Kobayashi, M. Yokoi, and M. Sato : J. Phys. Soc. Jpn. **72** (2003) 2161.

[43] T. Fujimoto, G. Zheng, Y. Kitaoka, R. L. Meng, J. Cmaidalka, and C. W. Chu : Phys. Rev. Lett. **92** (2004) 047004.

[44] K. Ishida, Y. Ihara, Y. Maeno, C. Michioka, M. Kato, K. Yoshimura, T. Takada, T. Sasaki, H. Sakurai, and E. Takayama-Muromachi : J. Phys. Soc. Jpn. **72** (2003) 3041.

[45] G.-q. Zheng, K. Matano, R. L. Meng, J. Cmaidalka, and C. W. Chu : J. Phys. Condens. Matter **18** (2006) L63.

[46] M. Yokoi, H. Watanabe, Y. Mori, T. Moyoshi, Y. Kobayashi, and M. Sato : J. Phys. Soc. Jpn. **73** (2004) 1297.

[47] M. Yokoi, Y. Kobayashi, M. Sato, and S. Sugai : J. Phys. Soc. Jpn. **77** (2007) 094713.

[48] K. Yada and H. Kontani : J. Phys. Soc. Jpn. **75** (2008) 033705.

[49] Y. Kamihara, T. Watanabe, M. Hirano, and H. Hosono : J. Am. Chem. Soc. **130** (2008) 3296.

[50] A. S. Sefat, M. A. McGuire, B. C. Sales, R. Jin, J. Y. Howe, and D. Mandrus : Phys. Rev. B **77** (2008) 174503.

[51] M. Rotter, M. Tegel, and D. Johrendt : Phys. Rev. Lett. **101** (2008) 107006.

[52] A. S. Sefat, R. Jin, M. A. McGuire, B. C. Sales, D. J. Singh, and D. Mandrus : Phys. Rev. Lett. **101** (2008) 117004.

[53] F. C. Hsu, J. Y. Luo, K. W. The, T. K. Chen, T. W. Huang, P. M. Wu, Y. C. Lee, Y. L. Huang, Y. Y. Chu, D. C. Yan, and M. K. Wu : Proc. Natl. Acad. Sci. U.S.A. **105** (2008) 14262.

[54] S. L. He *et al.* : Nature Mater. **12** (2013) 605.

[55] J.-F. Ge, Z.-L. Liu, C. Liu, C.-L. Gao, D. Qian, Q.-K. Xue, Y. Liu, and J.-F. Jia : Nature Mater. **14** (2015) 285.

[56] Q. Fan, W. H. Zhang, X. Liu, Y. J. Yan, M. Q. Ren, R. Peng, H. C. Xu, B. P. Xie, J. P. Hu, T. Zhang, and D. L. Feng : Nat. Phys. **11** (2015) 946.

[57] Y. J. Yan, W. H. Zhang, M. Q. Ren, X. Liu, X. F. Lu, N. Z. Wang, X. H. Niu, Q. Fan, J. Miao, R. Tao, B. P. Xie, X. H. Chen, T. Zhang, and D. L. Feng : arXiv : 1507.02577.

[58]　C. Cruz, Q. Huang, J. W. Lynn, Jiying Li, W. Ratcliff II, J. L. Zarestky, H. A. Mook, G. F. Chen, J. L. Luo, N. L. Wang, and P. Dai : Nature **453**(2008)899.

[59]　Q. Huang, Y. Qiu, Wei Bao, M. A. Green, J. W. Lynn, Y. C. Gasparovic, T. Wu, G. Wu, and X. H. Chen : Phys. Rev. Lett. **101**(2008)257003.

[60]　H. Luetkens, H.-H. Klauss, M. Kraken, F. J. Litterst, T. Dellmann, R. Klingeler, C. Hess, R. Khasanov, A. Amato, C. Baines, M. Kosma, O. J. Schumann, M. Braden, J. Hamann-Borrero, N. Le, A. Kondrat, G. Behr, J. Werner, and B. Büchner : Nat. Mat. **8**(2008)305.

[61]　S. Iimura, S. Matsuishi, M. Miyakawa, T. Taniguchi, K. Suzuki, H. Usui, K. Kuroki, R. Kajimoto, M. Nakamura, Y. Inamura, K. Ikeuchi, S. Ji, and H. Hosono : Phys. Rev. B **88**(2013)060501(R).

[62]　M. G. Kim, D. K. Pratt, G. E. Rustan, W. Tian, J. L. Zarestky, A. Thaler, S. L. Bud'ko, P. C. Canfield, R. J. McQueeney, A. Kreyssig, and A. I. Goldman : Phys. Rev. B **83**(2011)054514.

[63]　T. Shimojima, T. Sonobe, W. Malaeb, K. Shinada, A. Chainani, S. Shin, T. Yoshida, S. Ideta, A. Fujimori, H. Kumigashira, K. Ono, Y. Nakashima, H. Anzai, M. Arita, A. Ino, H. Namatame, M. Taniguchi, M. Nakajima, S. Uchida, Y. Tomioka, T. Ito, K. Kihou, C. H. Lee, A. Iyo, H. Eisaki, K. Ohgushi, S. Kasahara, T. Terashima, H. Ikeda, T. Shibauchi, Y. Matsuda, and K. Ishizaka : Phys. Rev. B **89**(2014)045101.

[64]　S. Kasahara, H. J. Shi, K. Hashimoto, S. Tonegawa, Y. Mizukami, T. Shibauchi, K. Sugimoto, T. Fukuda, T. Terashima, A. H. Nevidomskyy, and Y. Matsuda : Nature **486**(2012)382.

[65]　K. Ikeuchi, M. Sato, S. Li, M. Motoya, Y. Kobayashi, M. Itoh, P. Miao, S. Torii, Y. Ishikawa, and T. Kamiyama : J. Phys. Conf. Series **592**(2015)012071.

[66]　M. Hiraishi, S. Iimura, K. M. Kojima, J. Yamaura, H. Hiraka, K. Ikeda, P. Miao, Y. Ishikawa, S. Torii, M. Miyazaki, I. Yamauchi, A. Koda, K. Ishii, M. Yoshida, J. Mizuki, R. Kadono, R. Kumai, T. Kamiyama, T. Otomo, Y. Murakami, S. Matsuishi, and H. Hosono : Nature Phys. **10**(2014)300.

[67]　D. J. Singh and M.-H. Du : Phys. Rev. Lett. **100**(2008)237003.

[68]　I. I. Mazin, D. J. Singh, M. D. Johannes, and M. H. Du : Phys. Rev. Lett. **101**(2008)057003.

[69]　K. Kuroki, S. Onari, R. Arita, H. Usui, Y. Tanaka, H. Kontani, and H. Aoki :

Phys. Rev. Lett. **101** (2008) 087004.

[70] M. Sato, Y. Kobayashi, S. C. Lee, H. Takahashi, E. Satomi, and Y. Miura : J. Phys. Soc. Jpn. **79** (2010) 014710.

[71] S. C. Lee, E. Satomi, Y. Kobayashi, and M. Sato : J. Phys. Soc. Jpn. **79** (2010) 023702.

[72] T. Kawamata, E. Satomi, Y. Kobayashi, M. Itoh, and M. Sato : J. Phys. Soc. Jpn. **80** (2011) 084720.

[73] S. Ideta, T. Yoshida, I. Nishi, A. Fujimori, Y. Kotani, K. Ono, Y. Nakashima, S. Yamaichi, T. Sasagawa, M. Nakajima, K. Kihou, Y. Tomioka, C. H. Lee, A. Iyo, H. Eisaki, T. Ito, S. Uchida, and R. Arita : Phys. Rev. Lett. **110** (107007) 2013.

[74] M. A. Mcguire, D. J. Singh, A. S. Sefat, B. C. Sales, and D. Mandrus : J. Solid State Chem. **182** (2009) 2326.

[75] Y. Nakajima, T. Taen, Y. Tsuchiya, T. Tamegai, H. Kitamura, and T. Murakami : Phys. Rev. B **82** (2010) 220504.

[76] K. Ahilan, F. L. Ning, T. Imai, A. S. Sefat, M. A. McGuire, B. C. Sales, and D. Mandrus : Phys. Rev. B **79** (2009) 214520.

[77] S. Onari and H. Kontani : Phys. Rev. Lett. **103** (2009) 177001.

[78] Y. Yamakawa, S. Onari, H. Kontani, N. Fujiwara, S. Iimura, and H. Hosono : Phys. Rev. B **88** (2013) 041106.

[79] K. Suzuki, H. Usui, K. Kuroki, S. Iimura, Y. Sato, S. Matsuishi, and H. Hosono : J. Phys. Soc. Jpn. **82** (2013) 083702.

[80] S. Avci, O. Chmaissem, D. Y. Chung, S. Rosenkranz, E. A. Goremychkin, J. P. Castellan, I. S. Todorov, J. A. Schlueter, H. Claus, A. Daoud-Aladine, D. D. Khalyavin, M. G. Kanatzidis, and R. Osborn : Phys. Rev. B **85** (2012) 184507.

[81] M. G. Kim, A. Kreyssig, A. Thaler, D. K. Pratt, W. Tian, J. L. Zarestky, M. A. Green, S. L. Bud'ko, P. C. Canfield, R. J. McQueeney, and A. I. Goldman : Phys. Rev. B **82** (2010) 220503R.

[82] A. S. Sefat, D. J. Singh, L. H. VanBebber, Y. Mozharivskyj, M. A. McGuire, R. Jin, B. C. Sales, V. Keppens, and D. Mandrus : Phys. Rev. **79** (2009) 224524.

[83] K. Marty, A. D. Christianson, C. H. Wang, M. Matsuda, H. Cao, L. H. VanBebber, J. L. Zarestky, D. J. Singh, A. S. Sefat, and M. D. Lumsden : Phys. Rev. B **83** (2011) 060509 (R).

[84] P. Cheng, B. Shen, F. Han, and H.-H. Wen : Europhys. Lett. **104** (2013) 37007.

[85] S. J. Singh, J. Shimoyama, A. Yamamoto, H. Ogino, and K. Kishio : Physica C **494**(2013)57.

[86] S. Ideta, T. Yoshida, M. Nakajima, W. Malaeb, T. Shimojima, K. Ishizaka, A. Fujimori, H. Kimigashira, K. Ono, K. Kihou, Y. Tomioka, C. H. Lee, A. Iyo, H. Eisaki, T. Ito, and S. Uchida : Phys. Rev. B **87**(2013)201110.

[87] H. Suzuki, T. Yoshida, S. Ideta, G. Shibata, K. Ishigami, T. Kadono, A. Fujimori, M. Hashimoto, D. H. Lu, Z.-X. Shen, K. Ono, E. Eisaki, H. Kumigashira, M. Matsuno, and T. Sasagawa : Phys. Rev. B **88**(2013)100501.

[88] F. Hammerath, P. Bonfa, S. Sanna, G. Prand, R. De Renzi, Y. Kobayashi, M. Sato, and P. Carretta : Phys. Rev. B **89**(2014)134503(1-10).

[89] A. Kawabata, S. C. Lee, T. Moyoshi, Y. KobayashiI, and M. Sato : J. Phys. Soc. Jpn. **77**(2008)supplement C 147.

[90] A. Kawabata, S. C. Lee, T. Moyoshi, Y. Kobayashi, and M. Sato : J. Phys. Soc. Jpn. **77**(2008)103704.

[91] K. Hashimoto, T. Shibauchi, T. Kato, K. Ikada, R. Okazaki, H. Shishido, M. Ishikado, H. Kito, A. Iyo, H. Eisaki, S. Shamoto, and Y. Matsuda : Phys. Rev. Lett. **102**(2009)017002.

[92] F. Hammerath, U. Grafe, T. Kuhne, H. Kuhne, P. L. Kuhns, A. P. Reyes, G. Lang, S. Wurmehl, B. Buchner, P. Carretta, and H.-J. Grafe : Phys. Rev. B **88**(2013)104503.

[93] F. L. Ning, K. Ahilan, T. Imai, A. S. Sefat, M. A. McGuire, B. C. Sales, D. Mandrus, P. Cheng, B. Shen, and H.-H. Wen : Phys. Rev. Lett. **104**(2010)037001.

[94] Y. Kobayashi, A. Kawabata, S. C. Lee, T. Moyoshi, and M. Sato : J. Phys. Soc. Jpn. **78**(2009)073704.

[95] Y. Nakai, K. Ishida, Y. Kamihara, M. Hirano, and H. Hosono : J. Phys. Soc. Jpn. **77**(2008)073701.

[96] H.-J. Grafe, D. Paar, G. Lang, N. J. Curro, G. Behr, J. Werner, J. Hamann-Borrero, C. Hess, N. Leps, R. Klingeler, and B. Büchner : Phys. Rev. Lett. **101**(2008)047003.

[97] H. Mukuda, N. Terasaki, H. Kinouchi, M. Yashima, Y. Kitaoka, S. Suzuki, S. Miyasaka, S. Tajima, K. Miyazawa, P. Shirage, H. Kito, H. Eisaki, and A. Iyo : J. Phys. Soc. Jpn. **77**(2008)093704.

[98] H. Kotegawa, S. Masaki, Y. Awai, H. Tou, Y. Mizuguchi, and Y. Takano : J.

Phys. Soc. Jpn. **77**(2008)113703.

[99] S. Kawasaki, K. Shimada, G. F. Chen, J. L. Luo, N. L. Wang, and G.-q. Zheng : Phys. Rev. B **78**(2008)220506.

[100] D. Parker, O. V. Dolgov, M. M. Korshunov, A. A. Golubov, and I. I. Mazin : Phys. Rev. B **78**(2008)134524.

[101] Y. Kobayashi, E. Satomi, S. C. Lee, and M. Sato : J. Phys. Soc. Jpn. **79**(2010) 093709.

[102] H. Fukazawa, T. Yamazaki, K. Kondo, Y. Kohori, N. Takeshita, P. M. Shirage, K Kihou, K. Miyazawa, H. Kito, H. Eisaki, and A. Iyo : J. Phys. Soc. Jpn. **78**(2009)033704.

[103] F. Hammerath, S.-L. Drechsler, H.-J. Grafe, G. Lang, G. Fuchs, G. Behr, I. Eremin, M. M. Korshunov, and B. Büchner : Phys. Rev. B **81**(2010)140504.

[104] N. Fujiwara, S. Tsutsumi, S. Iimura, S. Matsuishi, H. Hosono, Y. Yamakawa, and H. Kontani : Phys. Rev. Lett. **111**(2013)097002.

[105] Y. Kobayashi, T. Iida, K. Suzuki, E. Satomi, T. Kawamata, M. Itoh, and M. Sato : J. Physics C Conf. Series **400**(2012)Part, 2 022056.

[106] M. Sato, K. Ikeuchi, R. Kajimoto, Y. Kobayashi, Y. Yasui, K. Suzuki, M. Itoh, M. Nakamura, Y. Inamura, M. Arai, P. Bourges, A. D. Christianson, H. Nakamura, and M. Machida : JPS Conf. Proc. **1**(2014)014007.

[107] R. C. Dynes, V. Narayanamurti, and J. P. Garno : Phys. Rev. Lett. **41**(1978) 1509.

[108] Y. Kishimoto, T. Ohno, and T. Kanashiro : J. Phys. Soc. Jpn. **64**(1995)1275.

[109] D. S. Inosov, J. T. Park, P. Bourges, D. L. Sun, Y. Sidis, A. Schneidewind, K. Hradil, D. Haug, C. T. Lin, B. Keimer, and V. Hinkov : Nature Phys. **6**(2010)178.

[110] T. A. Maier and D. J. Scalapino : Phys. Rev. B **78**(2008)020514.

[111] S. Onari, H. Kontani, and M. Sato : Phys. Rev. B **81**(2010)060504.

[112] S. Onari and H. Kontani : Phys. Rev. B **84**(2011)144518.

[113] A. D. Christianson, E. A. Goremychkin, R. Osborn, S. Rosenkranz, M. D. Lumsden, C. D. Malliakas, I. S. Todorov, H. Claus, D. Y. Chung, M. G. Kanatzidis, R. I. Bewley, and T. Guidi : Nature **456**(2008)930.

[114] D. S. Inosov, J. T. Park, A. Charnukha, Yuan. Li, A. V. Boris, B. Keimer, and V. Hinkov : Phys. Rev. B **83**(2011)214520.

[115] K. Ikeuchi, Y. Kobayashi, K. Suzuki, M. Itoh, R. Kajimoto, P. Bourges, A. D.

Christianson, H. Nakamura, M. Machida, and M. Sato : J. Phys. Condens. Matter. **27**(2015)46501.
[116] M. A. Surmach, F. Brückner, S. Kamusella, R. Sarkar, P. Y. Portnichenko, J. T. Park, G. Ghambashidze, H. Luetkens, P. Biswas, W. J. Choi, Y. I. Seo, Y. S. Kwon, H.-H. Klauss, and D. S. Inosov : Phys. Rev. B **91**(2015)104515.
[117] A. Barannik, N. T. Cherpak, M. A. Tanatar, S. Vitusevich, V. Skresanov, P. C. Canfield, and R. Prozorov : Phys. Rev. B **87**(2013)014506.
[118] たとえば，T. T. Hanaguri, K. Kitagawa, K. Matsubayashi, Y. Mazaki, Y. Uwatoko, and H. Takagi : Phys. Rev. B **85**(2012)214505.
[119] M. L. Teague, G. K. Drayna, G. P. Lockhart, P. Cheng, B. Shen, H.-H. Wen, and N.-C. Yeh : Phys. Rev. Lett. **106**(2011)087004.
[120] A. Kawabata, S. C. Lee, T. Moyoshi, Y. Kobayashi, and M. Sato : J. Phys. Soc. Jpn. **77**(2008)103704.
[121] A. Kawabata, S. C. Lee, T. Moyoshi, Y. Kobayashi, and M. Sato : J. Phys. Soc. Jpn. **77**(2008)Suppl. C **147**, 114.
[122] S. Onari, H. Kontani, and M. Sato : Phys. Rev. B **81**(2010)060504(R).
[123] S. Onari and H. Kontani : Phys. Rev. Lett. **103**(2009)177001.
[124] H. Kontani and S. Onari : Phys. Rev. Lett. **104**(2010)157001.
[125] Y. Yanagi, Y. Yamakawa, and Y. Ōno : Phys. Rev. B **81**(2010)054518.
[126] T. Saito, S. Onari, and H. Kontani : Phys. Rev. B **82**(2010)144510.
[127] 大成誠一郎，紺谷浩：日本物理学会誌 **68**(2013)231.
[128] たとえば，C.-C. Lee, W.-G. Yin, and W. Ku : Phys. Rev. Lett. **103**(2009)267001.
[129] W-C. Lee and P. W. Phillips : Europhys. Lett. **103**(2013)57003.
[130] W-C. Lee, W. Lv, J. M. Tranquada, and P. W. Phillips : Phys. Rev. B **86**(2012)094516.
[131] Y. Su, H. Liao, and T. Li : J. Phys. Condens. Mater. **27**(2015)105712.
[132] Y. Su, C. Zhang, and T. Li : arXiv : 1412.0210.
[133] Z. Xu, J. Wen, Y. Zhao, M. Matsuda, W. Ku, X. Liu, G. Gu, D.-H. Lee, R. J. Birgeneau, J. M. Tranquada, and G. Xu : Phys. Rev. Lett. **109**(2012)227002.
[134] J.-H. Chu, J. G. Analytis, K. D. Greve, P. L. McMahon, Z. Islam, Y. Yamamoto, and I. R. Fisher : Science **329**(2010)824.
[135] J.-H. Chu, H.-H. Kuo, J. G. Analytis, and I. R. Fisher : Science **337**(2012)710.

[136] R.M. Fernandes, L.H. VanBebber, S. Bhattacharya, P. Chandra, V. Keppens, D. Mandrus, M. A. McGuire, B. C. Sales, A. S. Sefat, and J. Schmalian : Phys. Rev. Lett. **105**(2010)157003.

[137] H. Kontani, Y. Inoue, T. Saito, Y. Yamakawa, and S. Onari : Solid State Communications, **152**(2012)718.

[138] Y. Zhang, M. Yi, Z.-K. Liu, W. Li, J. J. Lee, R. G. Moore, M. Hashimoto, N. Moore, N. Masamichi, H. Eisaki, S. K. Mo, Z. Hussain, T. P. Devereaux, Z.-X. Shen, and D. H. Lu : arXiv : 1503.01556.

[139] Y. Su, H. Liao, and T. Li : J. Phys. Condensed Materials **27**(2015)105712.

[140] Y. Su, C. Zhang and T. Li : arXiv : 1412.0210.

[141] M. Yoshizawa, D. Kimura, T. Chiba, A. Ismayil, Y. Nakanishi, K. Kihou, C.-H. Lee, A. Iyo, H. Eisaki, M. Nakajima, and S. Uchida : J. Phys. Soc. Jpn. **81**(2012) 024604.

[142] T. Goto, R. Kurihara, K. Araki, K. Mitsumoto, M. Akatsu, Y. Nemoto, S. Tatematsu, and M. Sato : J. Phys. Soc. Jpn. **80**(2011)073702.

[143] M. G. Kim, R. M. Fernandes, A. Kreyssig, J. W. Kim, A. Thaler, S. L. Bud'ko, P. C. Canfield, R. J. McQueeney, J. Schmalian, and A. I. Goldman1 : Phys. Rev. B **83**(2011)134522.

[144] たとえば, L. Boeri, O. V. Dolgov, and A. A Golubov : Phys. Rev. Lett. **101** (2008)026403.

[145] M. Le Tacon, M. Krisch, and A. Bosak, J.-W. G. Bos, and S. Margadonna : Phys. Rev. B **78**(2008)140505.

[146] T. Fukuda, A. Q. R. Baron, S. Shmoto, M. Ishikado, H. Nakamura, M. Machida, H. Uchiyama, S. Tsuda, A. Iyo, H. Kito, J. Mizuki, M. Arai, H. Eisaki, and H. Hosono : J. Phys. Soc. Jpn. **77**(2008)103715.

[147] R. Mittal, L. Pintschovius, D. Lamago, R. Heid, K.-P. Bohnen, D. Reznik, S. L. Chaplot, Y. Su, N. Kumar, S. K. Dhar, A. Thamizhavel, and Th. Brueckel : Phys. Rev. Lett. **102**(2009)217001.

[148] D. Reznik, K. Lokshin, D. C. Mitchell, D. Parshall, W. Dmowski, D. Lamago, R. Heid, K.-P. Bohnen, A. S. Sefat, M. A. McGuire, B. C. Sales, D. G. Mandrus, A. Subedi, D. J. Singh, A. Alatas, M. H. Upton, A. H. Said, A. Cunsolo, Yu. Shvyd'ko, and T. Egami : Phys. Rev. B **80**(2009)214534.

[149] J. L. Niedziela, D. Parshall, K. A. Lokshin, A. S. Sefat, A. Alatas, and T.

Egami : Phys. Rev. B **84**(2011)224305.

[150]　S. Onari and H. Kontani : Phys. Rev. Lett. **109**(2012)137001.

[151]　K. Ikeuchi, Y. Kobayashi, K. Suzuki, M. Itoh, R. Kajimoto, P. Bourges, A. D. Christianson, H. Nakamura, M. Machida, and M. Sato : J. Phys. : Condens. Matter **27**(2015)465701.

[152]　M. A. Surmach, F. Brückner, S. Kamusella, R. Sarkar, P. Y. Portnichenko, J. T. Park, G. Ghambashidze, H. Luetkens, P. K. Biswas, W. J. Choi, Y. I. Seo, Y. S. Kwon, H.-H. Klauss, and D. S. Inosov : Phys. Rev. B **91**(2015)104515.

7

第7章

高温超伝導研究以後の物質科学の展開

7-1　d電子強相関系とモット絶縁体相のさまざまな物性発掘

強相関電子系に見られる超伝導の顕著な実験例を中心にこれまで紹介してきた．銅酸化物超伝導体の発見以来に起こった研究熱は，d電子系に見られる種々の特徴的な物性に対して，それまで以上に強い興味を向けさせることになった．それは，あたかも，大球が破裂して，金属系，絶縁体系を問わず大きな領域に広がり，新たな大球を含む大小多数の球が生まれる様子に例えられよう．ここからは，そこで進んだ物性研究の例の一部を取り上げて紹介する．

7-1-1　スピンギャップ系

銅酸化物高温超伝導体で見られたスピン擬ギャップについては，前駆的クーパー対(preformed pair)の描像を中心に記述した．そこで我々は，モット絶縁体へのキャリアドーピングが導き出した金属中で，局在色の濃い磁気モーメントが強く揺らぎながら短距離の一重項対相関を持つ状態から，その位相の揃った超伝導相へと凝縮することを知った．その凝縮温度(T_c)は平均場が期待する転移温度(T_{c0})よりかなり低いはずなので，熱揺らぎのない低温で実現する超伝導ギャップΔ_0を使って見積もられる$2\Delta_0/k_BT_c$は，BCSの関係$2\Delta_0/k_BT_{c0}=3.52$よりかなり大きくなることがよく理解できる．

では，もともと構造上，スピン一重項対をつくるのに都合のよい構造の梯子(ladder)型の系が金属化したらどうなるだろうか．このような発想は，今田[1]やダゴット(E. Dagotto)[2]によって出されたものであるが，実験的な答えは，俗に“phone number compound”と呼ばれる系$Sr_{0.4}Ca_{13.6}Cu_{24}O_{41.84}$に超伝

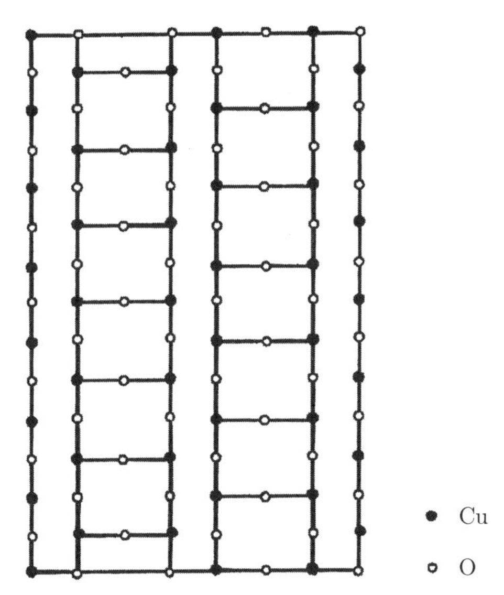

図 7-1　$Sr_{0.4}Ca_{13.6}Cu_{24}O_{41.84}$ の梯子(ladder)構造を含む部分を模式的に描いたもの[4]．Cu-O-Cu が梯子の踏み段である．

導が見つかったことによって，あるレベルまで答えが得られた[3]．**図 7-1** にその系の梯子構造を含む面のみを抜き出して模式的に描いた(全体の構造は文献[4]を参照されたい)．図に見られる梯子の踏み段(rung)を作る二つの Cu スピンが一重項対形成のユニットである．絶縁体の母物質 $Sr_{14}Cu_{24}O_{41}$ では，磁気励起スペクトルに一重項対の存在を示すエネルギーギャップ Δ(～550 K)[5] が予想通り見られた．それに対して Ca ドープによるキャリア数制御を行い電気抵抗を下げ，3 GPa 程度の圧力印加で金属化すると超伝導が現れ T_c～12 K が得られた[3]．金属的になったときに現れるという点では CuO_2 面を持つ超伝導体と同様である．ただ，圧力印加で a 軸の抵抗が下がり二次元性が増していることから，超伝導に対して次元性がどのように効いているのかについての確定した見解はないようである．

いずれにせよ，銅酸化物の RVB 描像や擬ギャップ現象は，梯子系の超伝導だけではなく，それ以前からスピン揺らぎの強い絶縁体低次元量子スピンを中

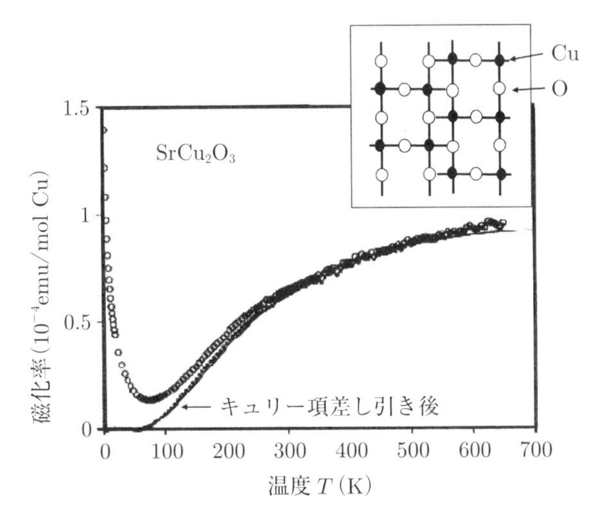

図 7-2　$SrCu_2O_3$ の磁化率の温度変化[6]．欠損や不純物からの小さなキュリー項を差し引くとスピンギャップを持った系の特徴がよく見える．挿入図は，そのCuの梯子を含む構成部分を示した．図 7-1 のものと同様，Cu-O-Cu が梯子の踏み段である．

心とした系への興味をさらに引き付けた観がある．その例としてあげられるものに，CaV_4O_9，$CuGeO_3$，$CuNb_2O_6$，$Na_3Cu_2SbO_6$，Li_2RuO_3，Y_2BaNiO_5，$SrCu_2(BO_3)_2$ 等，挙げればキリがないが，ここではそのうちのいくつかを選んで紹介する．

$Sr_{0.4}Ca_{13.6}Cu_{24}O_{41.84}$ の前から研究が行われていた梯子系に，$SrCu_2O_3$ がある[6]．これも，Cu^{2+} のスピン($S=1/2$)が梯子の踏み段状に並んだ絶縁体系(図 7-2 の挿入図)として興味が持たれた．その磁化率の温度依存性は，**図 7-2** に見られるように，磁気励起のギャップエネルギー Δ を使って，一次元系に期待される $\chi(T)\propto 1/T^{1/2}\exp(-\Delta/T)$ の形に表されることがわかる．ここで $\Delta\sim 420$ K である．また，この系の NMR $1/T_1$ で，$1/T_1\propto\exp(-\Delta/T)$ として 100-300 K のデータを使って見積もると $\Delta\sim 680$ K となる[7]．厳密な計算結果は

$$\frac{1}{T_1} \propto \exp\left(-\frac{\Delta}{T}\right) \times \left[0.80908 - \log\left(\frac{\omega_0}{T}\right)\right] \qquad (7.1)$$

で与えられる(ω_0 は NMR 周波数)[8]が，$\omega_0 \ll T \ll \Delta$ を満たす温度域では，上記のような単純な指数関数でギャップの振る舞いがよくわかる．これに対して梯子の足(leg)が3本のいわゆる 3-leg ladder 系である $Sr_2Cu_3O_5$ は，予想どおり[2]，一重項対を作らず反強磁性に秩序化する(T_N～50-60 K)．

Y_2BaNiO_5 は，Ni^{2+} のスピン($S=1$)が作る一次元の反強磁性ハイゼンベルグスピン鎖を持つ(構造については文献[9]を上げるに留める)．整数の S 値を持つこのような系がスピンギャップを持つという "Haldane conjecture"[10, 11]であまねく知られ，確かに，Y_2BaNiO_5 でも，1.8 K まで磁気秩序がなく，低温で非磁性的でスピン励起に(二つの)ギャップが見られる[12]．しかしここでは，この予言自体よく知られているので，深くは踏み込まず，$S=1/2$ のスピンがつくる一次元鎖内で，交換相互作用 J と J' が交替して繰り返す系(alternating chain system)と，ハルデン系とがよく似た振る舞い(スピンギャップ)を持つ例として，スピン $S=1/2$ の Cu^{2+} が一次元鎖を作る単斜晶(mono-

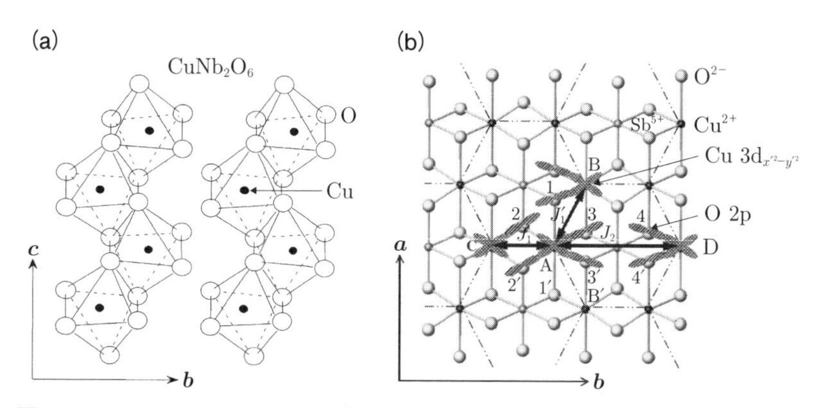

図 7-3　$CuNb_2O_6$ の CuO_6 八面体の稜共有による一次元鎖構造(a)[13]と $Na_3Cu_2SbO_6$ の構造(b)[15]の模式図．(b)には Cu $3d_{x'^2-y'^2}$ と O 2p の波動関数の形も描かれている．x' および y' 軸は，局所的な主軸方向を Cu サイト A と O サイトを結ぶ線(z 軸)と直交する面内で大まかに定義したもの．J_1, J_2, J_1' は各 Cu サイト間の交換相互作用．

clinic) 相の $CuNb_2O_6$[13, 14] と，$[Cu^{2+}$-Sb-Cu^{2+}-$]$ユニットが繰り返す $Na_3Cu_2SbO_6$[15, 16]の実験例を紹介する．**図 7-3**(a)，(b)にそれぞれの模式構造を示した．

そのうちで，$CuNb_2O_6$ には斜方晶相と単斜晶相の多形体が存在する[14]．前者では，隣り合ったすべての Cu スピン間の相互作用が等しく，7.3 K で反強磁性秩序を起こすのに対し，後者では，Cu と酸素の局所的配置のわずかな違いによって，鎖内で隣り合う交換相互作用 J, J' が異なる交替鎖系となり，結果として，中性子非弾性散乱からの磁気励起スペクトルや NMR 核スピン縦緩和レート $1/T_1$，さらには比熱，磁化率等のデータにスピンギャップの存在が明瞭に現れる[17-22]．また，スピン一重項からスピン三重項への励起に見られる分散関係やスペクトル強度の散乱ベクトル($\boldsymbol{Q}$)依存性から，この系が反強磁性(AF；$J>0$)-強磁性(F；$J'>0$)の交替鎖であることがわかった．比熱や磁化率の測定でも同様の結果が得られる．**図 7-4**(a)，(b)に，それぞれ，磁化率および比熱へのスピンからの寄与[18]を示す．

データ解析を

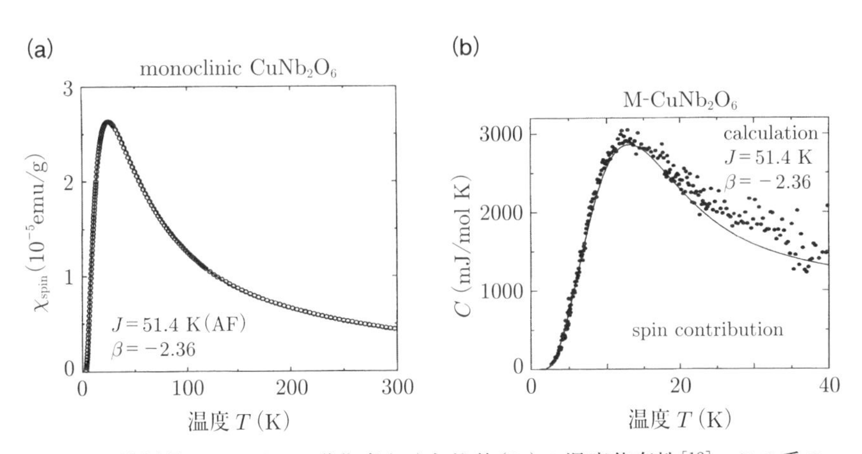

図 7-4　単斜晶 $CuNb_2O_6$ の磁化率(a)と比熱(b)の温度依存性[18]．この系の結果が(7.2)式において，J=51.4 K(反強磁性的)，β=−2.36 の反強磁性的-強磁性的交換相互作用の交替鎖モデルでよく説明できることがわかる．

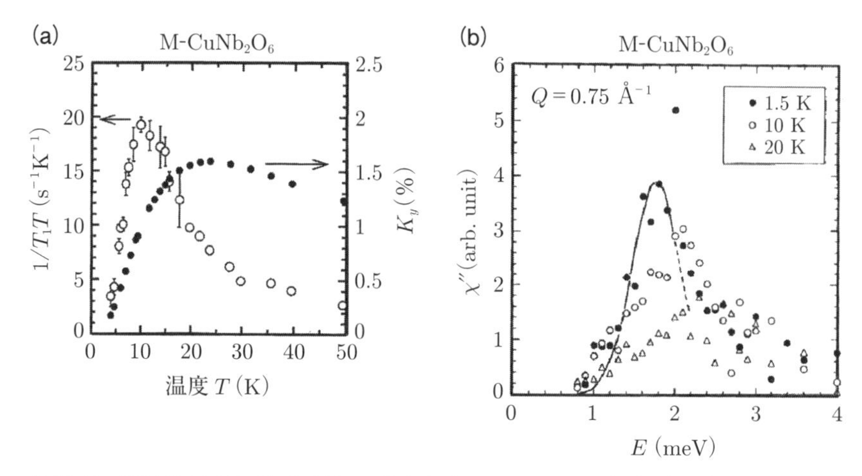

図 7-5　単斜晶 $CuNb_2O_6$ に対して得られた NMR-$1/T_1T$ およびナイトシフトの温度変化[20](a). (b)は中性子非弾性散乱実験からの磁気励起スペクトルの温度依存性[21].

$$\mathcal{H}=J\left\{\sum_i \boldsymbol{S}_{2j}\cdot\boldsymbol{S}_{2j+1}+\beta\sum_i \boldsymbol{S}_{2j-1}\cdot\boldsymbol{S}_{2j}\right\} \tag{7.2}$$

の形のスピンハミルトニアンを用いて行った結果(図の実線)は, $J=51.4$ K (AF 的), $J'=-121.3$ K(F 的), $\beta\equiv J'/J=-2.36$ の関係になっていることを示す[17-22](なお, AF-AF の交替鎖でもスピンギャップを持つが, 中性子散乱で求められる磁気散乱強度の $\boldsymbol{Q}$ 依存性をから, AF-F か AF-AF のどちらが交替鎖であるかを不確定さなしに識別することができる).

図 7-5(a)には, 単斜晶の $CuNb_2O_6$ の NMR-$1/T_1T$ とナイトシフトの温度依存性[19]を示し, 図 7-5(b)[17, 20, 21]には, 粉末結晶に対する中性子非弾性散乱実験で得られた磁気励起スペクトル強度をいくつかの温度で示した. 図 7-5(a)から, $1/T_1T$ がピークを取る温度(T_{SG})とナイトシフトがピークを取る温度(T_0)は 2 倍ほど違うことがわかるが, これは銅酸化物超伝導体の $YBa_2Cu_3O_{6.63}$ に見られた両者の関係とよく似ている(図 5-42 参照). $YBa_2Cu_3O_{6.63}$ の場合, 温度下降時に $T_{SG}<T<T_0$ の領域に見られるナイト

シフトの温度変化を，低温に向けての反強磁性的相関の成長だけで説明できるとする考えもあるが，低エネルギー域でのその磁気励起スペクトル強度が，T_0 あたりから低温に向かって下方にくびれはじめていること（第 5 章の図 5-21 参照）は，短寿命のスピン一重項（スピン擬ギャップ）相関が T_0 あたりから反強磁性相関とほぼ同時に現れることを示唆するが，図 7-5（b）に示した $CuNb_2O_6$ の粉末試料磁気励起スペクトルにもナイトシフトがピークを取る温度あたりから，同様のギャップ様構造が現れていることが注目される．このことから筆者らは，スピン一重項形成（スピン擬ギャップ形成）が始まる温度と，一様磁化率が減少し始める温度とがほぼ等しいのではないかと推測している（残念ながら純粋な系の単結晶は作成できていないが，$Cu_{0.9}Zn_{0.1}Nb_2O_6$ 単結晶の中性子散乱実験で，やはり同様の振る舞いが確認されている）．

低温で真のスピンギャップもしくは超伝導ギャップを持つ系では，温度下降の際，そのスピン一重項のウエイトが大きくなるとともに磁気的不活性化が進むので，励起状態のエネルギー幅 Γ も急速に減少するが，この Γ が低温での真のギャップ Δ より小さくなるとき，擬ギャップ構造が現れることは容易にわかることである．

ここで強調したいことは銅酸化物の擬ギャップの生成プロセスが以下のようなものではないかということである．5-2-1 で議論したように，反強磁性短距離相関やホール係数が増大し始める温度（$\sim T_0$）あたりからスピン一重項相関も現れ，低温に向かうに従ってそれが支配的になる．その位相が揃えば超伝導が現れる．

なお，銅酸化物がらみの話題から離れて低次元スピン系の従来からの理論的研究に関しても膨大な論文報告があるが，ここでは，文献[22-25]や[19]を挙げるのみにする．

$Na_3Cu_2SbO_6$ に話題を移す．この系は，Cu^{2+} のハニカム格子を持つが，CuO_6 のヤーン-テラー（Jahn-Teller）歪みと，スピンを担う Cu^{2+} の電子波動関数の重なり合いが大きい方向（図 7-3（b））を見れば，磁気的には，-Cu^{2+}-Sb-Cu^{2+}-Cu^{2+}-Sb-Cu^{2+}-と周期的に繰り返す一次元鎖と考えるのが適当であることがわかる[15, 16]．この系に対しても，磁化率（**図 7-6**（a））や比

(a)

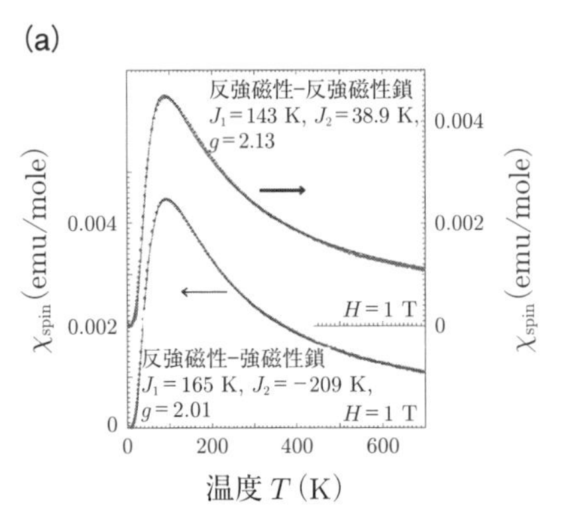

(b)

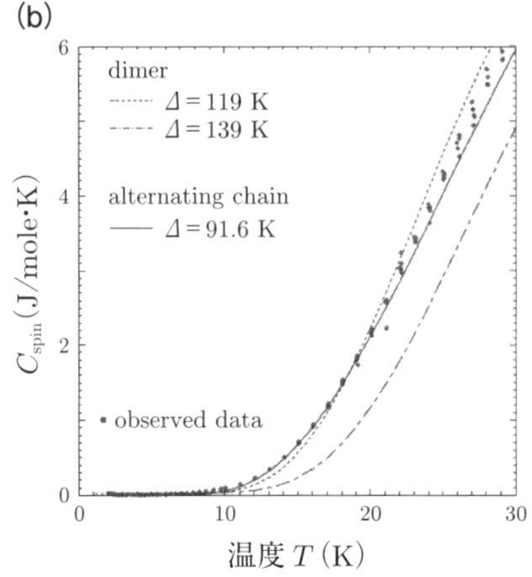

図 7-6　$Na_3Cu_2SbO_6$ の磁化率(a)と比熱(b)の温度依存性を反強磁性的-強磁性的交替鎖および反強磁性的-反強磁性的交換相互作用の交替鎖モデルで解析した結果[15]．(b)の Δ 値は(a)の反強磁性的-強磁性的交替鎖(J_1=165 K, J_2=−209 K)から期待されるものとほぼ等しい．

熱(図 7-6(b))の温度変化を示したが，これらからは，F-AF の交替鎖で最もよくフィットでき，J_{AF}～165 K，J_F～−209 K とされる．スピンギャップは～91.6 K となる[15]．この系に関して，Cu^{2+}-Cu^{2+} の磁気的相互作用と，Cu^{2+}-Sb-Cu^{2+} の Cu^{2+} 間の磁気的相互作用のうちのどちらが F 的でどちらが AF 的かについても，中性子非弾性散乱によってスピン一重項→スピン三重項励起の分散関係や散乱強度分布を見れば識別できる．実際には，**図 7-7**(a)の散乱ピークパターンから，Cu^{2+}-Cu^{2+} 間が F 的で，Cu^{2+}-Sb-Cu^{2+} の Cu 間が AF 的であった(詳しくは文献[16]参照)．その図 7-7(a)下を眺めると，交替鎖と Haldane 系との共通点がわかる．すなわち，たとえば $S=1$ の系で，一つの磁性原子サイトの二つの電子がフント結合によって平行な向きに入っている場合，その二つを隣り合うサイトに分離したものと考えれば，$CuNb_2O_6$ や $Na_3Cu_2SbO_6$ と同等なケースとして見ることができるからである．図 7-7(b)には，$\boldsymbol{Q}=(1, 2.5, 0)$での磁気励起スペクトルの温度変化にスピンギャップが現れる様子を示した．

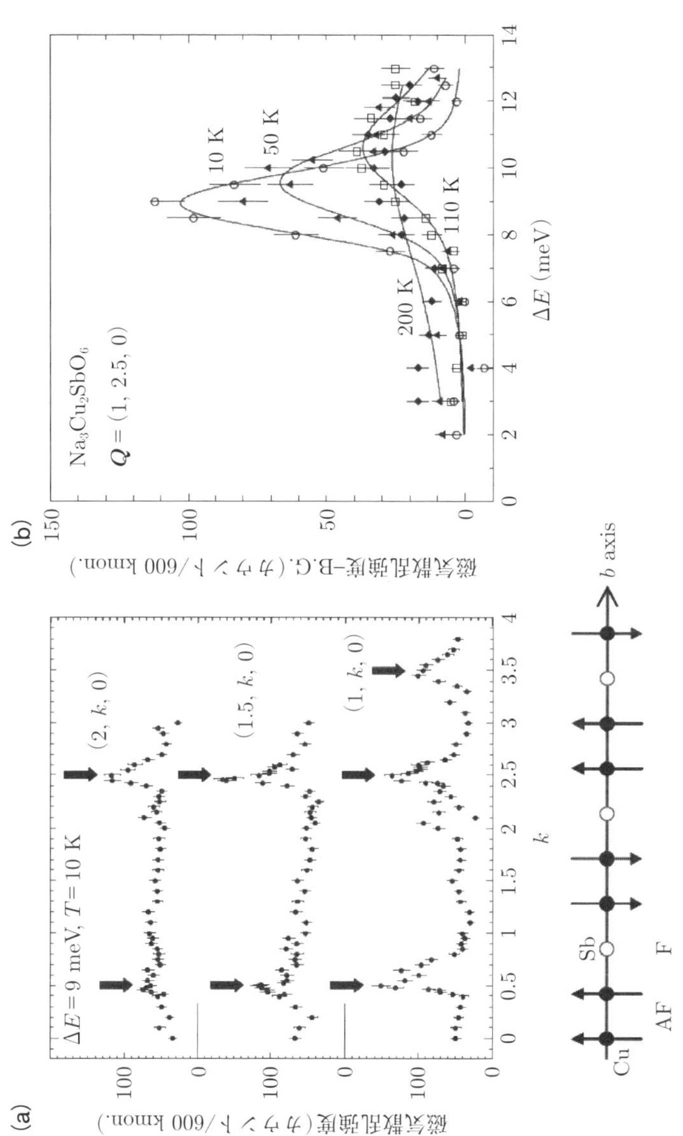

図 7-7　(a)$(1, k, 0)$，$(1.5, k, 0)$，$(2, k, 0)$に沿った，エネルギー一定(スピンギャップ端)のもとでのkスキャンで観測された磁気反射強度．この強度分布から，交換相互作用が，反強磁性的-強磁性的な交替鎖を持つか，それとも反強磁性的-反強磁性的かの識別がなされ，図(a)下のように決まった[16]．(b)$\boldsymbol{Q}=(1, 2.5, 0)$で測定した磁気散乱強度のエネルギー依存性．温度の下降に伴って磁気励起に明瞭なギャップが現れる[16]．

他に一次元スピン系でよく知られた系に $CuGeO_3$ がある[26]．この系では，Cu^{2+} のスピンがわずかな格子歪みと結合して隣のスピンと一重項状態を形成し，トータルのエネルギーを低下させている(このような転移はスピンパイエルス転移(spin Peierls transition)と呼ばれる)．当時の銅酸化物研究者からは，この観点と上記の文献[1,2]の議論とも関連して興味を引いたものと思われるが，低次元スピン系の物理の観点からは，磁気交換相互作用の強弱を格子の歪みをもとに作って交替スピン鎖の状態を実現し一重項状態に移行するものとして，多くの研究があるので，たとえば，文献[19]を参照されたい．そこには，一次元量子スピン系の典型的振る舞いがよく見える．なお，AF-AF の交替スピン鎖系のスピンギャップには，ここで踏み込まない．

スピンギャップを示す特徴的な系は，V の酸化物にも存在する．その典型的な例が Ca-V-O 系であるが，特に，CaV_4O_9 は V^{4+}(スピン$S=1/2$)がプラケット一重項(plaquette singlet)状態を持つ二次元の珍しい系であることが判明したので，それについて紹介する[27,28]．

CaV_4O_9 の模式構造を**図 7-8**(a)，(b)に示す[29]．図 7-8(a)が示すように，上向きと下向き2種の VO_5 ピラミッドが底面を図のように共有した1/5欠損(1/5-depleted)の格子を作っているユニークな構造である．図 7-8(b)には，そのピラミッドの底面が作る面を示したが，そこでは $\boldsymbol{a}$，$\boldsymbol{b}$ が面内構造の単位格子を示し，あとで記述するように $\boldsymbol{a}_\mathrm{m}$，$\boldsymbol{b}_\mathrm{m}$ が磁気的単位格子になっている．

酸素(白丸)が作る四辺形内に V 原子(黒丸)が規則的に欠損しているところがピラミッドの存在しない箇所である．このスピン系が，低温まで秩序化しないだけでなく，磁気励起にギャップを持つスピンギャップ系であることがわかった[27]．そこでは，低温での磁化率 χ の温度依存性が，スピンギャップエネルギー $\Delta\sim107$ K を使って，二次元系に特徴的な

$$\chi(T)\propto\exp\left(-\frac{\Delta}{T}\right)$$

の表式でよく説明され(**図 7-9**)，一次元系の場合の

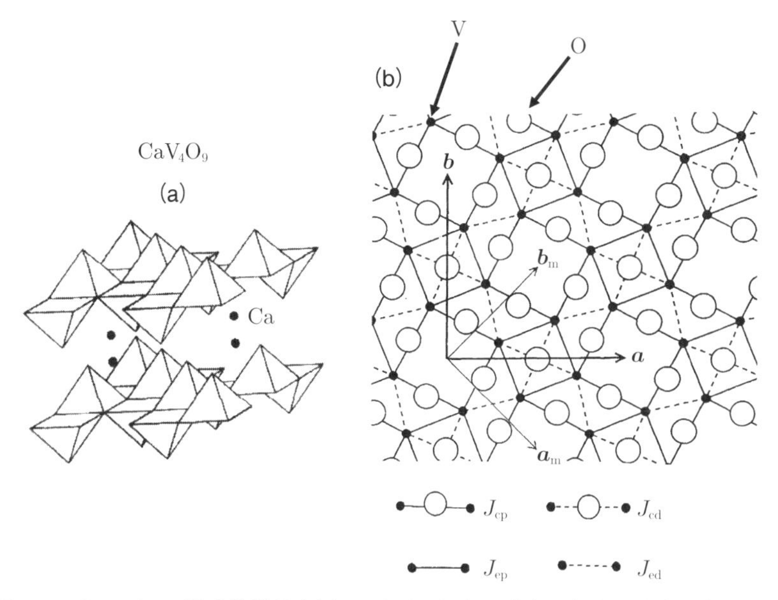

図 7-8　CaV_4O_9 の模式的構造を図 7-8(a), (b)に示す．(a)が示すように，上向きと下向き 2 種の VO_5 ピラミッドが底辺を図のように共有した1/5欠損の格子を作っている．(b)には，そのピラミッドの底面が作る面を示した．そこでは $\boldsymbol{a}$, $\boldsymbol{b}$ が面内構造の単位格子を示し，あとで記述するように $\boldsymbol{a}_{\mathrm{m}}$, $\boldsymbol{b}_{\mathrm{m}}$ が磁気的単位格子となっている[28]．また，いくつかの種類の Cu-Cu 間交換相互作用が図中に定義されている．

$$\chi(T) \propto \frac{1}{T^{1/2}} \exp\left(-\frac{\Delta}{T}\right)$$

とは明確に識別される．また，NMR の縦緩和時間 T_1 に関しても，

$$\frac{1}{T_1 T} \propto \exp\left(-\frac{\Delta}{T}\right)$$

が成立し[27]，一次元系の場合の

$$\frac{1}{T_1 T} \propto \left(\frac{1}{T}\right) \times \exp\left(-\frac{\Delta}{T}\right)$$

とは異なっている．

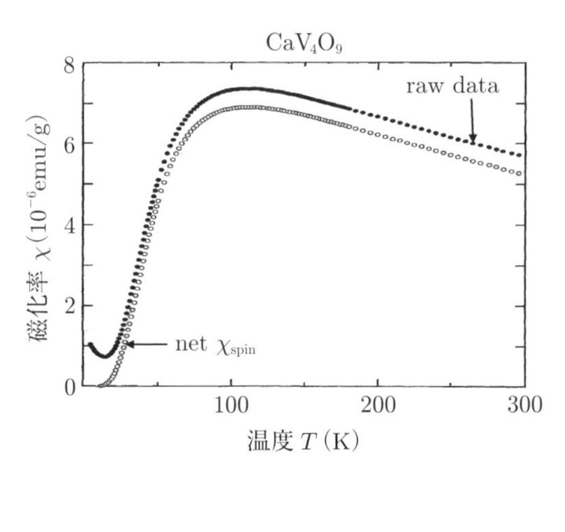

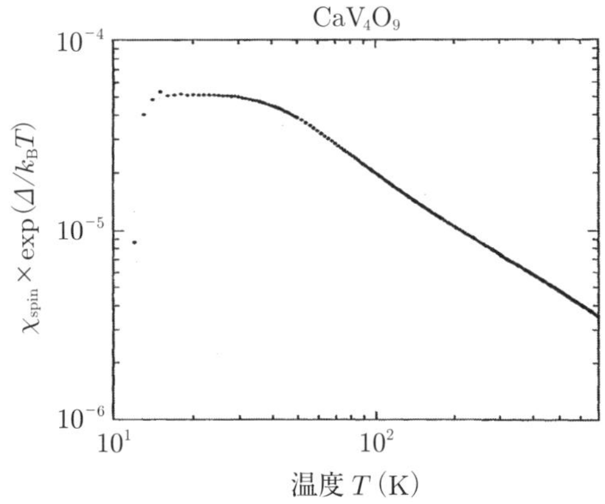

図 7-9　図上が CaV_4O_9 の磁化率の温度変化．二次元スピンギャップ系の特徴が図下のプロットからよくわかる[27]．

この系は構造上の特徴も二次元的であるが，この場合になぜ，磁気秩序を持たずに，磁気励起にギャップを持つ系になるのか．このことを微視的に明らかにするために，中性子非弾性散乱を手段に低エネルギーのスピン一重項-スピン三重項間の磁気励起の振る舞いが調べられた[28]．このとき，磁化率測定で明らかになっていたように，低温(～7 K)の測定では，ω が小さい領域での磁

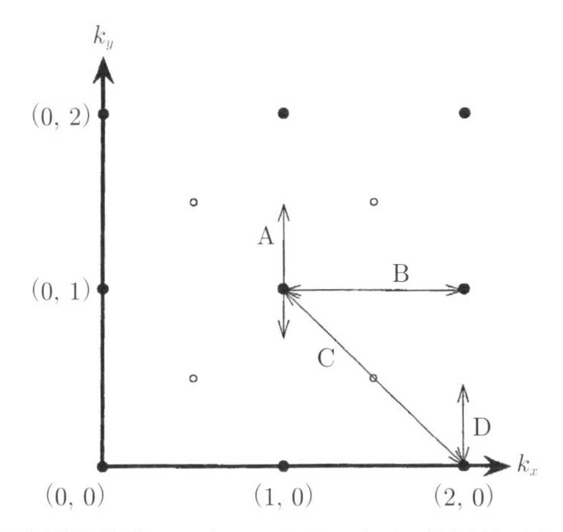

図 7-10　中性子非弾性散乱でスキャンした，$(\boldsymbol{a}^*, \boldsymbol{b}^*)$逆格子空間上のラインを A-D で示した．白丸，黒丸はそれぞれ核ユニットセルのブラッグ点といわゆる(π, π)点である．

気散乱スペクトルがスピンギャップのために観測されず，ω～10 meV から磁気散乱強度が急に増大した．**図 7-10** の A-D の線上のいくつかの $\boldsymbol{Q}$ での ω スキャンを行ってその分散関係を描いてみると，$(\boldsymbol{a}, \boldsymbol{b})$で示された結晶のユニットセルに対して，磁気的ユニットセルは，図 7-8(b)の$(\boldsymbol{a}_{\mathrm{m}}, \boldsymbol{b}_{\mathrm{m}})$で示されたものになっていることがわかる．**図 7-11** には，観測された最低エネルギー磁気励起バンドの分散関係を示す．この図には特に，横軸に示された $\boldsymbol{Q}$ は $\boldsymbol{a}^*$, $\boldsymbol{b}^*$ をベースにしたもののほかに $\boldsymbol{a}^*_{\mathrm{m}}$，$\boldsymbol{b}^*_{\mathrm{m}}$ をベースにしたものも下部の 1 行目に表示してある．そこでは，$\boldsymbol{a}_{\mathrm{m}}=(\boldsymbol{a}-\boldsymbol{b})/2$，$\boldsymbol{b}_{\mathrm{m}}=(\boldsymbol{a}+\boldsymbol{b})/2$ で，$\boldsymbol{a}^*_{\mathrm{m}}=(\boldsymbol{a}^*-\boldsymbol{b}^*)$，$\boldsymbol{b}^*_{\mathrm{m}}=(\boldsymbol{a}^*+\boldsymbol{b}^*)$ また，**図 7-12** には，最小の磁気励起エネルギーを持つ $\boldsymbol{Q}$(分散曲線の底)の近くで観測された磁気散乱スペクトル強度をいくつかの温度で示した．この図からスピン励起の持つエネルギーギャップ(スピンギャップ)が低温に向かって成長する様子がよくわかる．

このデータの解析のために，まず，V^{4+} イオンのスピン$(S=1/2)$間の交換相互作用を，図 7-8(b)中に示された J_{cp}，J_{cd}，J_{ep}，J_{ed} の四つのパラメーターで表して分散関係を考える．ここで，J_{ep} で結ばれる V の小さな四角形を

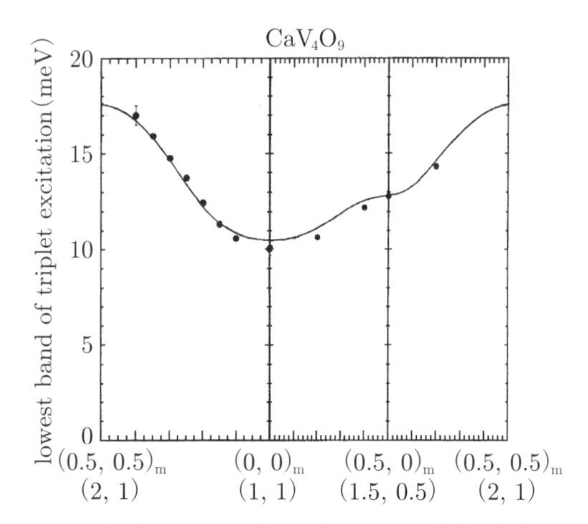

図 7-11　CaV_4O_9 に観測された，低エネルギー磁気励起の分散関係を示す[28]．この図には，横軸に示された逆格子空間の座標として$(\boldsymbol{a}^*_m, \boldsymbol{b}^*_m)$をベースにしたもの(1行目に添え字 m をつけて示した)と，$(\boldsymbol{a}^*, \boldsymbol{b}^*)$をベースにしたもの(2行目)とで表示してある．($\boldsymbol{a}_m=(\boldsymbol{a}-\boldsymbol{b})/2, \boldsymbol{b}_m=(\boldsymbol{a}+\boldsymbol{b})/2$で，$\boldsymbol{a}^*_m=(\boldsymbol{a}^*-\boldsymbol{b}^*)$，$\boldsymbol{b}^*_m=(\boldsymbol{a}^*+\boldsymbol{b}^*)$)．なお実線は，$J_c$-プラケットからの摂動計算で求められた分散関係である．

J_e-プラケット，J_{cp}で結ばれる大きな四角形をJ_c-プラケットと呼ぶことにする．J_{ed}，J_{cd}はそれぞれ，J_e，J_c-プラケットをつなぐ二つのスピンダイマー(dimer)に働く相互作用である．

実際の分散関係の計算には2種のプラケットおよび2種のダイマーのそれぞれの一重項状態から出発して二次までの摂動を用いる．孤立ダイマー系でのエネルギーレベルについてはもちろん明らかで，孤立したJ_{cp}およびJ_{ep}-プラケットの場合は，各対角線上のスピン対が作る三重項が二つで一重項状態を作る．二次までの摂動計算では，J_c-プラケットの一重項状態から出発すると実験で得られた分散関係がよく再現されるが，実はJ_c-プラケットの一重項状態のみが，必ずしもユニークな基底状態であるとの識別は難しいので，基底状態→第一励起状態の遷移確率の計算を2種のプラケットに対して行って散乱積分強度の$\boldsymbol{Q}$依存性と比較することが必要である．$T=7$ K でのその比較を行っ

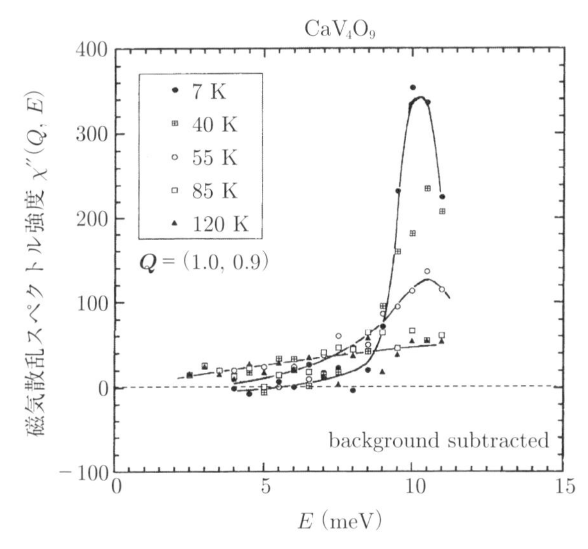

図 7-12　磁気格子のΓ点近くの点 $\boldsymbol{Q}=(1.0,\ 0.9)$でエネルギースキャンを行ったときのスピン一重項→スピン三重項励起のプロファイル．温度の下降とともに低エネルギー域にギャップが明瞭になる[28]．

た結果が**図 7-13** に示されたもので，J_c-プラケットを基底状態に選んだときにだけよく説明できることがわかる．図 7-11 には，こうしてフィットした分散曲線が示されている．このとき，決められたパラメーター J_{cp}，J_{cd}，J_{ep}，J_{ed} は，それぞれ，14.73，1.25，5.76，5.76 meV である(ただし，ここでは，J_{ep}，J_{ed} はフィッティングでは独立に決められないので，$J_{ep}=J_{ed}$ とした)．

参考として，J_c-プラケットの基底状態からの一重項-三重項間の励起エネルギーの分散関係を表す式を(7.3)式に示す．いずれにせよ，磁気的にオーダーせずに，このような，スピン一重項状態をもつ二元スピン系は極めて珍しいものである．

$$
\begin{aligned}
E(k) = J_{cp} &+ 4\left(-\frac{31}{3456}\frac{J_{cd}^2}{J_{cp}} - \frac{31}{3456}\frac{J_{ed}^2}{J_{cp}} - \frac{187}{1728}\frac{J_{ed}J_{ep}}{J_{cp}} - \frac{47}{1728}\frac{J_{ep}^2}{J_{cp}}\right) \\
&- 4\left(\frac{1}{3}J_{ep} - \frac{1}{6}J_{ed} + \frac{5}{54}\frac{J_{cd}J_{ed}}{J_{cp}} - \frac{7}{144}\frac{J_{ed}^2}{Jcp} - \frac{5}{27}\frac{J_{cd}J_{ep}}{J_{cp}} + \frac{1}{18}\frac{J_{ep}^2}{J_{cp}}\right)
\end{aligned}
$$

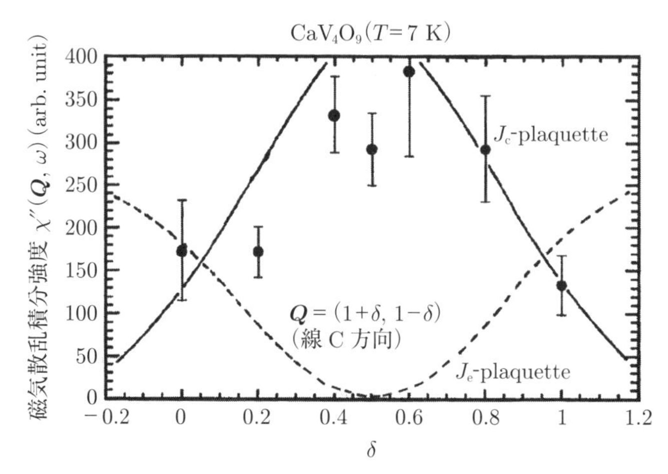

図 7-13　図 7-9 中の C 方向のいくつかの点 $\boldsymbol{Q}=(1+\delta, 1-\delta)$ で測定されたスピン一重項→スピン三重項励起の積分強度．その $\boldsymbol{Q}$ 依存性は $J_{\rm c}$-プラケットを基底状態に持つときのもので説明される．実線，破線がそれぞれ $J_{\rm c}$-プラケット，$J_{\rm e}$-プラケットを基底状態にした場合の計算結果を表す[28]．

$$
\begin{aligned}
&\times\cos\left(\frac{k_x a}{2}\right)\cos\left(\frac{k_y a}{2}\right)\\
&-4\left(\frac{1}{36}\frac{J_{\rm cd}^2}{J_{\rm cp}}-\frac{1}{216}\frac{J_{\rm ed}^2}{J_{\rm cp}}-\frac{1}{54}\frac{J_{\rm ed}J_{\rm ep}}{J_{\rm cp}}+\frac{1}{54}\frac{J_{\rm ep}^2}{J_{\rm cp}}\right)\cos k_x a\cos k_y a\\
&+2\left(\frac{1}{6}J_{\rm cd}+\frac{7}{144}\frac{J_{\rm cd}^2}{J_{\rm cp}}-\frac{1}{36}\frac{J_{\rm ed}^2}{J_{\rm cp}}+\frac{5}{54}\frac{J_{\rm ed}J_{\rm ep}}{J_{\rm cp}}-\frac{5}{54}\frac{J_{\rm ep}^2}{J_{\rm cp}}\right)(\cos k_x a+\cos k_y a)\\
&+\frac{1}{108}\frac{J_{\rm cd}^2}{J_{\rm cp}}(\cos 2k_x a+\cos 2k_y a)-2\left(\frac{1}{108}\frac{J_{\rm cd}J_{\rm ed}}{J_{\rm cp}}-\frac{1}{27}\frac{J_{\rm cd}J_{\rm ep}}{J_{\rm cp}}\right)\\
&\times\left\{\cos\left(\frac{3}{2}k_x a+\frac{1}{2}k_y a\right)+\cos\left(\frac{1}{2}k_x a-\frac{3}{2}k_y a\right)\right\}+2\left(\frac{1}{36}\frac{J_{\rm cd}J_{\rm ed}}{J_{\rm cp}}+\frac{1}{27}\frac{J_{\rm cd}J_{\rm ep}}{J_{\rm cp}}\right)\\
&\times\left\{\cos\left(\frac{3}{2}k_x a-\frac{1}{2}k_y a\right)+\cos\left(\frac{1}{2}k_x a+\frac{3}{2}k_y a\right)\right\}
\end{aligned}
\tag{7.3}
$$

銅酸化物では，二次元スピン系の反強磁性状態に，電子か正孔をドープし金属化したときに超伝導が発現した．また，梯子系では，スピン一重項状態からの超伝導の実現であった．しかし，超伝導の発現には，まずキャリアをドープできるかどうかのほかに，金属化するための条件として，d電子間のトランスファーエネルギー t が大きい等の条件を満たしていなければならない．銅酸化物は，母相がモット絶縁体でしかも，それにしては t が大きく，磁気的相互作用 $J \sim t^2/U$ の大きい，かなり珍しい系であった．その他に，電子バンドが縮退しているかどうかも，それらの物性に大きくかかわることになる．いずれにせよ，CaV_4O_9 は，超伝導から離れて，プラケットの一重項から出発した二次元スピン系として，別の意味で特異な非磁性状態を与えている．

さて，磁気励起にギャップが形成される相転移のもう一つの例として，ハニカム格子系の Li_2RuO_3 に観測されたものを挙げよう[30]．この系（相転移温度 T_0〜540 K）やスピネル型酸化物 AlV_2O_4（相転移温度 T_0〜700 K）[31, 32]は，当該の相転移点直上での比抵抗 ρ が〜0.5-1.0 × 10^{-1} Ω·cm の比較的小さな値を持つ強相関系と見なせるが，どちらの相転移も起源が類似しているようなので，ここでは主に前者のみを取り上げる．

図 7-14 に Li_2RuO_3 の模式的構造図，**図 7-15** に抵抗 ρ および磁化率 χ の温度変化を示す．T_0〜540 K に相転移が存在していることがわかる．この系の粉末試料について，室温から約 660 K までの X 線回折パターンの解析と，300 K（$< T_0$）および 600 K（$> T_0$）での中性子リートベルド（Rietveld）構造解析とによって T_0 での構造変化が詳しく調べられたが，その空間群は高温相（$T > T_0$

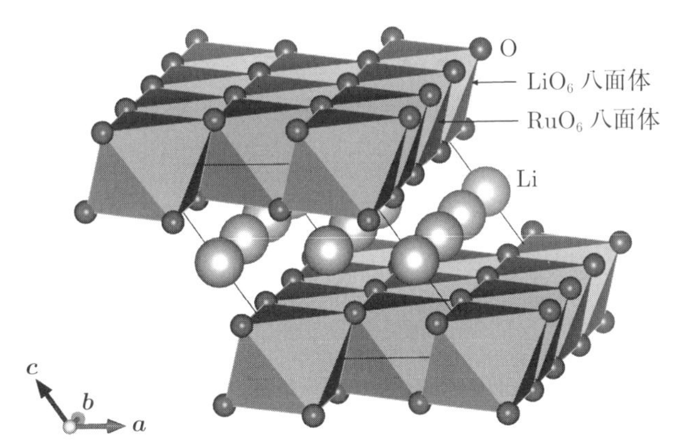

図 7-14　Li_2RuO_3 の模式的構造図．ユニットセルは細い線で示されている．

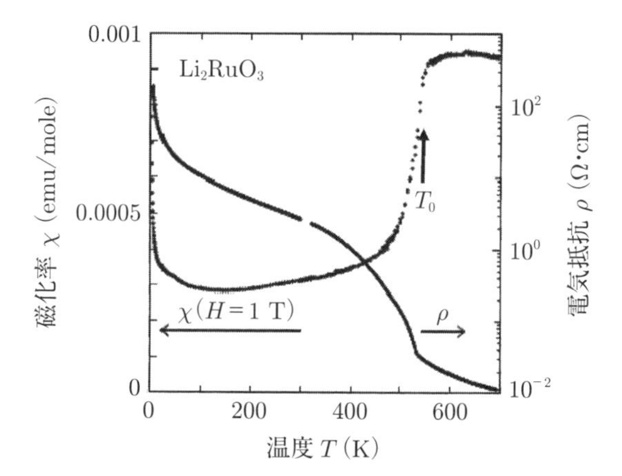

図 7-15 Li_2RuO_3 の磁化率と電気抵抗の温度変化．T_0～540 K に相転移が存在することがわかる[30]．

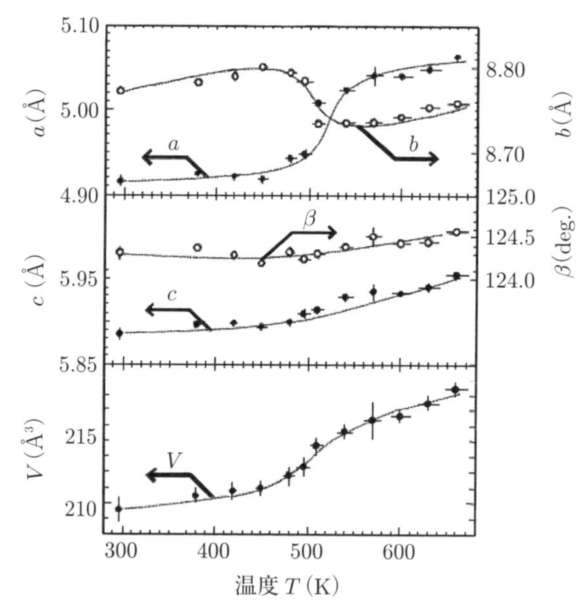

図 7-16 Li_2RuO_3 の格子定数等の温度変化[30]．図 7-17 に示されたような大きな歪みが相転移の上下で生じているにもかかわらず，格子定数等には，T_0 での不連続はもしあったとしても小さい．

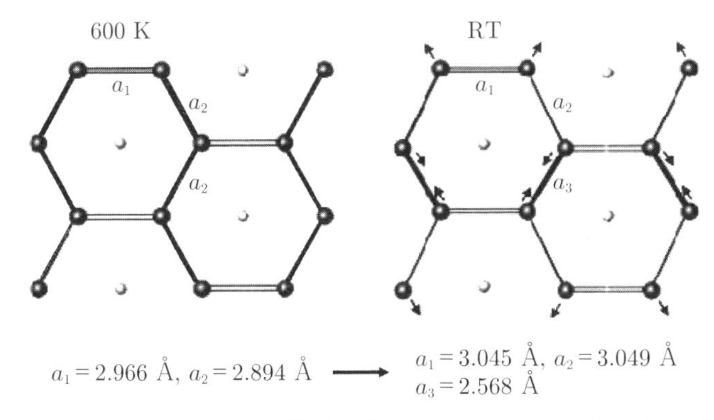

図 7-17　Li_2RuO_3 中でハニカム格子を作る Ru-Ru 原子間距離の相転移温度の上下での変化．室温における a_3 の値は $T > T_0$ より 13% ほど小さい[30]．

〜540 K）での $C2/m$ から低温相の $P2_1/m$ に変わることがわかった．また，格子定数等の温度変化が**図 7-16** に，Ru ハニカム格子の T_0 の上下での歪みが**図 7-17** に示されている[30]．結果の特徴は，（ i ）抵抗や構造パラメーターが，連続的，もしくは際立った不連続を持っていないこと，（ ii ）ハニカム格子上の Ru 原子が，大きな原子間距離の変化を起こして，低温相（$< T_0$）では対をつくった形をしていることである．（ ii ）については，二つの Ru^{4+} イオン間に 4d 電子の分子軌道が形成され，合わせて 8 個ある 4d 電子が，その結合，非結合，反結合軌道に**図 7-18** のように分配されることを考えれば，対が近づいてこのような電子状態を安定化することが容易に推測される．このことは，T_0 の上下の温度でなされた密度勾配近似による計算で確認され，T_0 での抵抗の変化も説明された[33]．

しかし，このような極めて大きな格子歪みを伴う分子軌道形成相転移が，（ i ）のように連続的な（もしくは，不連続さが見えないほど小さい）ものに見えることは，驚くべきことであった．

上記の結果に対して，最近，キンバーら（S. A. J. Kimber *et al.*）[34]は，この現象をさらに詳しく調べるために，X 線回折や密度汎関数理論（density functional theory（DFT））計算を行い，この歪み（Ru-Ru のダイマー形成）は，局所

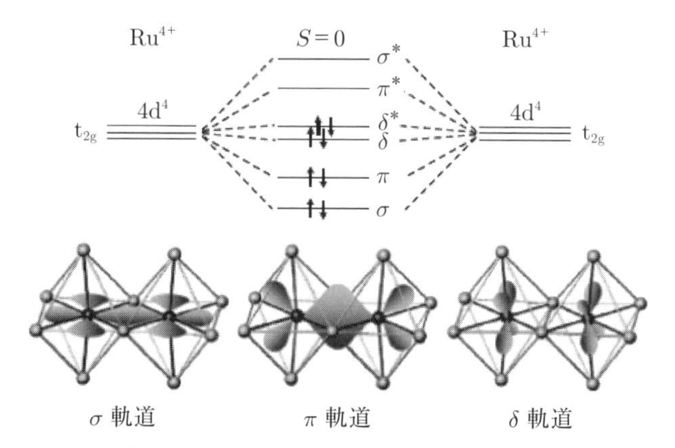

図 7-18　二つの Ru^{4+} イオン間に 4d 電子の分子軌道が形成され，合わせて 8 個ある 4d 電子が，その結合，非結合，反結合軌道に図のように分配される．この分子軌道形成機構で Ru 対ができて系が安定化する[30]．

的には T_0 よりはるかに高い 920 K あたりの温度まで存在しているが，空間的には秩序を持っていない，いわゆるバレンス結合液体(valence bond liquid)状態になっているとした．$T > T_0$ での状態は，銅酸化物の RVB 状態(第 3 章の文献[18]参照)に通じるが，量子効果ではなく熱的な効果によるので，いわばその古典版といえる．第 3 章で言及した Ti_4O_7 に対してと同様，キャリア数制御の効果等にも興味が持たれるが，この系の場合には大きな格子歪みを伴っているので，電子軌道の自由度と格子が強く結合した系として金属化が可能かどうかが問題である．もし可能ならどんな振る舞いを見せるか，知りたい課題の一つと言える．なお，ここで見たような大きな局所歪みを伴った転移は，強相関電子系にかなり普遍的なもののようである．

これまで，磁気励起にギャップが現れる物質系のいくつかについて紹介し，固体中の電子スピンが，構造上の特徴や軌道の特徴を反映してスピン一重項対を作り，非磁性となる例を挙げてみた．なお，エネルギーギャップを持たずに揺らぐスピン系はスピン液体と呼ばれ，物質系の新しい相として系の次元によらず，昨今の物質探索やその新規な物性研究の対象となっているがここでは立ち入らない．

7-1-2　$Nd_2Mo_2O_7$ の特異な異常ホール効果

銅酸化物高温超伝導体に見られたホール係数は，第 5 章の図 5-5 にあるように，その温度変化や，モット絶縁相にドープされたキャリア濃度依存性等が極めて異常に見えた．超伝導を示す金属相に見られるこの振る舞いの起源について，RVB や反強磁性揺らぎの影響を考える立場からの議論が続いたが，それが幾何学的フラストレーションのために磁気揺らぎの大きい系のホール係数への強い興味のきっかけともなった．もっとも，アンダーソンが発表した銅酸化物超伝導に関する最初の論文が，当時東大物性研中性子部門教授の平川金四郎先生にプレプリントとして送られてきたとき，確か手書きで，“Hirakawa's RVB is real and important” と書かれており，そこあたりからフラストレーション系全体への興味がさらに強く認識されたという見方もできる．

フラストレーションについて重複を恐れず，再度記述すれば次のようである．たとえば，反強磁性的な相互作用を持ったイジングスピンを三角格子上に適当に配列させて基底状態を作ろうとしても，巨視的に縮退した自由度が残ってしまう．このような状況しか作れない系をフラストレート系と呼ぶ．原理的には，どこまで低温にしても安定な秩序構造を選べずに揺らいでいることになる．**図 7-19** には，三角格子に加えて正四面体の頂点にスピンを持つ系，さらにはある最近接と次近接交換相互作用にある条件があるときの CuO_2 リボン鎖系等を例示した．

パイロクロア系 $A_2B_2O_7$ は，4 個の正三角形面を有する A_4 と B_4 の正四面体がそれぞれの頂点共有で，互いに入り組んだ別個のネットワーク構造(**図 7-20**；空間群 $Fd\bar{3}m$)をとり，頂点上の磁性イオンが三次元のフラストレート系となる．**図 7-21** には，$Y_{2-x}Bi_xRu_2O_7$ のホール係数 R_H の温度依存性をいくつかの x 値に対して示した[35]．この系は，x とともに金属的になるが，その境界は抵抗の温度変化から 0.6-0.8 に存在するようである．一方，磁化率にスピングラス転移(スピンの方向がガラス状に凍結する転移)による異常が見られる温度 T_G は $x=0.5$，0.6，0.8 で，それぞれ，$\sim$24 K，18 K，8 K である．このような x 値を持つ系でホール係数 R_H は，図 7-21 に示されたように，

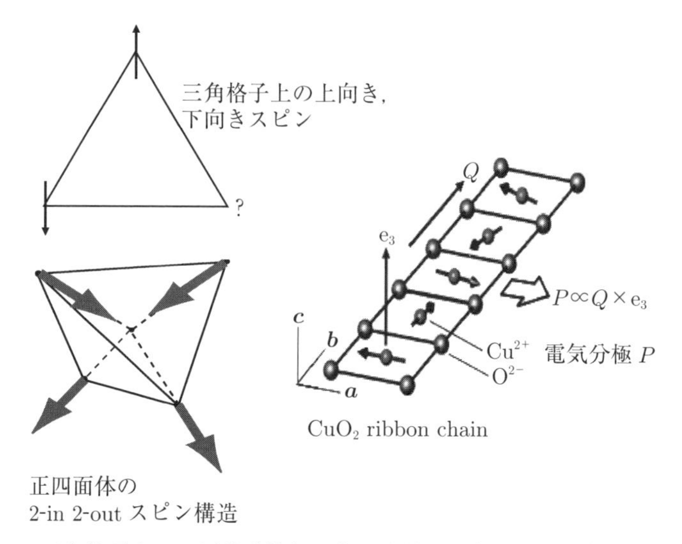

図 7-19　三角格子上の，反強磁性相互作用を持つ上向き，下向きスピン，正四面体の頂点にある 2-in 2-out スピン，最近接と次近接交換相互作用にある条件があるときの CuO_2 リボン鎖系をフラストレーション系の例として示した．

$T>30$ K$(>T_G)$の温度域，すなわち，磁気揺らぎが大きな領域で，銅酸化物の場合と同様に，低温に向かって増大することを示していることから，大きな磁気揺らぎがホール係数の異常を出しているような結果をもたらしている．

しかし，上記のような研究中に，R_H の振る舞いに対する興味がかき立てられたのは，いわゆる“スピンアイス”系であることが判明した $Nd_2Mo_2O_7$ においてであった．なお，ここでいう“スピンアイス”という名前の由来は以下に述べるとおりである．“氷(固体の H_2O)”中の H 原子は酸素原子の周りに四面体構造を取って配列するが，その場合，四面体の重心から遠のいているもの，近づいているものが各々二つであるが，その遠近の選び方が六通りあるので，結晶では基底状態の構造に巨視的な縮退が残ってしまう．これがポーリング (L. Pauling) によって指摘された氷のフラストレーションである[36]．$Nd_2Mo_2O_7$ の場合には，Nd_4 四面体の重心と頂点 Nd とを結ぶ線上に Nd モーメントの容易軸があり，その内向きと外向きだけが許されることや，Nd スピ

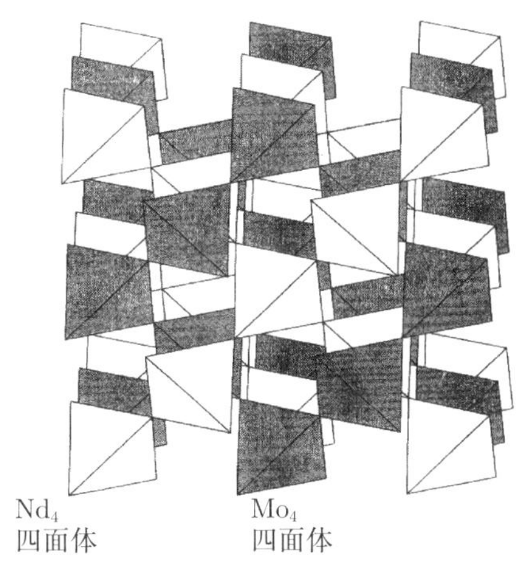

図 7-20　パイロクロア系 $A_2B_2O_7$ の模式構造．互いに入り組んだ AO_6，BO_6 八面体で構成される(ここでは A=Nd，B=Mo として示した)．

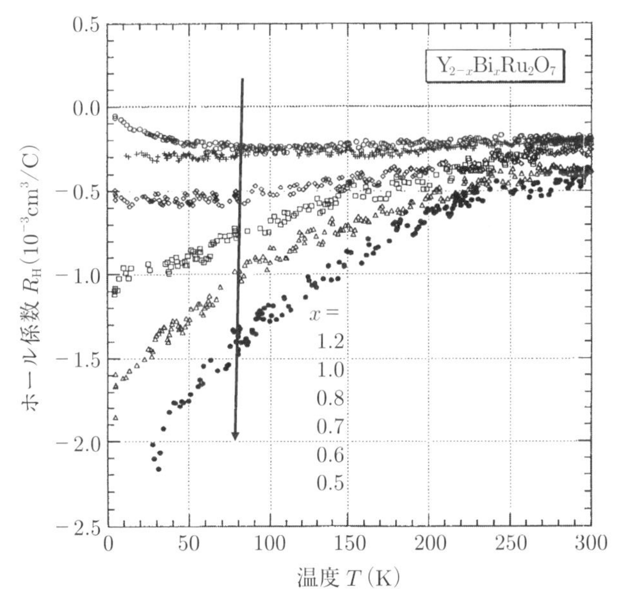

図 7-21　$Y_{2-x}Bi_xRu_2O_7$ のホール係数 R_H の温度変化[35]．

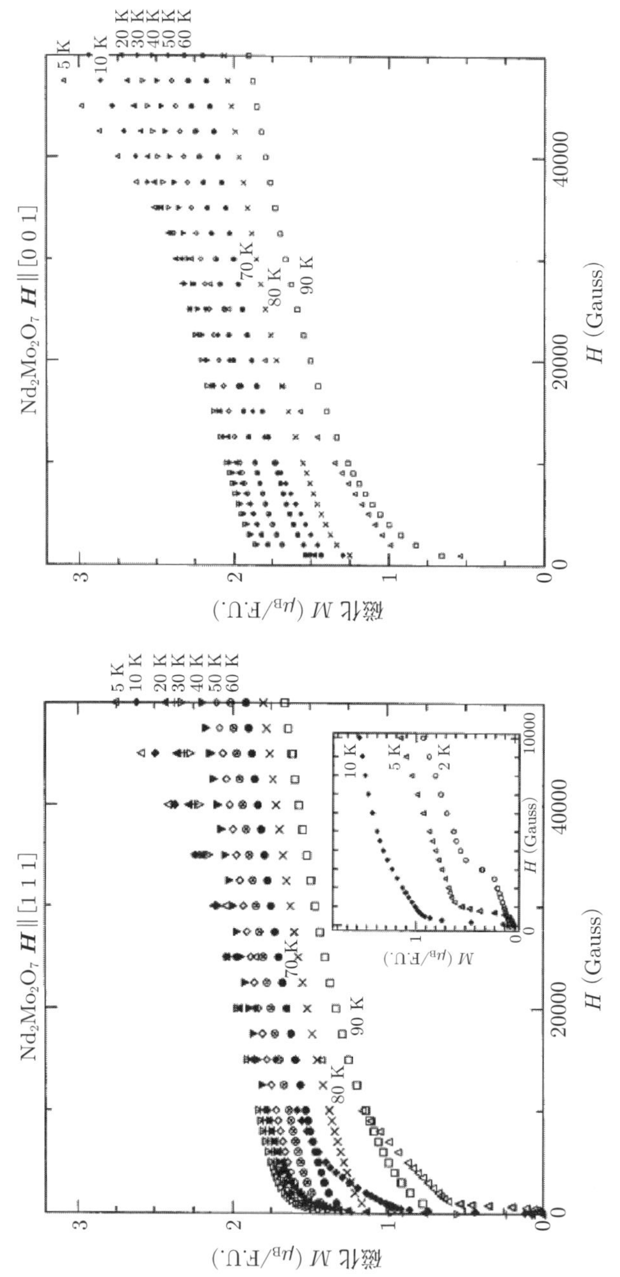

図 7-22　$Nd_2Mo_2O_7$ の $\boldsymbol{H}$∥[1 1 1] と $\boldsymbol{H}$∥[0 0 1] での磁化曲線をいくつかの温度で示した[38]．図左の挿入図は低温，低磁場でのデータを示す．

ン同士が強磁性的な相互作用を持っていることから，そのうちの 2 個が内向き，他の 2 個が外向き(2-in 2-out)になったときにエネルギーが最低になる．

この $Nd_2Mo_2O_7$ に見られた異常ホール効果を見ると，その絶対値や磁場依存性等が極めて異常に思われたので，筆者らはこれを“特異な異常ホール効果”と呼んだ[37, 38]．この系では，正四面体を作る Mo の 4d 電子が伝導を担うが，同時に Mo1 個あたり $\sim 1\mu_B$ の磁気モーメントを持った強磁性秩序をキュリー温度 $T_c \sim 93$ K で示す．この温度では，まだ，Nd の磁気秩序はないが，温度を下げていくと，40 K あたりから Mo 磁化 $\boldsymbol{M}_{Mo}$ からの内部磁場を受けて，$\boldsymbol{M}_{Mo}$ と反平行な net モーメント $\boldsymbol{M}_{Nd}$ を徐々に持ち始める．そこでは，各 Nd 原子のモーメントは，Nd_4 正四面体の重心と各 Nd を結ぶ線上にそろい，2-in 2-out 構造(スピンアイス構造)を取っていることが，中性子回折実験から知られる[39]．**図 7-22**，**図 7-23** には，このような系に対して磁場 $\boldsymbol{H}$ を［111］および［001］方向に印加したときに見られる磁化曲線とホール抵抗 ρ_H をいくつかの温度で示した[37, 38]．

通常の強磁性体では，ホール抵抗 ρ_H が通常のホール係数 R_0 と異常ホール係数 R_S さらに外部磁場 H，伝導を担う電子系の強磁性磁化 M を用いて，

$$\rho_H = R_0 B + 4\pi R_S M \tag{7.4}$$

もしくは，反磁場係数 $N \sim 1$ として

$$\rho_H = R_0 H + 4\pi R_S M \tag{7.4$'$}$$

と表せる[40]．しかし，$Nd_2Mo_2O_7$ の結果にはこの式が適用できないことが図 7-22，図 7-23 の ρ_H-H 曲線のデータからすぐにわかる[37, 38]．そこでは，これらの観測データが，むしろ，符号の異なる二つのホール係数 R_S と R'_S を用いた現象論的な表式

$$\rho_H = R_0 H + 4\pi R_S M_{Mo} + 4\pi R'_S M_{Nd} \tag{7.5}$$

が観測結果をよく説明することや，Mo サイトへの Ti ドーピングが与える ρ_H への影響等の観測結果がこれを支持している[42]ことに注目して，電気伝導に寄与しないはずの Nd のモーメントの寄与がなぜ見られるのか新たな課題として，その解決のために中性子回折による詳しい磁気構造の決定を重要視した．

一方，特異な異常ホール効果は，同時期に別のグループでも独立に観測さ

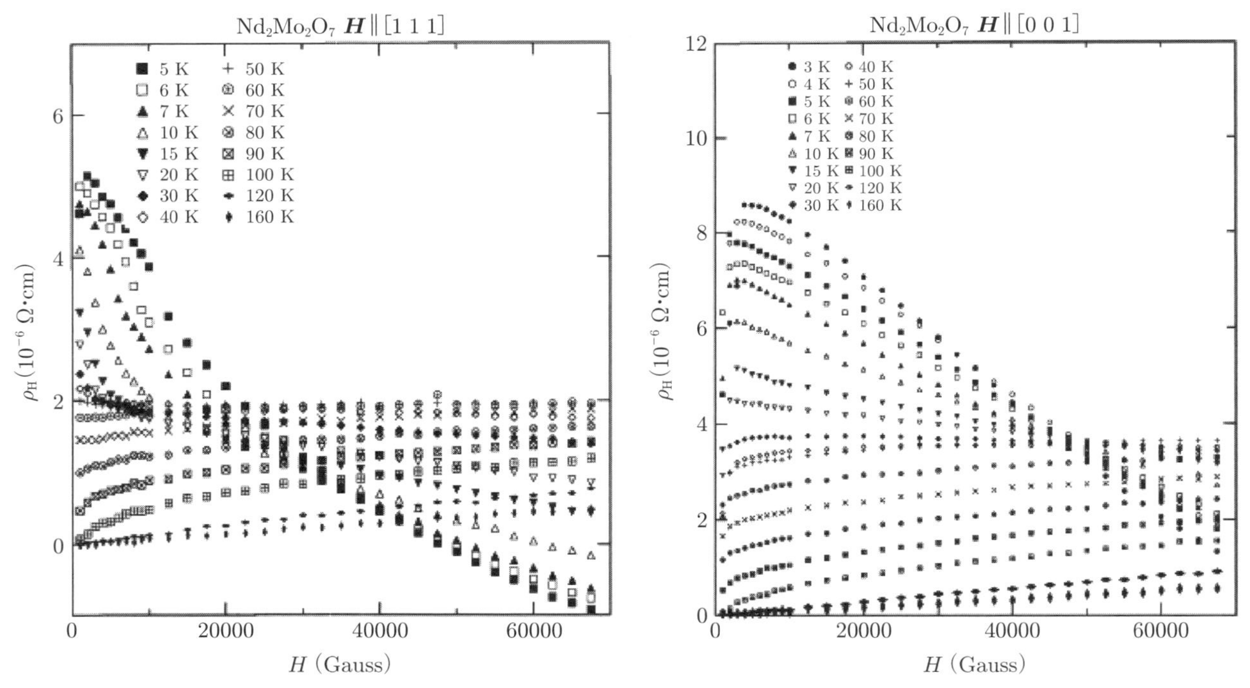

図 7-23　$Nd_2Mo_2O_7$ に対して，$\boldsymbol{H}$∥[1 1 1] と $\boldsymbol{H}$∥[0 0 1] で測定されたホール抵抗 ρ_H の H 依存性をいくつかの温度で示した[37].

れ，“スピンアイス”系に特有なスピン構造を念頭に，Mo スピンに誘起されたスピンカイラリティのモデルが議論されたので[41]，ここではこの課題の進展をのちに現れたボルドリンとウイルス(D. Boldrin and A. S. Wills)のレビュー[43]も念頭に入れて以下に紹介する．

三つのスピン $\boldsymbol{S}_1$，$\boldsymbol{S}_2$，$\boldsymbol{S}_3$ が作るカイラリティはそれらが張る立体角に対応する $\chi=\boldsymbol{S}_1\cdot(\boldsymbol{S}_2\times\boldsymbol{S}_3)$ で表されるが，スピンカイラリティモデルでは，3 個のスピンが作る平面に垂直な方向 $\boldsymbol{n}$ に定義されたベクトル $\boldsymbol{\phi}=[\boldsymbol{S}_1\cdot(\boldsymbol{S}_2\times\boldsymbol{S}_3)]_{\mathrm{n}}$ が特異な異常ホール効果の議論に現れる．$Nd_2Mo_2O_7$ では，Mo モーメントが $T_{\mathrm{C}}\sim 93$ K 以下で強磁性にオーダーする．その強磁性モーメントとの相互作用で Nd モーメントも徐々に non-coplanar な 2-in 2-out の形にオーダーし始めるので，Mo モーメント自身も反作用によって小さな角度 θ だけ傾き，non-coplanar 構造をとることになる[39]．Mo の伝導電子は，正四面体の表面三角形の頂点にあって θ だけ傾いた Mo スピン自身とフント結合をしながら一回りしたとき，その波動関数の位相(ベリー位相)にスピンカイラリティ($\propto\theta^2$)に比例した余分な項を，いわば“仮想磁束”から受け取るとするのがスピンカイラリティモデルである．これは，超伝導体の磁束の場合とよく似ている．パイロクロア系のように，一つの四面体に四つの三角形の面を考える場合には，各面のベクトルカイラリティ $\boldsymbol{\phi}_i$ ($i=1$-4)を考えるので，全体の仮想フラックス $\boldsymbol{\Phi}$，$\boldsymbol{\Phi}=\Sigma\boldsymbol{\phi}_i$ となるが，その磁場方向(z 方向)成分 $\boldsymbol{\Phi}^{\parallel}$ を使って，異常ホール伝導度(異常ホール抵抗)σ_{xy}^a(ρ_{H}^a)が

$$\sigma_{xy}^a\sim\rho_{\mathrm{H}}^a/\rho^2\propto\boldsymbol{\Phi}^{\parallel}\ (\rho_{\mathrm{H}}^a\propto\sigma_{xy}^a\propto\boldsymbol{\Phi}^{\parallel}) \tag{7.6}$$

となる(ρ は低温で constant)．**図 7-24** には，フント結合によって感じる仮想フラックスを示した[44]．

詳細は原著論文を参照してもらうことにして，ここではまず，中性子散乱の観測結果を中心にした実験データをもとに磁気構造を正しく記述するパラメーターを決め，そのうえで Mo 自身の伝導電子と相互作用する Mo モーメントのカイラリティを計算し，結果を(7.6)式を通してホール抵抗 ρ_{H}^a の磁場依存性と比較してみる[45-47]．

まず**図 7-25** に，磁場 $\boldsymbol{H}\parallel[001]$ と $\boldsymbol{H}\parallel[0\bar{1}1]$，$T=1.6$ K での磁気ブラッグ

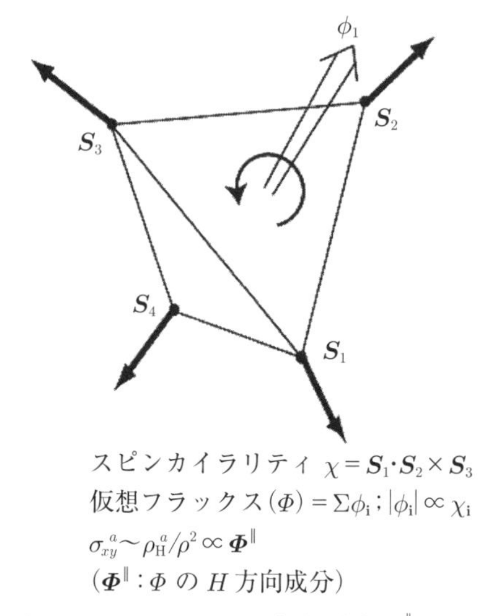

図 7-24　スピンカイラリティモデルでの仮想磁束 $\boldsymbol{\Phi}^{\parallel}$ とそれによるホール抵抗 $\rho_{\mathrm{H}}^{\mathrm{a}}$ との関係.

点で測定された磁気散乱積分強度の磁場変化とそれを再現する計算結果(実線)を示す．低磁場域で磁場スイープ方向への依存性が見られるが，これは，磁化のヒステリシスによる．観測されたデータと計算結果の一致はかなり満足がいくものになっている．

少々複雑ではあるがここの計算法を記述すると，以下のようである．用いたパラメーターは，次のハミルトニアン

$$\begin{aligned}\mathcal{H} = &- \sum_{(m,n)} J_{\text{Mo-Mo}} \mathbf{S}_m^{\text{Mo}} \cdot \mathbf{S}_n^{\text{Mo}} - \sum_{(m,r)} J_{\text{Mo-Nd}} \mathbf{S}_m^{\text{Mo}} \cdot \mathbf{S}_r^{\text{Nd}} \\ &- \sum_{(r,s)} J_{\text{Nd-Nd}} \mathbf{S}_r^{\text{Nd}} \cdot \mathbf{S}_s^{\text{Nd}} \\ &+ \sum_{m} g_{\text{Mo}}\, \mu_{\text{B}} \langle f \rangle \mathbf{S}_m^{\text{Mo}} \cdot \boldsymbol{H} + \sum_{s} g_{\text{Nd}}\, \mu_{\text{B}} \mathbf{S}_s^{\text{Nd}} \cdot \boldsymbol{H}\end{aligned} \tag{7.7}$$

に含まれるもので，スピン間の交換相互作用 J は，それぞれ添え字 Mo，Nd

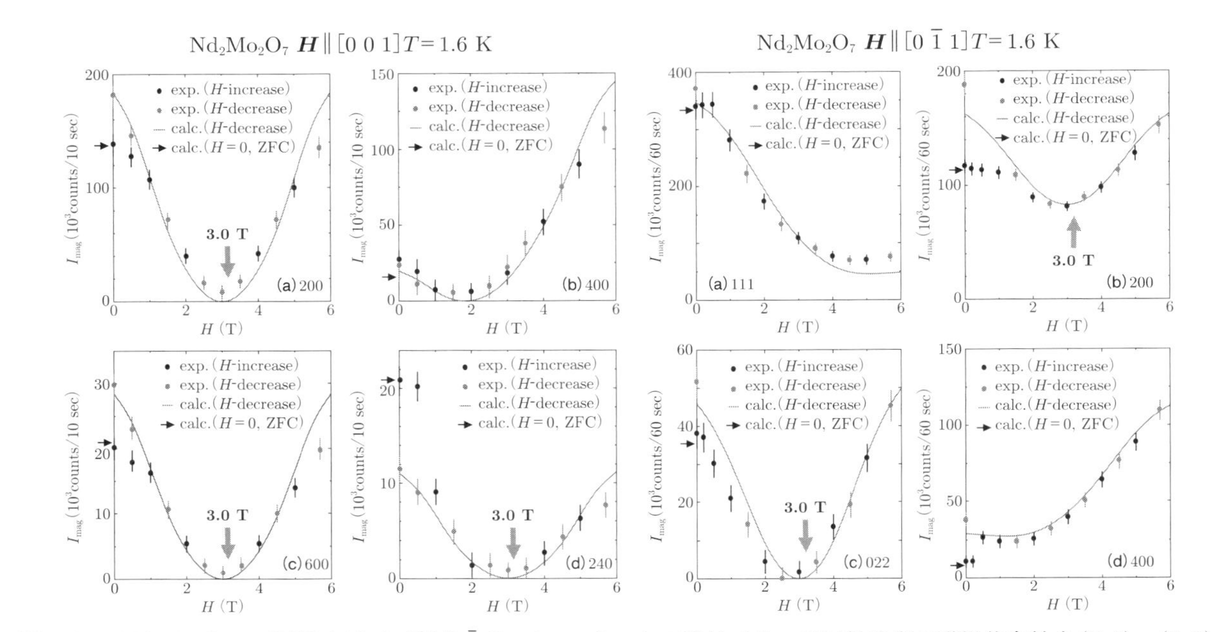

図 7-25　$Nd_2Mo_2O_7$ の $\boldsymbol{H}\parallel[0\,0\,1]$ と $\boldsymbol{H}\parallel[0\,\bar{1}\,1]$ でのいくつかの磁気ブラッグ反射強度の磁場依存性を(7.6)，(7.8)式を用いて再現したもの．磁場が減少時にヒステリシス効果のため，低磁場域で計算曲線が完全にはフィットしていない場合があるものの，ほぼ再現されている[45, 46]．

で原子種を，m，n で Mo サイトを，r，s で Nd サイトを指定し，さらにスピン $\boldsymbol{S}$，g 因子 g も似た形の指定を行っている．また，Mo-Mo(m, n) および Mo-Nd(m, r) の相互作用は隣り合うすべてのペアについて，Nd-Nd の相互作用(r, s)については，最近接と次近接ペアの相互作用について(両者で J の値を変えて)すべてを取る．また，$\langle f \rangle$ は Mo サイトにある実際のモーメントと Mo^{4+} イオンのそれの比であるが，実験的には，低温で $g_{Mo}\mu_B\langle f\rangle S_{Mo}=1.30\mu_B$ なので，$S_{Mo}=1(Mo^{4+})$ としたとき，$\langle f\rangle=0.65$ である(いまは，$g_{Mo}=2$，また，Nd^{3+} に対しては自由イオンの値 $g_{Nd}=0.727$ としておく)．$T_c=93$ K が Mo の秩序する温度であることを考慮すれば，$J_{\text{Mo-Mo}}=9.8$ K と見積もられる．さらに，Mo の秩序化したモーメントの温度依存性は 111 の磁気反射強度から知ることができる．

他のパラメーターの決定に用いた詳細は文献[45]に委ねるが実際の計算では，ユニットセル内の 16 個の Nd モーメントについて，2-in 2-out の制約の下でのすべての組み合わせとその周期的配列を使って各組み合わせが持つエネルギーを算出し，そのカノニカル分布を考えて観測した物理量へのフィッティングを行った．図 7-25 はこうして求められたものである．そこで得られたパラメーターは，$S_{Nd}=2.65(g_{Nd}\mu_B S_{Nd}=1.93\mu_B)$，$J_{\text{Mo-Nd}}=-0.25$ K (反強磁性的)，Nd-Nd の最近接相互作用 $(J_{\text{Nd-Nd}})^{\text{NN}}=0.29$ K(強磁性的)であった．Nd-Nd 間の次近接相互作用 $(J_{\text{Nd-Nd}})^{\text{2nd}}=-(1/6)\times(J_{\text{Nd-Nd}})^{\text{NN}}$ も必要だったのは，Nd の局在スピン間に Mo の伝導電子を介した RKKY 相互作用と呼ばれるものが働いているからである(つけ加えるが Mo モーメントの single ion 異方性はないとしている)．

いったん，磁気ブラッグ反射を再現する系のパラメーターがわかると，磁場 H や温度 T の関数として磁気構造(スピン配列)の分布を考慮した式

$$\boldsymbol{\Phi}^{\parallel}_{\text{Mo}}(\boldsymbol{H}, T) = \frac{\displaystyle\sum_i \sum_{(i,m,n)} [(\boldsymbol{S}^{\text{Mo}}_{l,i}\cdot\boldsymbol{S}^{\text{Mo}}_{m,i}\times\boldsymbol{S}^{\text{Mo}}_{n,i})\hat{\boldsymbol{n}}_{l,m,n}\cdot\hat{\boldsymbol{H}}]\cdot\exp(-\varepsilon_i/(k_B T))}{\displaystyle\sum_i \exp(-\varepsilon_i/(k_B T))} \tag{7.8}$$

によって $\boldsymbol{\Phi}^{\parallel}$ を求め，(7.6)式から ρ_{H}^{a} が計算できる（ここで $\hat{\boldsymbol{H}}$ は磁場方向の単位ベクトルで，$\hat{\boldsymbol{n}}_{l,m,n}$ は l, m, n の Mo が作る三角形面に垂直な単位ベクトル）．Nd モーメントが，Nd_4 正四面体の重心と各 Nd 原子とを結んだ線上にあるので，それらとの相互作用によって，S_{Mo} 自身も平行な線上には並んでいない(non-coplanar)構造をとることから伝導電子面に仮想フラックス $\boldsymbol{\Phi}^{\parallel}$ が現れる．その磁場依存性は，**図 7-26** に示すもので，実験で観測されたデータとは全く異なる．このことから，$Nd_2Mo_2O_7$ の特異な異常ホール効果が，スピンカイラリティモデルでは説明できないことが明瞭である．この結論は，ρ_{H}^{a} の温度変化や絶対値の考察からも明らかになっている．

さらに言えば，中性子非弾性散乱実験では，エネルギー $\omega \sim 0.48$ meV にエネルギー分散を持たない磁気励起が現れる[45]がこのイジングスピン系に特徴的な（分散を持たない）励起の存在も上記の解析と consistent である．加えて，Nd^{3+} が，有効スピン 1/2 のクラマース二重項(Kramers doublet)を持っていることも，他のパイロクロア系である $Nd_2Zr_2O_7$ や Nd_2GaSbO_7 等，イオン半径の似た系との比較から自然に予想されることである[48]．

では，この現象はどんな機構によって生じているのか？　それに対する答えは，のちに富沢と紺谷による二つの論文で示されている[49,50]．これは，Nd のモーメントとの相互作用を通して，互いに平行な線上から外れてしまった Mo のモーメントの上を，同じ Mo の伝導電子がスピン-軌道相互作用を持って運動する過程で余分なベリー位相を得るというものである．

図 7-27 は，その機構を見る模式図として，パイロクロア格子内のカゴメ格子とそれを構成する d 電子波動関数を示した[51]．そこでは，隣り合う Mo サイトで図にあるような軌道に移る際，原子軌道の位相（ベリー位相）の変化に $-(\sqrt{3}/2)\theta$ が余計に現れる（θ は Mo モーメントの tilt 角である）．図の三角形を一回りしたときの仮想磁束 $\boldsymbol{\Phi}^{\parallel}$ は，Mo スピンの傾き角 θ に比例するので，(7.5)式で実験結果がよく説明できる．また，ρ_{H}^{a} の絶対値も温度依存性も実験と矛盾がない（スピンカイラリティ機構では $\boldsymbol{\Phi}^{\parallel}$ が θ^2 に比例するので ρ_{H}^{a} の温度変化にも大きな違いが出る）．このようにして決められた機構は，一口で言えば，軌道アハラノフ-ボーム効果(orbital Aharanov-Bohm effect)と呼ぶべき

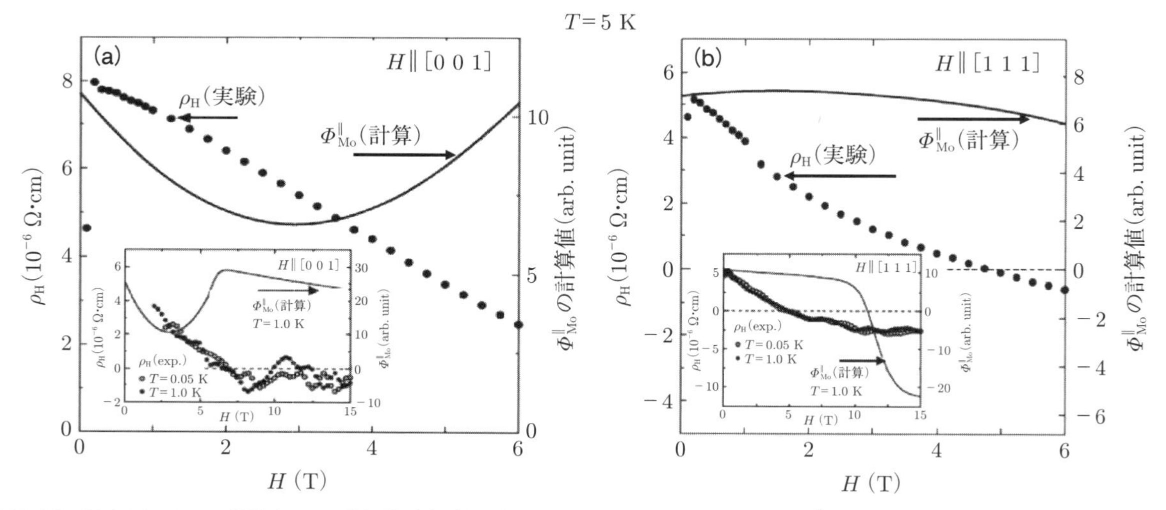

図 7-26　$Nd_2Mo_2O_7$ の磁場中での磁気構造解析に基づいて計算された仮想磁束 $\Phi^{\parallel}$ と，それに伴うホール抵抗 ρ_H^a の磁場依存性との比較．結果は，この系の特異な異常ホール効果が，スピンカイラリティモデルでは説明できないことを示す[45,46]．

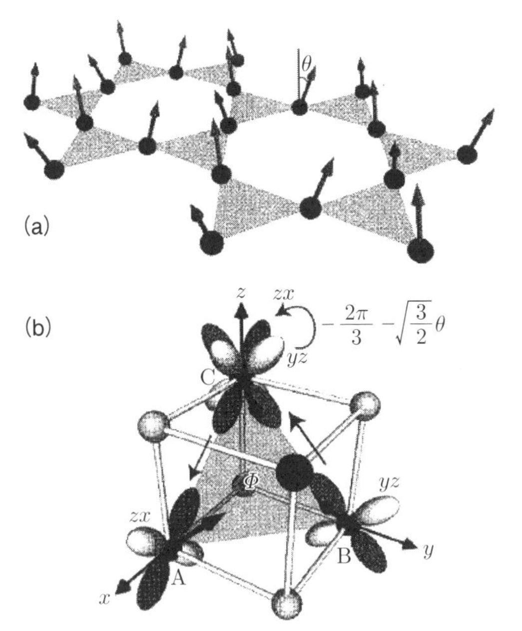

図 7-27　(a)パイロクロア格子中に存在する Mo のカゴメ格子(a)を通った電子がベリー位相を得る機構についての説明図[51]．電子が異なった波動関数に移る際に，$-2\pi/3$ の位相変化だけでなく Mo の磁気モーメントの強磁性成分方向からのずれ角 θ に比例した成分 $-\sqrt{\frac{3}{2}}\theta$ を得る(b)．これが，特異な異常ホール効果を生む機構である(軌道 AB 効果)．

もので，スピンカイラリティモデルとは明確に区別されるものと考えている．

この研究は，(筆者らの場合)銅酸化物の異常とも見えるホール効果への興味から始まったものであるが，結果的には新しい現象につき当たるものになった．ただ，ここでつけ加えたいことは，「軌道アハラノフ-ボーム効果なら，たとえば，パイロクロア系のどれにでも見られる」というものでもないことである．$Nd_2Mo_2O_7$ のように，Mo の強磁性秩序が見られる金属系の例はほかにない．しかし，文献[43]には，特異な異常ホール効果が他の何らかの機構で現れていると見られる例が取り上げられている．仮想フラックス $\boldsymbol{\Phi}^{\parallel}$ がどのような機構で現れるかについて追究することが今後の興味あるテーマとなろう．

7-1-3　スピンアイス系の低温スピン相関

同じパイロクロア系であっても，Ho の大きな磁気モーメントで特徴づけられる絶縁体スピン系の $Ho_2Ti_2O_7$ の振る舞いをここで見てみよう．この系では，Ho のスピンが大きな値であることや常磁性磁化の温度変化から期待されるワイス温度(～1 K)に比べてはるかに低い～50 mK まで秩序化しないことがわかっている[52, 53]．この系が強磁性的相互作用が働いたスピン系で初めてのフラストレーション物質とされ，2-in 2-out の構造が実現するものとされた．実際，⟨111⟩方向への異方性は～50 K でスピンアイスの条件を満たしている．しかし，この系では，磁気秩序がないものの，スピン液体状態にあるわけではなく，低温では凍結が始まって 1 K 以下では，温度の上下の際のヒステリシスも磁気散乱に見えていそうで，最近接スピン間の交換相互作用だけでなく，双極子磁場による相互作用も考慮する必要があると思われる[54, 55]．この低温での状態について，単結晶を用いた中性子散乱研究結果[55]を主に紹介する．

図 7-28(a)に，T＝0.4 K において(h, h, l)面上で観測された弾性散乱(エネルギー分解能～0.86 meV)の強度分布(Ho^{3+} の form factor で補正済み)を示し，図 7-28 の(b)，(c)に，それぞれ，クラスターモデルを用いた計算結果および平均場近似による解析結果(ともに後述)と比較した．ここで，クラスターモデルとは，ユニットセル内の 8 個の Ho_4四面体に対して，それに属するもののうち，注目する中心の Ho から近い 25 個のモーメント μ の配列を考えたものである．ここでは，2-in 2-out の条件で得られるすべてのスピン配列に対して磁気双極子相互作用のみを考慮してエネルギーを計算すると，そのエネルギー差は～0.5 K 以内にある一方，もし，2-in 2-out の条件を破ると～5 K だけエネルギーが上がるので，磁気双極子モデル(dipole model)では，0.4 K の測定データを扱う場合，2-in 2-out の構造のみを考えて議論を進められる．また，散乱強度には，x，y，z 方向を入れ替えたものも計算してそれらの平均を使っている．図 7-28(b)は，**図 7-29** のようなクラスター群に対応したものである．

このような取り扱いをもっと高い温度で行う場合には，モーメントの相関に

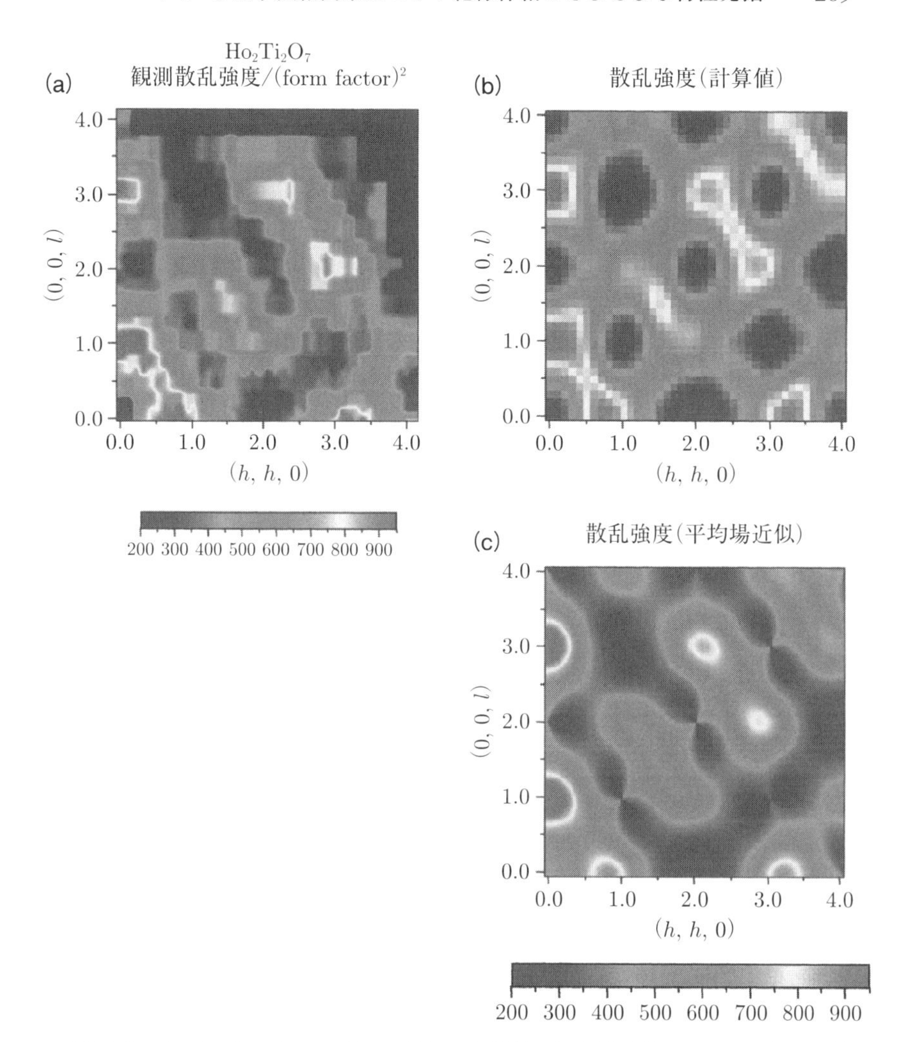

図 7-28 $T=0.4$ K において(h, h, l)面上で観測された弾性散乱(エネルギー分解能〜0.86 meV)の強度分布を(a)に示し，同図の(b)，(c)には，それぞれ，クラスターモデルを用いた計算結果，および平均場近似による解析結果を示した[55]．図はすべて Ho^{3+} の形状因子を含まない形にしてある．

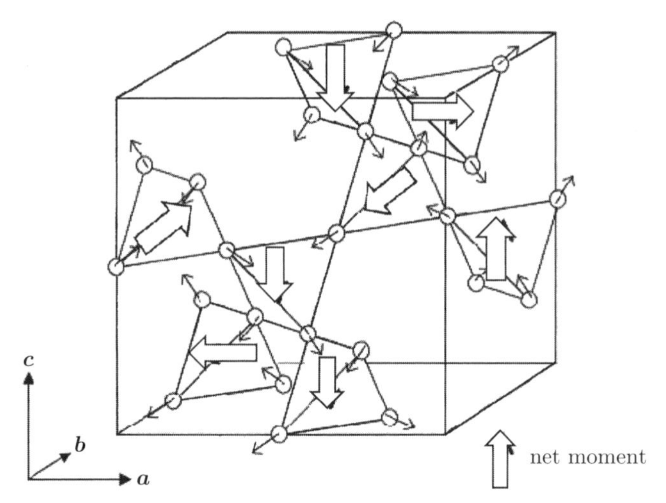

図 7-29　図 7-28(a)の観測データを説明するクラスターの例(白矢印は，各クラスターの net モーメント)[55]．実際にはこのパターンと x，y，z を交換して得られる等価なパターンとのドメイン平均を取っている．

距離による減衰因子を現象論的に入れて議論することもできようが，その詳細は原著論文を参照されたい[55]．

一方，平均場近似による解析の際には，ハミルトニアンを

$$\mathcal{H} = -D_{\mathrm{a}}\sum_{n,\nu}[(\boldsymbol{n}_\nu\cdot\boldsymbol{S}_{n,\nu})^2-|\boldsymbol{S}_{n,\nu}|^2]-J_1\sum_{(n,\nu;n',\nu')}\boldsymbol{S}_{n,\nu}\cdot\boldsymbol{S}_{n',\nu'}$$
$$+D_{\mathrm{dp}}r_{nn}^3\sum_{(n,\nu;n',\nu')}\left[\frac{\boldsymbol{S}_{n,\nu}\cdot\boldsymbol{S}_{n',\nu'}}{|\boldsymbol{r}_{n,\nu;n',\nu'}|^3}\right.$$
$$\left.-\frac{3(\boldsymbol{S}_{n,\nu}\cdot\boldsymbol{r}_{n,\nu;n',\nu'})(\boldsymbol{S}_{n',\nu'}\cdot\boldsymbol{r}_{n,\nu;n',\nu'})}{|\boldsymbol{r}_{n,\nu;n',\nu'}|^5}\right], \tag{7.9}$$

と書いて取り扱う．n,ν は，それぞれ，ユニットセルの位置とそのセル内の ν 番目の原子位置を指し，$\boldsymbol{r}_{n,\nu;n',\nu'}$ は n，ν と n'，ν' 位置の距離，D_{a} は異方性エネルギー，ベクトル $\boldsymbol{n}_\nu$ は局所容易軸方向を表す単位ベクトル，$D_{\mathrm{dp}}=\mu^2/\boldsymbol{r}_{nn}^3$ は，最近接モーメント(距離 $\boldsymbol{r}_{nn}$)間の dipole 相互作用，J_1 は Ho モーメント $\mu\boldsymbol{S}_{n;\nu}$ 間の交換相互作用で，最近接モーメント間だけを入れた．$|\boldsymbol{S}_{n;\nu}|=1$ と

し，$\mu=10\mu_B$ として Ho の磁気モーメントを $\mu \boldsymbol{S}_{n;\nu}$ とした[56]．このハミルトニアンをもとに散乱強度を計算する．詳細は文献に譲り，結果だけを図 7-28(c)に示した．そこでは，$D_a=810$ K，$D_{dp}=1.4$ K が得られる．また，$J_1=-5.6$ K(反強磁性的)のほか，“effective” $T=0.65$ K となるが，この J_1 や “effective” T には，得られる値に大きな不確定さがある一方，$D_{dp}=0$ では，全くフィットできないことを考えると，dipole 相互作用の役割が大きいことがよくわかる(ここで “effective” T とは，強度マップへのフィットの際にパラメーターとして導入した温度で，平均場近似で得られる秩序温度で決まってしまうものより低いが，これは，平均場近似自身の問題である)．

2-in 2-out の条件と双極子相互作用を考えて，取り扱ったクラスター系の計算と，平均場近似を使ったもう一つの計算が，ともに図 7-28(b)，(c)のように，実験をよく説明する結果を出すことは，この系の磁気的振る舞いを決めているものが双極子相互作用であることを端的に示している(双極子アイス)．実際には，この系が 30 K 付近から短距離相関を持ち始めることや，温度下降の際，1 K あたりから，長距離秩序の前に凍結していくこともわかっている．これは相互作用が長距離相互作用だからである．

以上のようにパイロクロア系には，スピンアイスと呼ばれるフラストレーション系の中でも，大きな磁気モーメントを持つ系では，長距離の双極子相互作用が，低温域での物性を決めていることがしばしば見られる．

なお，ランタン系列元素 Ln を磁性元素に構成されるパイロクロア系では，Ln_4 の正四面体の重心と当該 Ln サイトを結ぶ方向にスピンの容易軸を持つ場合が多く，それがフラストレートして低温物性を決めている．7-1-2 で紹介した $Nd_2Mo_2O_7$ はその中でも唯一，Mo サイトが強磁性秩序を持ちながらも電気伝導性を有するもので，典型的な“特異な異常ホール効果現象”が見える物質例となったわけである．

7-1-4　$BaCoS_2$ の金属-絶縁体転移

ここでは，モット絶縁体相から金属への転移を持つ典型的低次元系としての $BaCo_{1-x}Ni_xS_2$ を紹介する．

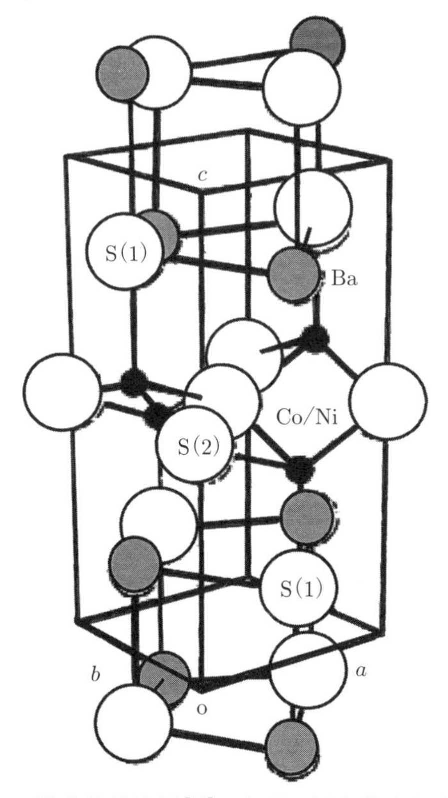

図 7-30　$BaCoS_2$ の模式的構造図[58]．底面の辺を共有した上向き，下向き CoO_5 ピラミッドで CoS_2 の二次元伝導面が構成されている．

$BaCo_{1-x}Ni_xS_2$ は，**図 7-30** に示されたような模式構造を持つ．このうち，$x>0.1$ のものについては空間群が $P4/nmm$ の正方晶であることがかなり前から言われていた[57,58]が，$BaCoS_2$ を含めたすべての領域で調べられたのは，その後大分経過してからで，$BaCoS_2$ は，空間群が $P2/n$ の単斜晶であることが示された[59]．基本的には，$(Co, Ni)S_5$ ピラミッドの底面四角形が辺共有の二次元面を作っているが，隣り合うピラミッドの上下向きが逆転していることや Co サイトが S_5 ピラミッドの底面よりかなり内部に入り込んだ位置にあることが特徴である．この系が Co→Ni の置換や圧力の印加によって金属-絶縁

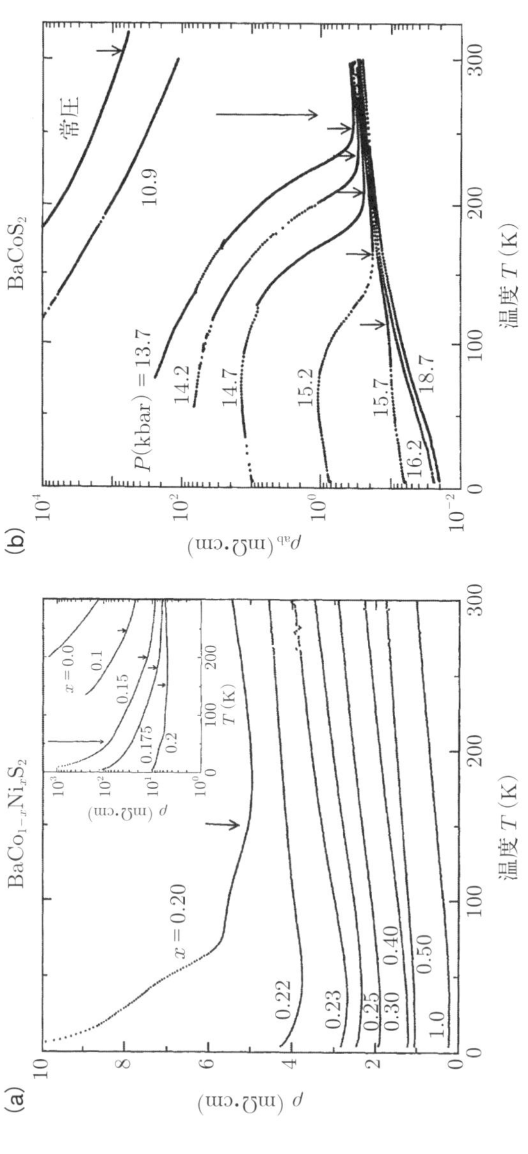

図7-31　（a）には，$BaCo_{1-x}Ni_xS_2$ の電気抵抗の温度依存性をいくつかの x 値に対して示し[64]，（b）には，$BaCoS_2$ の電気抵抗の温度依存性をいくつかの印加圧力に対して示した[65-67]．矢印は反強磁性転移温度．

体転移を起こし，面間の電気伝導の比が数十程度の二次元的な金属になる[60]．

$BaCoS_2$ 内で Co の価数は +2 で $3d^7$ の電子を持つ．そのスピン S は 3/2 で，いわゆる高スピン状態になっていることが中性子散乱実験[61-63]で明らかにされたので，少なくても 3 個の 3d 軌道が物性の決定にかかわってくるはずである．**図 7-31**(a)に $BaCo_{1-x}Ni_xS_2$ の常圧下電気抵抗 ρ[64]を，図 7-31(b)にさまざまな圧力下での $BaCoS_2$ の電気抵抗 ρ[65-67]を，さらに，**図 7-32** に $BaCo_{1-x}Ni_xS_2$ の磁化率 χ の温度依存性を示した(図 7-32 のいくつかの x 値に対して 100 K 以下に見られる異常な温度変化は，S 原子の欠損が存在するときに現れる)．これらの結果や，ホール係数，熱起電力等の振る舞いから，この系は，$x=0$ でモット絶縁体であり，x の増加とともに金属になったのち，$x=1$ ではバンド絶縁体(実は半金属)になることがわかる．詳細を文献[60, 61, 68]に譲れば，その電子構造の変化の特徴は，おそらく，**図 7-33** に示すよう

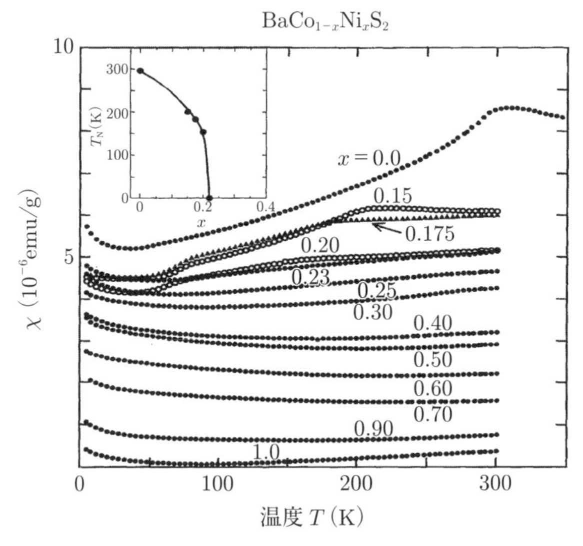

図 7-32　$BaCo_{1-x}Ni_xS_2$ の磁化率 χ の温度依存性を，種々の x 値に対して示した[64]．いくつかの x 値に対して 100 K 以下に見られる異常な温度変化は，S 原子の欠損が存在するときに現れる．挿入図は反強磁性転移温度の依存性を示す．

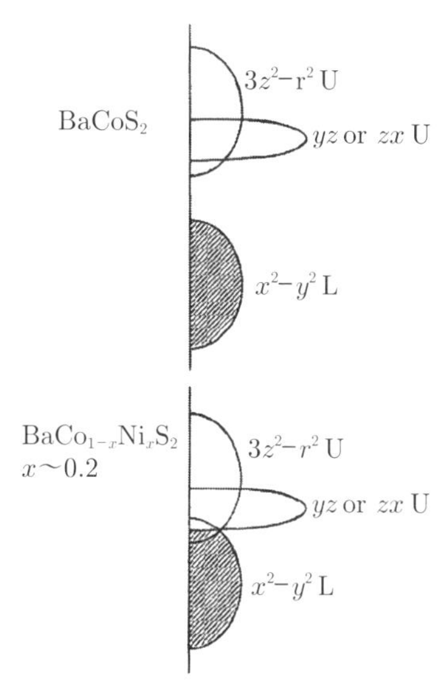

図 7-33　$BaCo_{1-x}Ni_xS_2$ が $x=0$ のモット絶縁体相から，x の増加で金属化する際の電子構造の変化[60, 61]．

なものである(図中で，L(U)は，それぞれ，下部(上部)ハバードバンドを指す)．すなわち，$BaCoS_2$($x=0$)の Co^{2+} が持つ 7 個の 3d 電子が，五つの 3d 軌道のうち，x^2-y^2，$3z^2-r^2$ と yz(もしくは zx)軌道が，下部ハバードバンドだけを充填した形をとった結果，モット絶縁体相を作る(ただし，x^2-y^2，$3z^2-r^2$ と xy の可能性も否定できないが，後述の磁気形状因子の測定結果では前者が支持される)．いずれにせよ，3 個のスピンのフント結合によりスピン $S=3/2$ をもつ．一方，$BaNiS_2$($x=1$)に到達したときには，x^2-y^2 の下部ハバードバンドが他のすべての 3d 軌道より高いエネルギー状態へと移るので，Ni^{2+} の 8 個の d 電子が残りの四つの 3d 軌道に 2 個ずつ配分された形で非磁性(半金属)状態となる．この描像は，構造パラメーターの Ni 濃度 x 依存性ともよく符合する．

一方，この系では，圧力 p の印加によっても電気抵抗が急速に減少し金属-絶縁体転移が誘起される．$BaCoS_2$ に対する，その転移の際の抵抗変化を例として示した(図7-31(b))が，$BaCo_{1-x}Ni_xS_2$を含めた詳しいデータは文献[65-67]を参照いただきたい．常圧下での$BaCo_{1-x}Ni_xS_2$で，反強磁性秩序が消え低温まで金属的になるのはx～0.22においてなのに対し，$BaCoS_2$への圧力印加で金属化し反強磁性が消えるのはp～15 kbあたりである(図7-31(a)，(b)中で，矢印が反強磁性転移温度を指している)．

常圧下の$BaCo_{1-x}Ni_xS_2$と圧力下の$BaCoS_2$の双方の試料に対して，Co^{2+}モーメントの形状因子$f(\boldsymbol{Q})$を金属-絶縁体転移近くの反強磁性相で測定すると，圧力印加時の方が，より空間的広がりが大きい，すなわち，$\boldsymbol{Q}$空間では，$|\boldsymbol{Q}|$の増大とともに$f(\boldsymbol{Q})$が早く減少する[63]ことがわかるが，これは，電子数制御と電子トランスファー制御時の金属-絶縁体転移の機構が二つの場合で異なることを表していそうである(**図7-34**)．

反強磁性相に隣接した金属相で，ホール係数や熱起電力等に銅酸化物に見ら

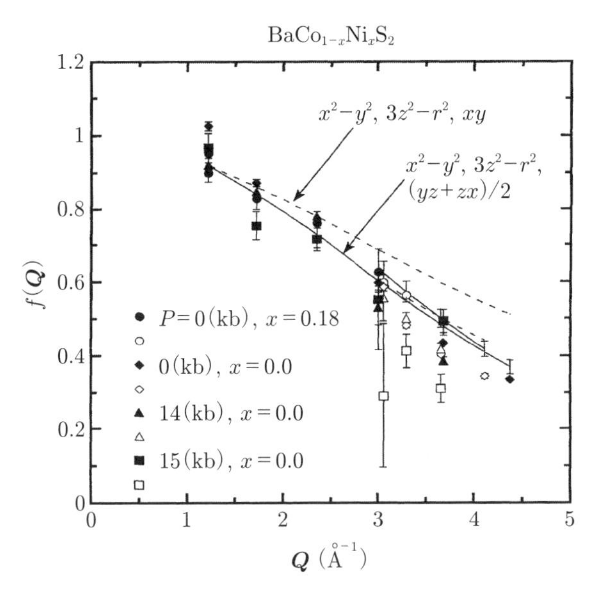

図7-34　常圧下の$BaCo_{1-x}Ni_xS_2$と圧力下の$BaCoS_2$について，それぞれの金属-絶縁体転移に近い反強磁性相で調べたCo^{2+}モーメントの形状因子$f(\boldsymbol{Q})$．圧力印加時の方が，より波動関数の空間的広がりが大きい[63]．

れたものと同様の異常な振る舞いが見えるかどうかも調べられたが，結果には $Nd_{2-x}Ce_xCuO_4$ と同様の温度変化が見られた[66]ので，やはり磁気的な活性さがそこに現れているものと思われる(5-1-1 参照)．しかし，低温電子比熱係数 γ_{el} には，金属側から $x \cong 0.22$ に近づく際に，銅酸化物においてのようなゼロに向かう振る舞いが見られるわけではなく，むしろそれが増大していくことから，これには多バンド系の事情が現れているものと思われる[68]．超伝導も現れない．

さて，$BaCoS_2$ に対する Ni のドーピングや圧力印加の効果をもとに，T-x-p 相図を作ってみると，**図 7-35**(a)のようになる[60, 66, 67]．ここで，$BaCo_{1-x}Ni_xS_2$ の常磁性絶縁体［PI］相と常磁性金属［PM］相の境界は，T_N より高温域で $d\rho/dT>0$ が見え始める圧力値を求めて決めた．$x=0$ では，p の増加で ρ の急な減少が顕著になっている．その他，熱膨張率の温度変化，熱起電力，ρ 等の圧力依存性等を用いてこの相図が描かれたが，詳細は文献[66, 67]をご覧いただきたい．

このような相図は，三次元のモット転移系として研究されてきた

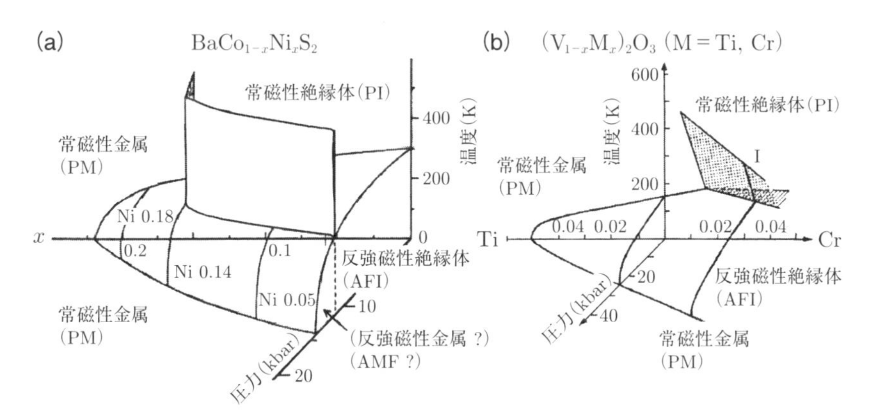

図 7-35　(a)$BaCoS_2$ に対する Ni のドーピングや圧力印加の効果をもとに作成された T-x-p 相図[60, 66, 67]．(b)$(V_{1-x}M_x)_2O_3$(M=Ti, Cr 等)によく知られた T-x-p 相図[69]．(a)と(b)の相図は一見したときにはよく似ている(詳細はテキスト参照)．

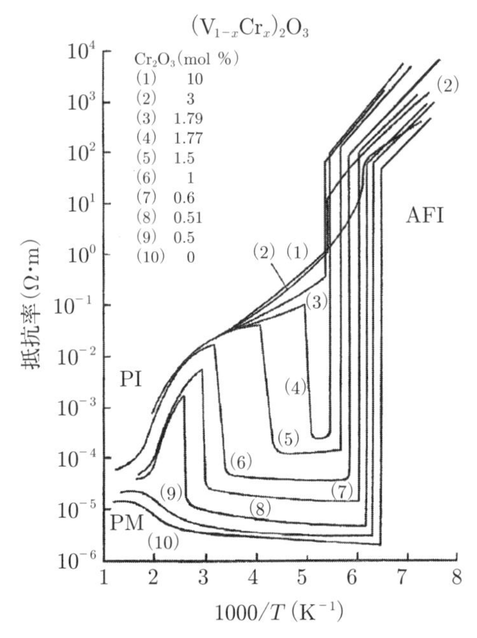

図7-36　$(V_{1-x}Cr_x)_2O_3$ の電気抵抗の 1000/T に対するプロット．電気抵抗の大きな不連続が見える[70]．AFI，PI，PM は図7-35と同一の意味で使われている．構造転移に伴って現れた中間温度の相は Cr のドープ量が増大すると消える．

$(V_{1-x}M_x)_2O_3$(M＝Ti, Cr 等)の相図(図7-35(b))[69]に一見してよく似ているが大きな違いもある．すなわち，V_2O_3 系では，常磁性金属相(PM 相)と反強磁性絶縁体相(AFI 相)の間に，構造相転移と電気抵抗の顕著な不連続を伴う一次転移がある(**図7-36**)．さらに，常磁性絶縁体相(PI 相)と PM 相の境界にも不連続が見えている．一方，$BaCoS_2$ 系では，AFI 相と PM 相の境界での抵抗に転移が一次であることを示す不連続がなく，むしろ二次転移的である(図7-31(a)，(b)参照)．特に，$BaCo_{1-x}Ni_xS_2$ の単結晶に対して観測された熱膨張率 α の振る舞いは転移が二次であることを示すようである(**図7-37**)[68]．すなわち，x=0.0 および 0.14 の試料の $\alpha(T)$ に T_N で見られる，それぞれ，上向き，下向きのピークは，二次の相転移に関するエーレンフェストの関係

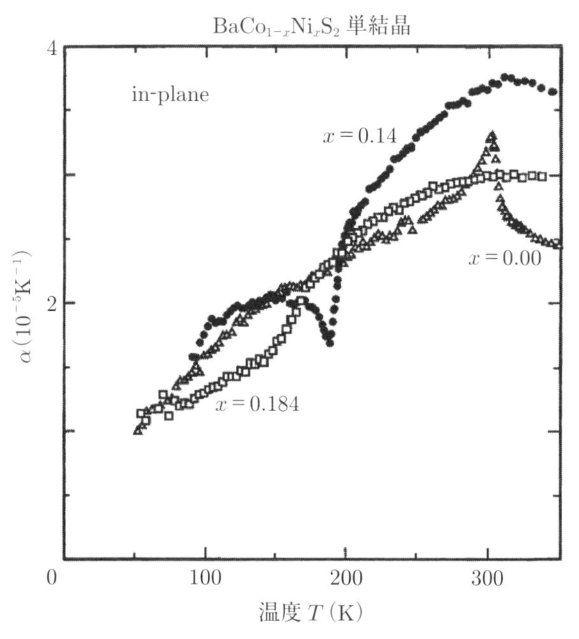

図 7-37 BaCo$_{1-x}$Ni$_x$S$_2$ の単結晶に対して測定された面内の熱膨張率 α の温度変化[68]．$x=0.0$ および 0.14 の単結晶試料の $\alpha(T)$ に T_N で見られる，それぞれ，上向き，下向きのピークは二次相転移におけるエーレンフェストの関係 $(\partial T_N/\partial p)_{p=0} \propto \Delta\alpha/[\Delta C/T_N]$) が成立していることを示すが，そこでは，$(\partial T_N/\partial p)_{p=0}$ の符号が $x=0.0 \rightarrow 0.14$ で反転して転移している(詳細は文献[67, 68]参照)．ここで，$\Delta\alpha$ と ΔC は，それぞれ，T_N での熱膨張率，比熱の不連続の大きさである．

($(\partial T_N/\partial p)_{p=0} \propto \Delta\alpha/[\Delta C/T_N]$) を考えたときに，$(\partial T_N/\partial p)_{p=0}$ の符号が $x=0.0 \rightarrow 0.14$ で反転しているとしてよく理解できる(実際の符号反転は $x \sim 0.07$ で起こっている)．ここで，$\Delta\alpha$ と ΔC は，それぞれ，T_N での熱膨張率，比熱の不連続の大きさである．

BaCo$_{1-x}$Ni$_x$S$_2$ の常圧下の電気伝導度 σ の温度変化を測定し，二次元の強局在電子系に対するモットの表式 $\sigma \propto \exp[-(T_0/T)^{1/3}]$[71] でフィットし，この電子局在長 ξ_{2D}($\propto T_0^{1/2}$) を，図 7-38(a) に ξ_{2D}-x/x_c の形でプロットすると，単結晶，多結晶の区別なく，それが 1 本の曲線上に乗って緩やかに変わってい

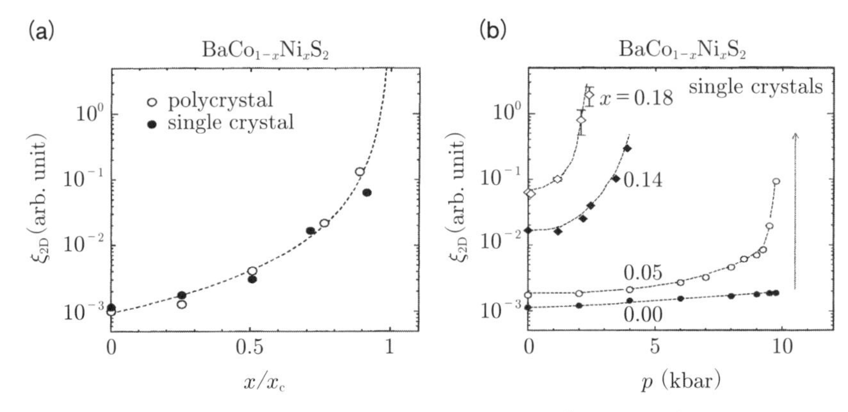

図 7-38　(a) $BaCo_{1-x}Ni_xS_2$ の試料に対する電気伝導度 σ の測定によって求めた電子局在長 ξ_{2D} を x/x_c に対してプロットした（x_c は転移の相境界濃度 ~ 0.197）．その曲線が単結晶でも多結晶でも共通の振る舞いを持っている．(b) $BaCo_{1-x}Ni_xS_2$ のいくつかの単結晶試料に対し，圧力下での(a)の場合と同様の測定を行って求めた ξ_{2D} を圧力 p に対してプロットしたもの．Ni ドープのない $BaCoS_2$ で，$p \to p_c \sim 11.9$ kbar）における ξ_{2D} の急激な増大が他に比して顕著である[66]．

る（x_c は転移の相境界濃度；データは $x < x_c$ 領域のみ）．これに対し，図 7-38 (b) に，いくつかの $BaCo_{1-x}Ni_xS_2$ 単結晶に対し圧力下で同様の測定を行って求めた ξ_{2D} を印加圧力 p に対してプロットしてみると，$p \to p_c$ での ξ_{2D} 増大が $x = 0$ の場合に特に急激なことがわかる（p_c は転移の相境界圧力）．その理由としては，圧力印加の際には，電子トランスファーエネルギーの増大が重要で，Co→Ni の置換で徐々に導入される電子数変化の影響とは，均一さの面で異なっていることが考えられる．

さらに，低温電気伝導度 $\sigma(T \to 0) \equiv \sigma_0$ のデータを常圧下の $BaCo_{1-x}Ni_xS_2$ に対して σ_0-x/x_c の形で**図 7-39** (a) に示し，$BaCoS_2$ の単結晶に対しては σ_0-p/p_c の形で示した．そこで，$x/x_c > 1$，$p/p_c > 1$ の領域で

$$\sigma_0 \propto (x/x_c - 1)^{\nu} \tag{7.10}$$

$$\sigma_0 \propto (p/p_c - 1)^{\nu} \tag{7.11}$$

式でフィットを行うと，ν の値として，それぞれ，0.51 ± 0.05 および 0.47 ± 0.05

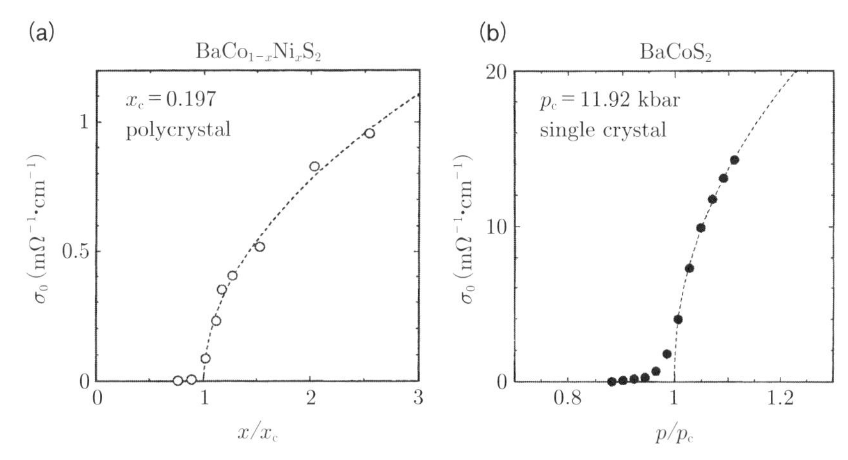

図 7-39 （a）$BaCo_{1-x}Ni_xS_2$ の $\sigma(T \to 0) \equiv \sigma_0$ を $(x/x_c - 1)$ に対してプロットしたもの．（b）$BaCoS_2$ の $\sigma(T \to 0) \equiv \sigma_0$ を $(p/p_c - 1)$ にプロットしたもの．それぞれ，(7.10)，(7.11)式のスケーリングが $\nu = 1/2$ を用いてよく表される[66]．

が得られる（x_c および p_c は，それぞれ～0.197 および～11.92 kbar と決まる）．$BaCoS_2$ の ξ_{2D} が $p/p_c \to 1$ で特に急激な変化（図 7-38（b））をしていることは，その転移が一次（不連続）である可能性を示唆するが，図 7-39（b）に見られる振る舞いは，$p/p_c = 1$ で σ の不連続が，たとえあったとしても，この測定精度内では，(7.10)式や(7.11)式のスケーリングに大きな影響をもたらしていない（$BaCoS_2$ に対して行われた PI 相と PM 相を跨いだ圧力変化の測定でも，抵抗の急激な変化はあるが，とびのようなものはあらわには見られていない）[66, 67]．

一方，$BaCo_{1-x}Ni_xS_2$ $(x \neq 0)$ では，金属-絶縁体転移が連続的で ν の値も含めて Si：P のもの（**図 7-40**）とよく一致している[72]．さらに電子局在長を

$$\xi \propto |x/x_c - 1|^{-\mu} \tag{7.12}$$

と表したときに得られる μ の値は 2.1±0.2 でよく表せる．このような結果は，$BaCoS_2$ の金属-絶縁体転移がほぼ連続的であるが，p 印加の際の転移では小さな不連続がある可能性を否定ができないということになろう．V_2O_3 系とのこ

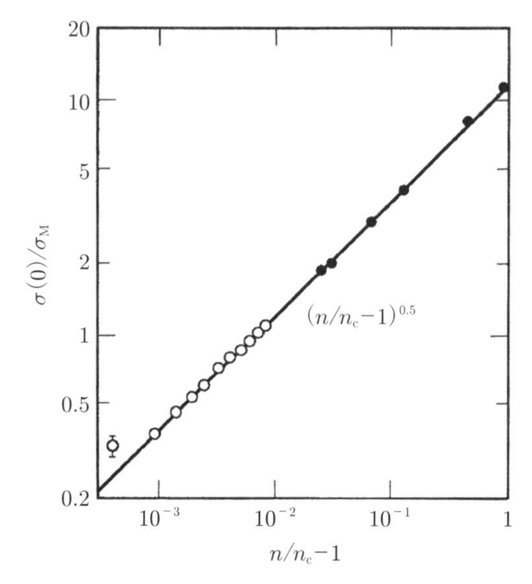

図 7-40　Si：P の電気伝導率の P 濃度(n)依存性(n_c は金属絶縁体転移の臨界濃度)[72].

の違いが，系の次元性の違いと関係していることも考えられるが，ここでは踏み込まず，単に三次元系とは違った特徴を持った物質例として挙げるに留める.

なお，この二次元系で，AFI 相と PM 相の境界に反強磁性金属(AFM)相が存在するかどうかに対する興味も持たれるが，そのことに注意して図 7-31(b)を見ると，反強磁性転移温度 T_N 以下でも，$d\rho/dT>0$(金属的)の温度領域があるので，AFM 相の存在が見えているようである．また，図 7-35(b)にもその存在が示唆されているが，このことについての議論は割愛する.

7-1-5　$La_3Ni_2O_{7-\delta}$ および $La_4Ni_3O_{10}$ の金属-絶縁体転移

7-1-4 では $BaCoS_2$ に対する圧力印加，および，Ba→Ni の部分置換によって引き起こされるモット転移について記述した．そこでは，バンド間のオーバーラップも関与するので $BaCo_{1-x}Ni_xS_2$ の T-x-P 相図が，やや複雑である.

一見すると$(V_{1-x}M_x)_2O_3$の場合と似ているが，実際には，大きな違いがあり，さらに，金属原子間のトランスファーエネルギー制御とキャリア制御とにも違いが見えた(図7-34および図7-38参照)．一方，ここではルデルスデン-ポッパー(Ruddlesden-Popper)シリーズと呼ばれる，$La_{n+1}Ni_nO_{3n+1}$系[73,74]のメンバーである$La_3Ni_2O_{7-\delta}$ $(n=2)$や$La_4Ni_3O_{10}$ $(n=3)$に，温度変化に伴って現れるバンド選択型モット転移(軌道選択型モット転移)と言えそうな金属-絶縁体転移について紹介する．

なお$n=1$は，La_2CuO_4のCuO_2面と類似構造を持ったLa_2NiO_4で，$La_{2-x}Sr_xNiO_4$ではNiO_2面に電荷秩序と磁化の秩序が異なった温度で現れる[75-77]ことが知られている．

図7-41(a)および(b)に，それぞれ，$La_3Ni_2O_7$および$La_4Ni_3O_{10}$の模式構造を示した．厳密には格子定数$a \sim b \sim \sqrt{2}a_0$の斜方晶(空間群$Fmmm$)であ

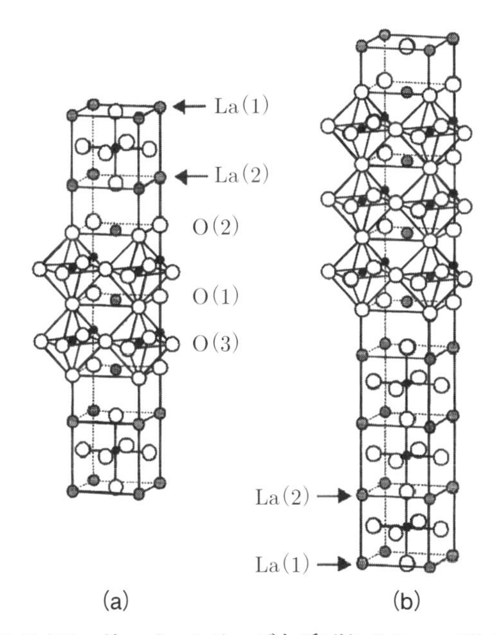

図7-41　ルデルスデン-ポッパーシリーズと呼ばれる$La_{n+1}Ni_nO_{3n+1}$系の(a)$La_3Ni_2O_7(n=2)$および(b)$La_4Ni_3O_{10}(n=3)$の模式構造[78]．

るがここでは格子定数 a_0 の擬正方晶として示している[78]．それぞれ，NiO_2 面の二重層，三重層が特徴である．試料の作成法については文献[79]，および文献[80]に詳しい記述がある．特に $n=2$ から酸素原子が部分的に欠損して得られる $La_3Ni_2O_{7-\delta}$ には，δ の値が 0.0，0.08，0.16 および 0.65 といったとびとびの値に安定もしくは準安定相がある[81]．これは，文献[79]に推測された酸

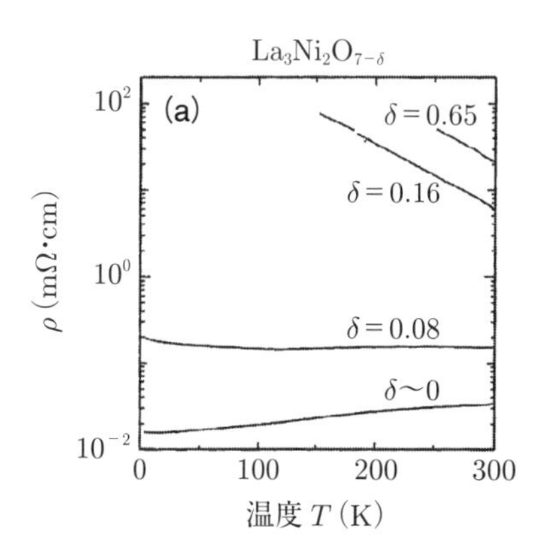

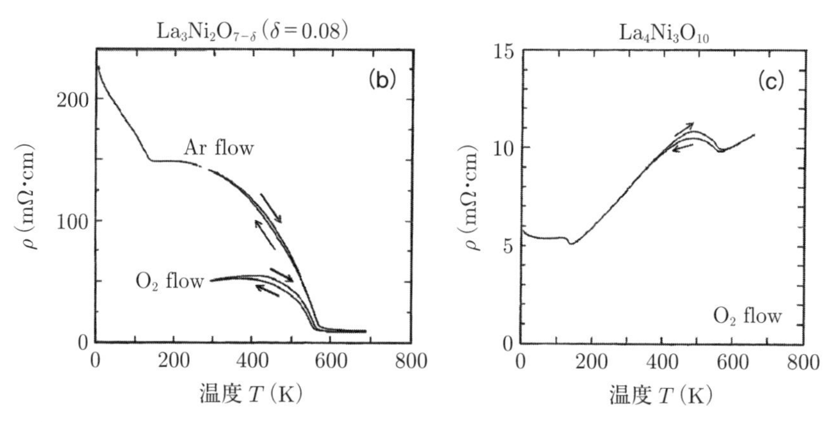

図 7-42　（a）$La_3Ni_2O_{7-\delta}$（$\delta\sim0.0$，0.08，0.16 および 0.65 の準安定状態にある 4 個の試料）の 300 K 以下での電気抵抗[80]．さらに，（b）$La_3Ni_2O_{6.92}$ と（c）$La_4Ni_3O_{10}$ の高温までの電気抵抗 ρ 示す．$La_3Ni_2O_{6.92}$ の試料は 650 K 以上に上げると酸素の出入りの影響がでる（詳しくは本文参照）．

素欠損の規則配列と関係しているようでもあるが，実験的にはまだ確められていない．これらの系に対して 300 K 以下で測定した電気抵抗を**図 7-42**(a)に示し，さらに図 7-42(b)と(c)に，$La_3Ni_2O_{6.92}$および$La_4Ni_3O_{10}$に対する雰囲気制御のもとに測定した高温までの電気抵抗 ρ を示す．温度を 650 K 以上にした場合には酸素数の変化に影響がある(図 7-42(b))が，低温領域だけの測定では大きなヒステリシスは出ない[82]．

図 7-43(a)と(b)には$La_3Ni_2O_{7-\delta}$と$La_4Ni_3O_{10}$の磁化率の温度依存性を示した．この場合は，300 K 以下を He ガス中で測定し，それ以上の温度は真

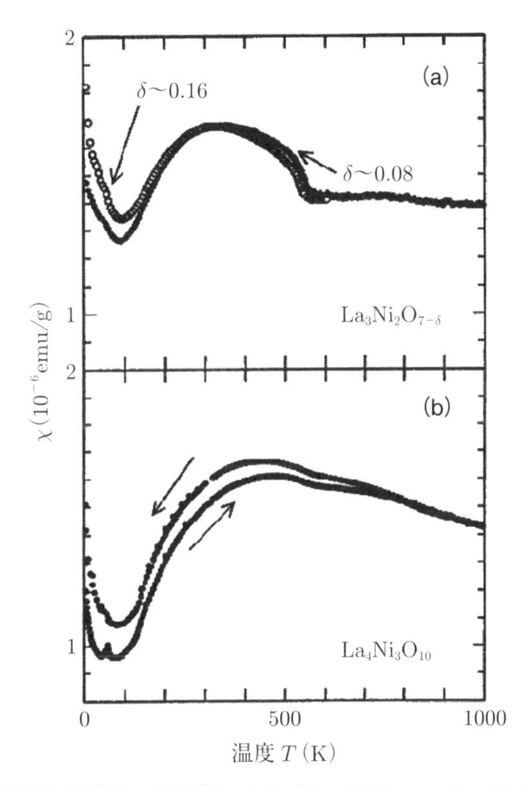

図 7-43　雰囲気を制御して測定した(a)$La_3Ni_2O_{6.92}$，$La_3Ni_2O_{6.84}$と，(b) $La_4Ni_3O_{10}$の磁化率の温度依存性[80](詳しくは本文参照)．どの試料にも T_B ~550 K と T_A~140 K に異常が見られる．

空中で測定した．いずれにせよ，酸素数の変化が，系の本質的な振る舞いを大きく変えてはいない．

図からわかる特徴の一つは，$La_3Ni_2O_{7-\delta}$ および $La_4Ni_3O_{10}$ の双方とも，$T = T_B \sim 550$ K に抵抗と磁化率の顕著な異常が見られることである．T_B より高温側で，金属的な系に見られるパウリ常磁性を示し，低温域では低次元局在スピン系に特徴的な磁化率に変わる．抵抗も低温で金属的振る舞いに戻ったのち，$T = T_A (> 100$ K$)$で，再び異常が現れる．

T_Bでの異常は，バンド選択的なモット転移を考えると容易に説明できる．たとえば，酸素欠損のない $La_3Ni_2O_7$ では Ni イオンの価数が 2.5 価で，$3d_{x^2-y^2}$ と $3d_{3z^2-r^2}$ に，合わせて 1.5 個の電子が存在する．高温域では，そのうちの $(1-\eta)$ 個が $3d_{3z^2-r^2}$ 軌道の下部ハバードバンドに，$(0.5+\eta)$ 個が $3d_{x^2-y^2}$ の下部ハバードバンドに存在している $(\eta > 0)$ が，どちらも 1 電子/Ni にはなっていないのでモット絶縁体にはならない．しかし，温度が下降すると下部ハバードバンド間のエネルギー差が増大し，$3d_{x^2-y^2}$ の電子が $3d_{3z^2-r^2}$ に移り，後者の電子数が 1 に近づきモット絶縁体相が実現する．すなわち二つの伝導バンドのうちの $3d_{3z^2-r^2}$ のバンドだけがモット転移を示し，これが T_B での局在モーメントの出現を説明する．

この考えを支持するデータを**図 7-44** に示す[82]．実験結果では，温度を降下させたとき，T_B で c 軸長が延び NiO_6 八面体の厚さが大きくなるとともに，a，b 軸長が収縮するので，$3d_{3z^2-r^2}$ 軌道の電子のエネルギーが下がり，$3d_{x^2-y^2}$ のエネルギーが相対的に高くなる．このように，格子の歪みを伴った一種の(バンド)ヤーン-テラー-モット転移とでもいうべき機構で $3d_{3z^2-r^2}$ の電子が絶縁体に転移することから，T_B 以下の磁化率が二次元局在電子系の特徴を持ったものになる．また，$La_3Ni_2O_7$，$La_3Ni_2O_{6.92}$ 内の $3d_{x^2-y^2}$ の下部ハバードバンドには，それぞれ Ni あたり 0.5 個，0.42 個，$La_4Ni_3O_{10}$ で 0.67 個の正孔キャリアが残るので，T_B でいったん，抵抗が増大したのちに金属的伝導性が回復する．ただ，まだ磁気秩序を持たない $3d_{3z^2-r^2}$ の局在スピンとのフント結合のために強い散乱を受けるので，抵抗は極めて大きいものになる．そのような大きな抵抗のもとに超伝導が現れ得ないことは，これまでも再三強

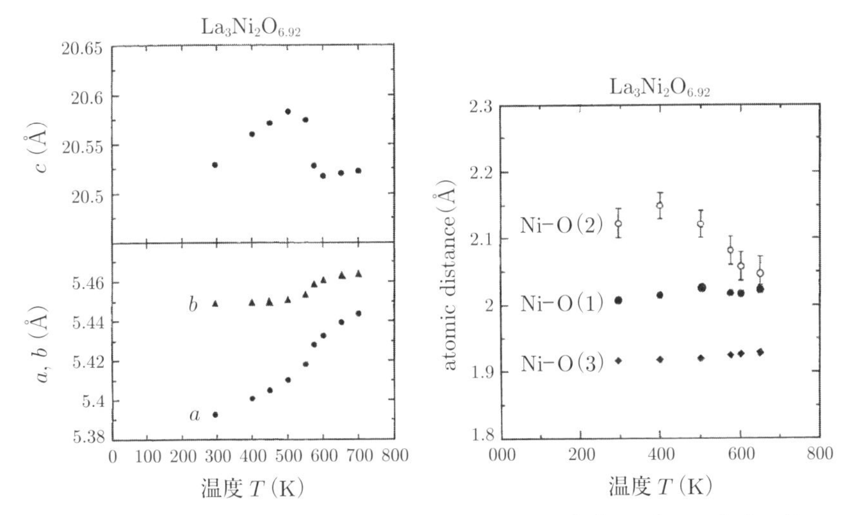

図 7-44 $La_3Ni_2O_{6.92}$ に見られた格子定数の温度変化[82]．図左は，温度下降の際，T_B で a，b が減少し，c が増大している．また，同じ温度域で NiO_6 の二重層の厚みが増している．

調してきたことである．蛇足かもしれないが，$La_3Ni_2O_7$ か $La_3Ni_2O_{6.92}$ に c 軸方向に一軸圧力をかけて，c 軸長が長くなるのを抑え，$3z^2-r^2$ 軌道のモット転移を消すことができれば，低温まで磁気揺らぎが大きく電気抵抗の小さな遍歴電子系が実現するはずなので，その多バンド系でどんな物性が現れるかに興味が持たれる．

なお，バンド選択的モット転移については，$Ca_{2-x}Sr_xRuO_4$ でも，後々，報告されている[83]が，その微視的機構の詳細まで同一のものと見るかどうかはさておき，$La_3Ni_2O_7$ や $La_3Ni_2O_{6.92}$ では早い時期から存在が報告され[80,82]，(1)そこで見られる巨視的物理量の振る舞い，たとえば，T_B 以下で局在した電子の磁化率が典型的二次元局在スピン系の特徴を持っていることや，抵抗の温度変化が二次転移的であること，(2)低温域でも伝導性を保つバンド内の電子系が，局在した電子とのフント結合を通して強い散乱を受けて大きな電気抵抗を持つことが超伝導の発現を妨げること，等々の指摘がなされていた．

また，常圧下でこの系の伝導電子系は，T_A で電荷秩序相転移を起こした[78-80]あと，さらに低温では磁気秩序があるが，それに関してはO原子欠損の配列までを考慮した情報が必要になるので，ここでは割愛する．

なお，伝導電子が，局在スピンとのフント結合を持って動く(La, Sr)MnO_3 系では，局在スピンの向きに依存したポテンシャルによって伝導度が大きく変化するので，強磁性転移の近くで外部磁場を使った制御を行うと，巨大な負の磁気抵抗が出ることは，周知のことである[84]が，その関連の議論や展開は本著の枠外のものとしたい．

7-1-6　フラストレーションとマルチフェロイック

固体内では考えにくいと長い間思われていた強誘電性と磁気秩序の共存する物質系が，マルチフェロイックスと呼ばれて興味を集めている[85]．最初の物質としては $Ni_3B_7O_{13}I$ [86]があったが，その後，多くのものが見つかってきた[87]．さらに，$BiFeO_3$ 薄膜[88]，$TbMnO_3$[89]や $TbMn_2O_5$ [90]が発見されて大きな研究の流れになった．このような系を分類すると，I型とII型とに分けられるが，そのうちI型の物質系では，強誘電性と磁気秩序とがほぼ独立で，その強誘電転移温度 T_E が磁気秩序を示す温度 T_M より高く，自発電気分極 $\boldsymbol{P}$ が大きいことが特徴である．一方，II型の場合には，磁気秩序と強誘電性が同時に現れるが一般に電気分極 $\boldsymbol{P}$ は小さい．

II型のマルチフェロイックが発現する微視的機構にはいくつかのものがあるが，国内にその研究を行う大きなグループがあるので，ここでは，スピンフラストレーションを起源とするサイクロイダル(cycloidal(横滑り螺旋))磁気構造が $\boldsymbol{P}$ を引き起こすもので，筆者らも手掛けたごく少数の量子スピン系を中心例として紹介するだけに留める．この場合，$\boldsymbol{P}$ は，

$$\boldsymbol{P} \sim \boldsymbol{r}_{ij} \times [\boldsymbol{S}_i \times \boldsymbol{S}_j] \sim [\boldsymbol{Q} \times \boldsymbol{e}_3] \tag{7.13}$$

と書けることが理論的に導かれている[91, 92]．ここで，$\boldsymbol{S}_i$，$\boldsymbol{S}_j$ は隣り合う i，j サイトのスピンであり，$\boldsymbol{Q}$ は，それらを結ぶ $\boldsymbol{r}_{ij}$ 方向のスピン変調ベクトル，さらに，$\boldsymbol{e}_3$ は $[\boldsymbol{S}_i \times \boldsymbol{S}_j]$ 方向の単位ベクトルである．そのような例として，ここでは，CuO_4 の四角形の辺共有で形成される，CuO_2 リボン鎖を持つ

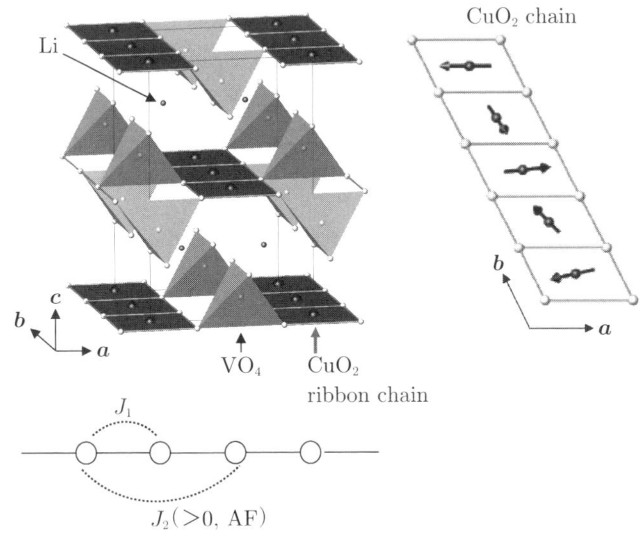

図 7-45 図左上は$LiVCuO_4$の構造模式図(空間群：*Imma*)[99]．辺共有のCuO_4四辺形によって形成されるCuO_2リボン鎖がユニットセル内に2本見える．図左下に示された最近接，次近接Cuスピン間の交換相互作用J_1，J_2が$|J_1/4J_2|<1$を満たし，図右のようなヘリカル磁気変調が実現しているが，ユニットセル内の2本のスピンを鎖方向に変調する位相の違いは180°なので，そのセルの大きさは変わらない．

$LiVCuO_4$[93, 94, 95]と，$LiCu_2O_2$[96–98]を取り上げる．この二つはほぼ同時に発見された量子スピン系初のマルチフェロイック系である．

図 7-45に$LiVCuO_4$の構造(空間群*Imma*)[99]を，**図 7-46**に$LiCu_2O_2$の構造(空間群*Pnma*)[100]を模式的に示す．前者では，CuO_2リボン鎖中のCu^{2+}がスピン$S=1/2$を持つ(Vは5価で非磁性)．後者でも，CuO_2リボン鎖中のCu^{2+}のみが磁気モーメントを持ち，他のCuの価数は+1で非磁性である．それらの最近接，次近接Cu^{2+}間の磁気交換相互作用をJ_1，J_2(J_1-J_2モデル，図7-45)としたとき，$J_2>0$(反強磁性的)の場合は，その二つのスピンに挟まれたスピンは，J_1の正負にかかわらず，その向きが定まらない状態になる，

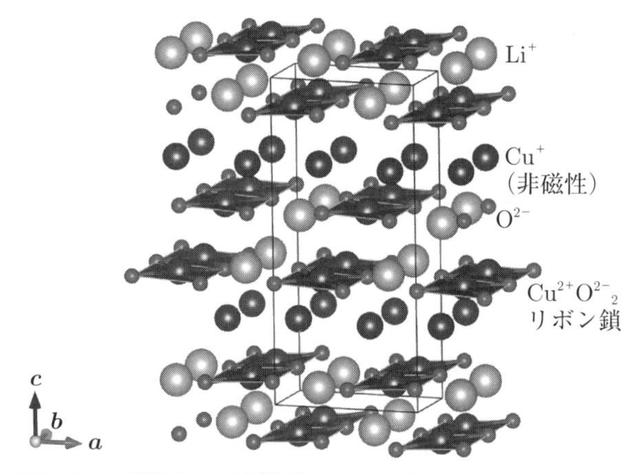

図 7-46　$LiCu_2O_2$ の構造(100(空間群：*Pnma*))．ユニットセルに4本の CuO_2 リボン鎖がある．

すなわちフラストレートする．$S=1/2$ の量子スピン系では異方性もないので，ヘリカルな磁気秩序が出るものと予想し，隣り合う二つのスピンのなすステップ角を ϕ とすれば，スピン量子数が S，原子数が N のときのハミルトニアンは

$$\mathcal{H}=-2\sum_{ij} J_{ij} S_i \cdot S_j=-2NS^2(J_1\cos\varphi+J_2\cos 2\varphi) \tag{7.14}$$

となるが，それがエネルギーの極値を取ることができるためには，

$$\cos\phi=-J_1/4J_2 \tag{7.15}$$

を満たさなければならないので，$|J_1/4J_2|<1$ の関係が要求される．CuO_2 鎖における最近接相互作用 J_1 は Cu-O-Cu の角度に大きく依存し，それが180°ではフント則とパウリ原理より反強磁性的になる．Cu-O-Cu の角度が90°近くになれば Cu の $3d_{x^2-y^2}$ 軌道の波動関数と酸素の 2p 軌道のそれとが直交するので大きな最近接相互作用 J_1 は期待できず，次近接相互作用 J_2 (AF)の相対的大きさが増す．このような状況下では上述したヘリカルの条件を満たす可能性がある．もし，これがヘリカル磁気構造をとれば，i サイトと j サイトを結ぶベクトル $\boldsymbol{r}_{ij}\|\boldsymbol{Q}$(一次元軸方向)で，$\boldsymbol{S}_i\times\boldsymbol{S}_j\|\boldsymbol{e}_3$(ヘリカル軸)と書いたとき，

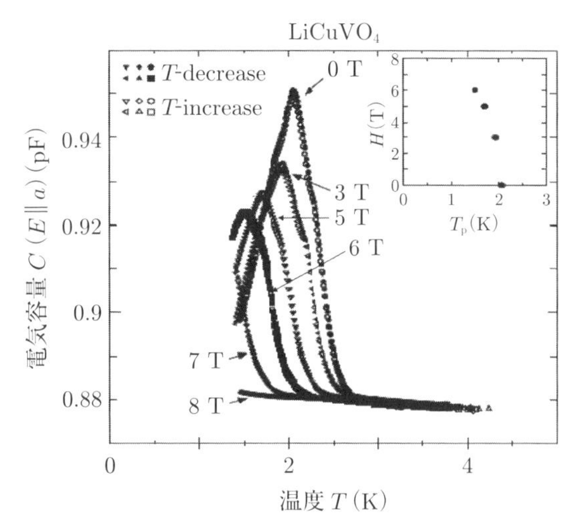

図 7-47　$LiCuVO_4$ 単結晶試料の a 面間に電極を付け，c 軸方向に印加した磁場 H の大きさをいくつか変えて測定した電気容量 C の温度依存性．自発電気分極 $P_a(\propto \Delta C)$ が格子と不整合な磁気秩序に伴って現れることがわかる[93]．挿入図は，P_a が最大となる温度 T_p の H 依存性を示す．

$\boldsymbol{P} \propto \boldsymbol{Q} \times \boldsymbol{e}_3$ の方向に自発電気分極が出現する．したがって，このような CuO_2 の擬一次元鎖を持つ磁性体はマルチフェロイック系の格好の候補物質である．

まず，$LiVCuO_4$ に関する結果を紹介する．この系は，T_N～2.4 K で磁気秩序を示す[101-103]．この秩序は b^* 方向に格子と不整合な変調ベクトル $\boldsymbol{Q}$～$0.532b^*$，$e_3 \| c$ のヘリカル構造を持ち（図 7-45），ユニットセル内の 2 本の CuO_2 リボン鎖のスピン変調の位相差は 180° である[102]．この試料に単結晶試料板の a 面間に電極を付け，c 軸方向に印加した磁場の大きさを変えて測定した電気容量 C の温度依存性が**図 7-47** に示されている．電気容量は，試料の誘電率に比例した量だけ変化するので，温度変化時に図に見られたベースラインからの変化 ΔC は，磁気秩序と同時に現れた強誘電性のためと考えられる．実際，a 方向に現れる自発電気分極 $\boldsymbol{P}_a$ の温度変化（$\propto \Delta C$）が，中性子磁気散乱強度のそれと同様なことから，磁性と強誘電性が同時に起こっていることがわ

かる．また，a 方向に自発電気分極が現れるのは，(7.13)式の予言どおりである．

このような磁気構造を持つ系のヘリカル面内に外部から磁場 $\boldsymbol{H}$ を印加すると，その面が回転して，$\boldsymbol{H}$ に垂直になることがよく知られているが，実際には，その回転が H~2 T から生じていることもわかる[94]．なお，$T \to 0$ における $\boldsymbol{P}_a$ は，~43 μC/m^2 で，type Ⅰのマルチフェロイックスに比較して非常に小さい(ちなみに，種々の目的に使われている$LiNbO_3$ は 7.1×10^5 μC/m^2 の自発電気分極を持っている)．これは，電気分極の磁気秩序との結合が磁化の2乗であることから生じる必然的なものである．この系に対して，ヒィアンとワンボ(H. J. Xiang and M.-H. Whangbo)[104]は，第一原理計算を行い，Cu と O 原子の両方にスピン-軌道相互作用を考慮し，原子位置のシフトを考慮せず電子の非対称分布のみを取り入れた計算で，低温での電気分極 $\boldsymbol{P}_a$~103.5 μC/m^2，O 原子のみにスピン-軌道相互作用を考慮した場合に，29.8 μC/m^2 という結果を出している．一方，文献[91]は，t_{2g} 軌道の電子を扱い，スピン-軌道相互作用を考慮しているが，ここではスピン-軌道相互作用では e_g 軌道の混じり合いがないのでそれだけでは分極が生じない．

次に，同様の CuO_2 リボン鎖を持つ $LiCu_2O_2$ を眺めてみよう．誘電性を出すのが，$LiVCuO_4$ と同様の CuO_2 リボン鎖なので，その磁気フラストレーションが重要な役割を持つことも同様である．この系の格子と不整合な磁気変調があることは，益田らによって報告され[105]，それに対するマルチフェロイック現象の報告は，パークら(S. Park *et al.*)によってなされた[96]．その結果を理解するためには，その磁気構造を正しく決めることが要求されるが，ユニットセル内に4本のリボン鎖を持つ[100]ので，それらのリボン鎖の磁気変調の相対位相までを含めて決定することは容易ではなかった．実際には，^{7}Li-NMR[106]，偏極中性子散乱[107]，共鳴軟X線磁気散乱[108, 109]等で研究が行われ，二つの磁気転移点，T_{N2}(~22.8 K)と T_{N1}(~24.5 K)が存在すること[107]や，T_{N2} 以下で $\boldsymbol{Q} \times e_3$ に c 軸方向成分があること，さらには，T_{N2} と T_{N1} の間の相で sin 波の変調を受けた磁気構造を取っていること[108]などが明らかになったが，マルチフェロイック現象の理解に必要な $T < T_{N2}$ での磁気

構造が決まらなかった．しかしこれは，磁気秩序相における中性子散乱と ^{7}Li-NMR による内部磁場分布の観測の双方の結果の考察から解決された．そこでは，磁性を持った Cu^{2+} が遠くの Li 核に作る磁場の分布の情報が有用であった．そのことについて以下に記述する[98, 97]．

第一に，T_{N2} と T_{N1} の二つの転移があることが，$\boldsymbol{Q}=(0.5, \delta, 1)$ に現れる（格子と不整合な）磁気超格子反射の強度や位置の温度変化（**図 7-48**）と比熱等の測定結果とから確認された．また，その二つの転移点の間の温度では，次に記述するように，磁気構造が sin 波の変調を受けたものになっていること，δ の値から変調の周期が鎖方向に（5.76–5.80）b になっていること，さらには，a 軸方向の周期が $2a$ であること等もわかった．**図 7-49** 右は中性子散乱で観測した

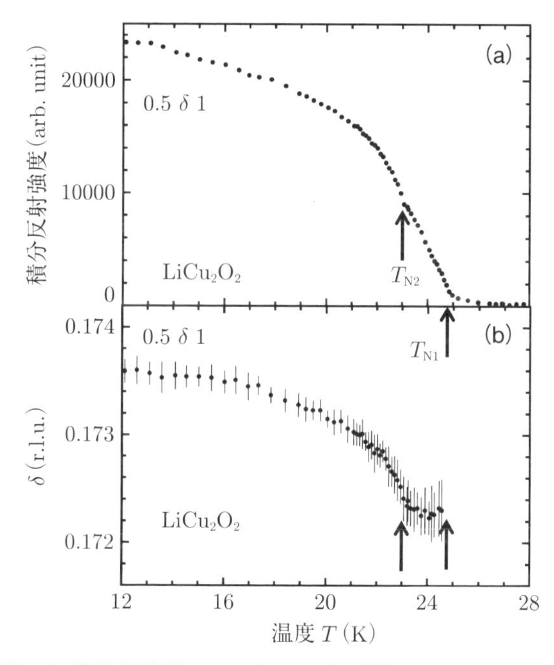

図 7-48　$LiCu_2O_2$ 単結晶試料の $\boldsymbol{Q}\sim(0.5, \delta, 1)$ に見られる中性子超格子反射の強度（図上）と δ の温度変化（図下）．これによって T_{N2} と T_{N1} の二つ（矢印）の転移があることが確認された[98, 97]．

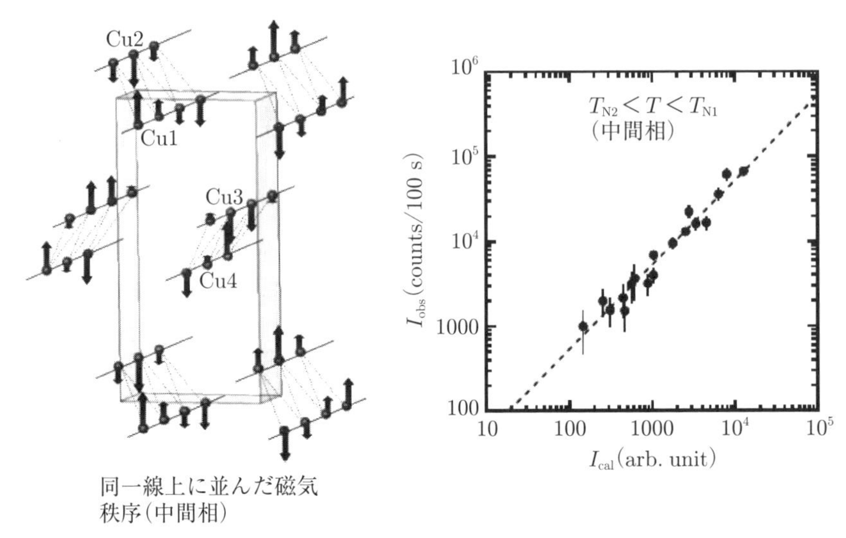

図 7-49　$LiCu_2O_2$ の $T_{N2} < T < T_{N1}$ での磁気構造の同定．図左は，Cu1〜Cu4 がそれぞれ作る4本の CuO_2 鎖内のモーメントが，ある相対位相を持って b 軸方向に sin 波変調を受けているとして得られた．その相対位相や他のパラメーターのセットは本文中に示されている．図右は，それらのセットを使って求めた中性子磁気散乱強度(I_{cal})に対する観測強度(I_{obs})のプロット．よく直線上に乗っている[98, 97]．また，この温度域での Li-NMR プロファイルもこの磁気構造で説明される(図 7-50)．

磁気散乱積分強度を，sin 波の変調のモデル

$$m_i^z(y) = \mu_c \cos(\boldsymbol{Q} \cdot \boldsymbol{y} + \phi_i),\quad m_i^x = 0,\quad m_i^y = 0 \tag{7.16}$$

で計算した値に対してプロットしたもので，その直線性のよさから，確かにこのモデルが磁気構造を説明していることがわかる．ここで，$\boldsymbol{y}$ は Cu^{2+} イオンの b 方向の座標で，上部の添字(x, y, z)は，秩序モーメント m の各方向の成分，ϕ_i は，CuO_2 リボン鎖内の i 番目の鎖($i=1\sim4$；図 7-49 左参照)の相対位相である．$\boldsymbol{Q} \cdot \boldsymbol{b} = \Delta\phi \sim 62.03°$ でほかのパラメーターは $\phi_1 = 0°$，$\phi_2 = 90°$，$\phi_3 = 90°$，$\phi_4 = 180°$ $\mu_c = 0.3 \pm 0.1 \mu_B$ となる．もう一つのパラメーターセット，$\phi_1 = 0°$，$\phi_2 = -90°$ $\phi_3 = -90°$，$\phi_4 = -180°$ も同じ結果を与える(これは b 軸を反転させたものである)．

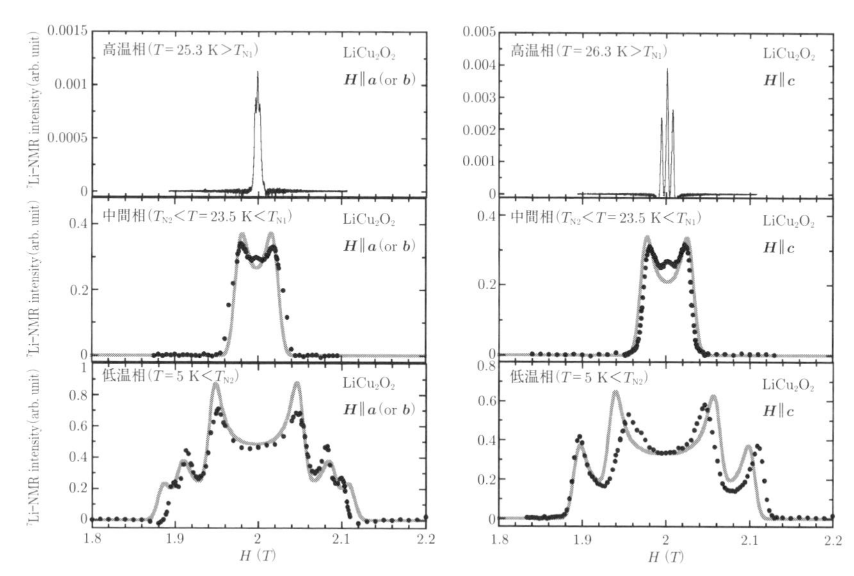

図 7-50 外部磁場 $\boldsymbol{H}\|\boldsymbol{a}$(ドメインを考慮して $\boldsymbol{H}\|\boldsymbol{b}$ も含む)と $\boldsymbol{H}\|\boldsymbol{c}$ とで測定された ^{7}Li-NMR のスペクトルに，$T>T_{N1}$，$T_{N1}>T>T_{N2}$ および $T<T_{N2}$ の各温度域で，それぞれ，(Ⅰ)磁気秩序なし，(Ⅱ)(7.16)式で表される磁気秩序，さらには(Ⅲ)(7.18)式で表される磁気秩序を用いて計算した結果をフィットし，上段，中段，下段に示した．ただし(Ⅱ)，(Ⅲ)では，(7.17)式から計算されるトランスファーされた超微細磁場も考慮されている(決定されたパラメーターは本文中)[98, 97]．

中性子散乱の結果を，$T<T_{N2}$ の温度で示す前に，図 7-50 に，外部磁場 $\boldsymbol{H}\|\boldsymbol{a}$(ドメインを考慮して $\boldsymbol{H}\|\boldsymbol{b}$ も含む)と $\boldsymbol{H}\|\boldsymbol{c}$ のもとに測定された ^{7}Li-NMR のスペクトルを $T>T_{N1}$，$T_{N1}>T>T_{N2}$ および $T<T_{N2}$ の各領域で示す．灰色の線は，フィットの結果である．$T=25$–26 K($>T_{N1}$)では，Li サイトが全て等価で，核四重極相互作用(eqQ 相互作用)で分裂した 3 本のラインで構成されている．$T_{N2}<T<T_{N1}$ では，上述のように，図 7-49 のような Cu^{2+} モーメントの(格子と不整合な)変調を使えば，^{7}Li-NMR の観測スペクトルが説明される．実際には，中性子磁気散乱強度の解析と同様，c 軸方向に向いたモーメントの sin 波の変調を考え，その双極子磁場，

$$\boldsymbol{H}_{\text{dip}} = \Sigma(-\boldsymbol{m}_j/r_j^3 + 3(\boldsymbol{m}_j \cdot \boldsymbol{r}_j)\boldsymbol{r}_j/\boldsymbol{r}_j^5 \tag{7.17}$$

(r_jはCuのjサイトからの相対位置)を考えると，$\boldsymbol{H} \| \boldsymbol{a}$のデータがよく説明できる．$\boldsymbol{H} \| \boldsymbol{c}$についてはさらに隣接する$Cu^{2+}$のモーメントからのトランスファーされた超微細磁場(transferred hyperfine field)も考えた結果，よいフィットが得られた．この磁場の寄与はLi核に近い二つのCuモーメントとの距離がわずかに異なることから生じ，1kOe/μ_Bほどである[98]．このフィットの結果を図7-50の中段に示した．こうして，$T_{N2} < T < T_{N1}$では，c軸方向に向いたモーメントが，上記のような鎖間の相対位相を持ってb軸方向に変調を受けた磁気構造をとっていることが2種の実験データから確認された．

$T < T_{N2}$での磁気構造に移ろう．ここで注目したのは，12 K($< T_{N2}$)での磁気散乱積分強度を，23.3 K($T_{N2} < T < T_{N1}$)での積分強度に対してプロットすると直線になることで，他のいくつかの理由も合わせて考え，各鎖間の相対位相ϕ_iが，$T_{N2} < T < T_{N1}$と$T < T_{N2}$とで変わっていないものとし[98]，さらに，

$$\begin{aligned} \boldsymbol{m}_i^x(y) &= \mu_{ab} \cdot \sin(\boldsymbol{Q} \cdot \boldsymbol{y} + \phi_i) \cdot \sin\alpha \\ \boldsymbol{m}_i^y(y) &= \mu_{ab} \cdot \sin(\boldsymbol{Q} \cdot \boldsymbol{y} + \phi_i) \cdot \cos\alpha \\ \boldsymbol{m}_i^z(y) &= \mu_c \cdot \cos(\boldsymbol{Q} \cdot \boldsymbol{y} + \phi_i) \end{aligned} \tag{7.18}$$

と書き，ヘリカル軸$\boldsymbol{e}_3$をa-b面内で回転させて，観測された^{7}Li-NMRのスペクトルに対してフィットした結果が，図7-50の下段に見られるように，どの$\boldsymbol{H}$方向でも満足すべきものになる．このときに得られたパラメーターは，

$$\mu_{ab} = 0.45 \pm 0.10\mu_B, \quad \mu_c = 0.85 \pm 0.15\mu_B, \quad \alpha = -45^\circ (\text{and } +135^\circ),$$
$$\phi_1 = 0, \quad \phi_2 = 90^\circ, \quad \phi_3 = 90^\circ, \quad \phi_4 = 180^\circ, \quad \text{and}(A_{\text{hf}} - A'_{\text{hf}}) \sim 1\ \text{kOe}/\mu_B.$$

もしくは，このセットの一部を，

$$\alpha = +45^\circ \quad (\text{and } -135^\circ), \quad \phi_2 = -90^\circ, \quad \phi_3 = -90^\circ, \quad \phi_4 = -180^\circ$$

と置き換えたもので，これらはどちらでも同様のフィットを与える(実はこれらは，軸方向を入れ替えた場合や，磁気モーメントの回転方向の正負の違いだけで等価のものである)．なお，$A_{\text{hf}} - A'_{\text{hf}}$(~1 kOe)は，$T_{N2} < T < T_{N1}$の場合と同様，Liサイトと隣り合った二つのCuモーメントからの超微細結合定数の差である．

逆にこれらのパラメーターで，中性子散乱実験から得られた磁気ブラッグ反

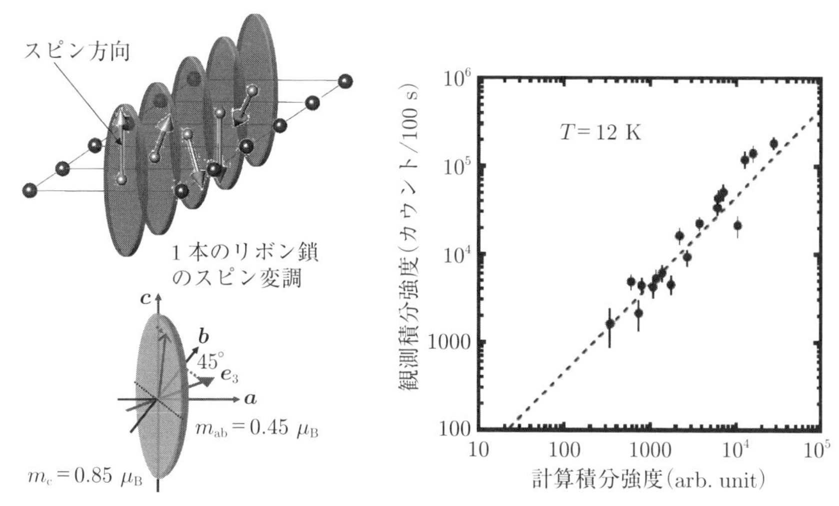

図 7-51　図左は図 7-50 の $T < T_{N2}$ でのプロファイルフィットで決まったパラメーターを使って描いた一つの Cu リボン鎖の磁気変調構造．図右は，同パラメーターを使って計算した中性子磁気散乱強度を横軸にして観測積分強度をプロットしたもの．4 本の鎖の変調の相対位相は本文中に示されている[98, 97]．

射の積分強度が説明できるかどうかを知るために，**図 7-51** 右に，観測されたその積分強度を，計算からの強度に対してプロットした結果を示すが，これにも満足のいく直線性が見られるので正しい磁気構造が得られていることがわかる．図 7-51 左には，b 軸方向に走る 1 本の鎖のモーメントの回転を模式的な例として示した．なお，このような磁気構造は，強誘電性に関する観測結果を矛盾なく説明する．

以上のように，磁気構造の決定に，磁気双極子相互作用が顔を出すことがある．これは，比較的長距離の相互作用が NMR の幅等に効いてくるからで，中性子散乱と NMR の二つの手法を合わせた研究が有効となる一例である．なお，7-1-3 で取り上げた $Ho_2Ti_2O_7$ は，フラストレーションのために低温まで磁気秩序を持たないが，そこでは，磁気双極子相互作用の存在によって動的な性質が失われスピンの凍結を引き起こす．

さて，マルチフェロイック系を応用上の観点から考えると，電気分極Pが大きいことのほかにその転移温度が室温より高いことも重要である．ここで取り上げた量子スピン系では，マルチフェロイック現象が低温でのみで生じていること，しかもⅡ型のマルチフェロイックであるためにPが極めて小さいこと等を，あらためて付け加えておくべきであろう．高温で見られるマルチフェロイック系は，あまり聞かないが，たとえば，$RBaCuFeO_5$(R＝Y，ランタニド元素)の転移温度が270 Kにもおよぶ[110,111]．この系は，格子と不整合な変調を持った磁気構造と同時に強誘電性が現れるⅡ型のマルチフェロイックで，粉末試料で測定された強誘電分極は，P～400 μC/m^{2}である[111]．この値は，上記のCu系のものよりはるかに大きい．また，モーリンら(M. Morin *et al.*)による最近の報告[112]によると，精密な磁気構造解析の結果，そのマルチフェロイックの起源についての重要な情報が得られている．

転移温度が室温を超えるⅡ型のマルチフェロイックと報告された系には，$SmFeO_3$[113]等，斜方晶フェライト系があるが，これらはまだ，確認が必要な段階のようである．ただ，ここで記述した起源を考える場合は，磁性秩序温度が高いことは，格子と整合な構造から外れた構造をもたらす相互作用も大きくないと大きな自発電気分極が現れないはずなので，大きなPのタイプⅡ高温マルチフェロイックを実現するには，困難も伴うようである．

ここまで，マルチフェロイック系の酸化物を特に量子スピンを持つ系を中心に紹介してきた．そこでは，フラストレートした量子スピン系が示す特殊な変調構造のために多くの物質例が現れることが特徴である．これらの系にもさらに新奇な物性現象の展開を期待したいものである．

第7章 文 献

[1] M. Imada : J. Phys. Soc. Jpn. **61** (1992) 423.

[2] E. Dagotto : Phys. Rev. B **45** (1992) 5744.

[3] M. Uehara, T. Nagata, J. Akimitsu, H. Takahashi, N. Mori, and K. Kinoshita : J. Phys. Soc. Jpn. **65** (1996) 2764.

[4] E. M. McCarron, M. A. Subranmanian, J. C. Crablese, and R. L. Harlow : mat. Res. Bull. **23** (1988) 1355.

[5] K. Magishi, S. Matsumoto, Y. Kitaoka, K. Ishida, K. Asayama, M. Uehara, T. Nagata, and J. Akimitsu : Phys. Rev. B **57** (1998) 11533.

[6] M. Azuma, Z. Hiroi, M. Takano, K. Ishida, and Y. Kitaoka : Phys. Rev. Lett. **73** (1994) 3463.

[7] K. Ishida, Y. Kitaoka, Y. Tokunaga, S. Matsumoto, K. Asayama, M. Azuma, Z. Hiroi, and M. Takano : Phys. Rev. B **53** (1996) 2827.

[8] M. Troyer, H. Tsunetsugu, and D. Wurtz : Phys. Rev. B **50** (1994) 13515.

[9] D. J. Buttrey, J. D. Sullivan, and A. L. Rhengold : Solid State Chem. **88** (1990) 291.

[10] F. D. M. Haldane : J. Solid State Chem. Phys. Lett. **93** (1983) A 464.

[11] F. D. M. Haldane : Phys. Rev. Lett. **50** (1983) 1153.

[12] J. Darriet and L. P. Reneault : Solid State Commun. **86** (1993) 409.

[13] E. Wahlstrom and B.-O. Marinder : Inorg. Nucl. Chem. Lett. **13** (1977) 559.

[14] M. G. B. Drew *et al.* : J. Mater. Chem. **3** (1993) 889.

[15] Y. Miura, R. Hirai, Y. Kobayashi, and M. Sato : J. Phys. Soc. Jpn. **75** (2006) 084707.

[16] Y. Miura, Y. Yasui, T. Moyoshi, M. Sato, and K. Kakurai : J. Phys. Soc. Jpn. **77** (2008) 104709.

[17] K. Kodama, T. Fukamachi, H. Harashina, M. Kanada, Y. Kobayashi, M. Kasai, H. Sasaki, M. Sato, and K. Kakurai : J. Phys. Soc. Jpn. **67** (1998) 57.

[18] T. Nishikawa, M. Kato, M. Kanada, T. Fukamachi, K. Kodama, H. Harashina, and M. Sato : J. Phys. Soc. Jpn. **67** (1998) 1988.

[19] T. Fukamachi, Y. Kobayashi, M. Kanada, M. Kasai, Y. Yasui, and M. Sato : J. Phys. Soc. Jpn. **67** (1998) 2107.

[20] K. Kodama, H. Harashina, H. Sasaki, M. Kato, M. Sato, K. Kakurai, and M.

Nishi : J. Phys. Soc. Jpn. **68** (1999) 237.

[21] K. Kodama, H. Harashima, S. Sasaki, M. Kanada, M. Kato, M. Sato, K. Kakurai, and M. Nishi : J. Solid State Chem. Solids **60** (1999) 1129.

[22] S. Watanabe and H. Yokoyama : J. Phys. Soc. Jpn. **68** (1999) 2073.

[23] J. J. Borras-Almenar, E. Coronado, J. Curely, R. Georges, and J. C. Gianduszzo : Inorg. Chem. **33** (1994) 5171.

[24] K. Hida : J. Phys. Soc. Jpn. **63** (1994) 5171.

[25] J. W. Hall, W. E. Marsh, R. R. Weller, and W. E. Hatfield : Inorg. Chem. **20** (1981) 1033.

[26] M. Hase, I. Terasaki, and K. Uchinokura : Phys. Rev. Lett. **70** (1993) 3651.

[27] S. Taniguchi, T. Nishikawa, Y. Yasui, Y. Kobayashi, M. Sato, T. Nishioka, M. Kontani, and K. Sano : J. Phys. Soc. Jpn. **64** (1995) 2758.

[28] K. Kodama, H. Harashina, H. Sasaki, Y. Kobayashi, M. Kasai, S. Taniguchi, Y. Yasui, M. Sato, K. Kakurai, T. Mori, and M. Nishi : J. Phys. Soc. Jpn. **66** (1997) 793.

[29] P. J. Bouloux and J. Galy : Acta Crystallogr. B **29** (1973) 1335.

[30] Y. Miura, Y. Yasui, M. Sato, N. Igawa, and K. Kakurai : J. Phys. Soc. Jpn. **76** (2007) 033705.

[31] K. Matsuno, T. Katsufuji, S. Mori, Y. Moritomo, A. Machida, E. Nishibori, M. Takata, M. Sakata, N. Yamamoto, and H. Takagi : J. Phys. Soc. Jpn. **70** (2001) 1456.

[32] Y. Horibe, M. Shingu, K. Kurushima, H. Ishibashi, N. Ikeda, K. Kato, Y. Motome, N. Furukawa, S. Mori, and T. Katsufuji : Phys. Rev. Lett. **96** (2006) 086406.

[33] Y. Miura, M. Sato, Y. Yamakawa, T. Habaguchi, and Y. Ono : J. Phys. Soc. Jpn. **78** (2009) 094706.

[34] S. A. J. Kimber, I. I. Mazin, J. Shen, H. O. Jeschke, S. V. Streltsov, D. N. Argyriou, R. Valent, and D. I. Khomskii : Phys. Rev. B **89** (2014) 081408 (R).

[35] S. Yoshi and M. Sato : J. Phys. Soc. Jpn. **68** (1999) 3034.

[36] L. Pauling : The Nature of the Chemical Bond, Cornell, Ithaca (1960), 3rd ed., pp. 465–468.

[37] S. Yoshii, S. Iikubo, T. Kageyama, K. Oda, Y. Kondo, K. Murata, and M. Sato : J. Phys. Soc. Jpn. **69** (2000) 3777.

[38] S. Iikubo, S. Yoshii, T. Kageyama, K. Oda, Y. Kondo, K. Murata, and M. Sato :

J. Phys. Soc. Jpn. **70**(2001)212.

[39] Y. Yasui, Y. Kondo, M. Kanada, M. Ito, H. Harashina, M. Sato, and K. Kakurai : J. Phys. Soc. Jpn. **70**(2001)284.

[40] R. Kurplus and J. M. Luttinger : Phys. Rev. **95**(1954)1154.

[41] Y. Taguchi, Y. Oohara, H. Yoshizawa, N. Nagaosa, and Y. Tokura : Science **291**(2001)2573.

[42] T. Kageyama, S. Iikubo, S. Yoshii, Y. Kondo, M. Sato, and Y. Iye : J. Phys. Soc. Jpn. **70**(2001)3006.

[43] D. Boldrin and A. S. Wills : Advances in Condensed Matter Physics Volume 2012, Article ID 615295.

[44] K. Ohgushi, S. Murakami, and N. Nagaosa : Phys. Rev. B **63**(2000)R6065.

[45] Y. Yasui, T. Kageyama, T. Moyoshi, M. Soda, M. Sato, and K. Kakurai : J. Phys. Soc. Jpn. **75**(2006)084711.

[46] M. Sato : J. Mag. Mag, Mater. **310**(2007)1021.

[47] Y. Yasui, S. Iikubo, H. Harashina, T. Kageyama, M. Ito, M. Sato, and K. Kakurai : J. Phys. Soc. Jpn. **72**(2003)865.

[48] H. W. Blöte, R. F. Wielinga, and W. J. Huiskamp : Physica **43**(1969)549.

[49] T. Tomizawa and H. Kontani : Phys. Rev. B **82**(2010) Article ID 104412, pp. 104412-1-104412-14.

[50] T. Tomizawa and H. Kontani : Phys. Rev. B **80**(2009) Article ID 100401.

[51] 紺谷浩，平島大，井上順一郎：日本物理学会誌 **65**(2010)239.

[52] M. J. Harris, S. T. Bramwell, D. F. McMorrow, T. Zeiske, and K. W. Godfrey : Phys. Rev. Lett. **79**(1997)2554.

[53] M. J. Harris, S. T. Bramwell, T. Zeiske, D. F. McMorrow, and P. J. C. King : J. Mag. & Mag. Mater. **177**(1998)757.

[54] S. T. Bramwell, M. J. Harris, B. C. den Hertog, M. J. P. Gingras, J. S. Gardner, D. F. McMorrow, A. R. Wildes, A. L. Cornelius, J. D. M. Champion, R. G. Melko, and T. Fennell : Phys. Rev. Lett. **87**(2001)047205M.

[55] M. Kanada, Y. Yasui, Y. Kondo, S. Iikubo, M. Ito, H. Harashina, M. Sato, H. Okumura, K. Kakurai, and H. Kadowaki : J. Phys. Soc. Jpn. **71**(2002)313.

[56] H. Kadowaki, Y. Ishii, K. Matsuhira, and Y. Hinatsu : Phys. Rev. B **65**(2002) 144421.

[57] I. E. Grey and H. Steinfink : J. Am. Chem. Soc. **92**(1970)5093.

[58] L. S. Martinson, W. Schweitzer, and N. C. Baenziger : Phys. Rev. Lett. **71** (1993) 125.

[59] K. Kodama, H. Fujishita, H. Harashina, S. Taniguchi, J. Takeda, and M. Sato : J. Phys. Soc. Jpn. **64** (1995) 2069.

[60] M. Sato, H. Sasaki, H. Harashina, Y. Yasui, J. Takeda, K. Kodama, S. Shamoto, K. Kakurai, and M. Nishi : Rev. High Pressure Sci. Technol. **7** (1998) 447.

[61] K. Kodama, S. Shamoto, H. Harashina, J. Takeda, M. Sato, K. Kakurai, and M. Nishi : J. Phys. Soc. Jpn. **65** (1996) 1782.

[62] H. Harashina, H. Sasaki, K. Kodama, S. Shamoto, M. Sato, K. Kakurai, and M. Nishi : Rev. High Pressure Sci. Technol. **7** (1998) 447.

[63] H. Sasaki, H. Harashina, K. Kodama, S. Shamoto, M. Sato, K. Kakurai, and M. Nishi : J. Phys. Soc. Jpn. **66** (1997) 3975.

[64] J. Takeda, K. Kodama, H. Harashina, and M. Sato : J. Phys. Soc. Jpn. **63** (1994) 3564.

[65] Y. Yasui, H. Sasaki, S. Shamoto, and M. Sato : J. Phys. Soc. Jpn. **65** (1996) 2757.

[66] Y. Yasui, H. Sasaki, S. Shamoto, and M. Sato : J. Phys. Soc. Jpn. **66** (1997) 3194.

[67] Y. Yasui, H. Sasaki, S. Shamoto, M. Sato, M. Ohashi, Y. Sekine, C. Murayama, and N. Mori : Rev. High pressure Sci. Technol. **7** (1998) 641 ; Y. Yasui, H. Sasaki, M. Sato, M. Ohashi, Y. Sekine, C. Murayama, and N. Mori : J. Phys. Soc. Jpn. **68** (1999) 1313.

[68] J. Takeda, Y. Yasui, H. Sasaki, and M. Sato : J. Phys. Soc. Jpn. **66** (1997) 1718.

[69] D. B. McWhan, A. Menth, J. P. Remeika, W. F. Brinkman, and T. M. Rice : Phys. Rev. B **7** (1973) 1920.

[70] H. Kuwamoto, J. M. Honig, and J. Appel : Phys. Rev. B **22** (1983) 2626.

[71] N. F. Mott : Phil. Mag. **19** (1969) 835.

[72] T. F. Rosenbaum, R. F. Milligan, M. A. Paalanen, G. A. Thomas, R. N. Bhatt, and W. Lin : Phys. Rev. B **27** (1983) 7509.

[73] V. A. Rabenau and P. Eckerlin : Acta Cryastallogr. **11** (1958) 304.

[74] T. Kajitani, S. Hosoya, M. Hirabayashi, T. Fukuda, and T. Onozuka : J. Phys. Soc. Jpn. **58** (1989) 3616.

[75] C. H. Chen, S.-W. Cheong, and A. S. Cooper : Phys. Rev. Lett. **71** (1993) 2462.

[76] S.-W. Cheong, H. Y. Hwang, C. H. Chen, B. Batlogg, L. W. Rupp, Jr., and S. A. Carter : Phys. Rev. B **49** (1994) 7088.

[77] H. Yoshizawa, T. Kakeshita, R. Kajimoto, T. Tanabe, T. Katsufuji, and Y. Tokura : Phys. Rev. B **61** (2000) R854.

[78] T. Fukamachi, K. Oda, Y. Kobayashi, T. Miyashita, and M. Sato : J. Phys. Soc. Jpn. **70** (2001) 2757.

[79] S. Taniguchi, T. Nishikawa, Y. Yasui, Y. Kobayashi, J. Takeda, S. Shamoto, and M. Sato : J. Phys. Soc. Jpn. **64** (1995) 1664.

[80] Y. Kobayashi, S. Taniguchi, M. Kasai, M. Sato, T. Nishioka, and M. Kontani : J. Phys. Soc. Jpn. **65** (1996) 3978.

[81] Z. Zhang, M. Greenblatt, and J. B. Goodenough : J. Solid State Chem. **108** (1994) 402.

[82] H. Sasaki, H. Harashina, S. Taniguchi, M. Kasai, Y. Kobayashi, M. Sato, T. Kobayashi, T. Ikeda, M. Takata, and M. Sakata : J. Phys. Soc. Jpn. **66** (1997) 1693.

[83] M. Neupane, P. Richard, and H. Ding : Phys. Rev. Lett. **103** (2009) 097001 ; S. Nakatsuji and Y. Maeno : Phys. Rev. Lett. **84** (2000) 2666.

[84] たとえば，朝光　敦，守友　浩，十倉好紀：固体物理 **30** (1995) 733.

[85] H. Schmid : Ferroelectrics **162** (1994) 317.

[86] E. Asher, H. Rieder, H. Schmid, and H. Stossel : J. Appl. Phys. **37** (1966) 1404.

[87] G. A. Smolenskii and I. E. Chupis : Sov. Phys. Usp. **25** (1982) 475.

[88] J. Wang, J. B. Neaton, H. Zheng, V. Nagarajan, S. B. Ogale, B. Liu, D. Viehland, V. Vaithyanathan, D. G. Schlom, U. V. Waghmare, N. A. Spaldin, K. M. Rabe, M. Wuttig, and R. Ramesh : Science **299** (2003) 1719.

[89] T. Kimura, T. Goto, H. Shintani, K. Ishizaka, T. Arima, and Y. Tokura : Nature **426** (2003) 55.

[90] N. Hur, S. Park, P. A. Sharma, J. S. Ahn, S. Guha, and S.-W. Cheong : Nature **429** (2004) 392.

[91] H. Katsura, N. Nagaosa, and A. V. Balatsky : Phys. Rev. Lett. **95** (2005) 057205.

[92] M. V. Mostovoy : Phys. Rev. Lett. **96** (2006) 067601.

[93] Y. Naito, K. Sato, Y. Yasui, Y. Kobayashi, Y. Kobayashi, and M. Sato : J. Phys. Soc. Jpn. **77** (2008) 023708.

[94] Y. Yasui, Y. Naito, K. Sato, T. Moyoshi, and M. Sato : J. Phys. Soc. Jpn. **77** (2008) 023712.

[95] M. Sato, Y. Yasui, Y. Kobayashi, K. Sato, Y. Naito, Y. Tarui, and Y. Kawamura : Solid State Sciences **10** (2008) 638.

[96] S. Park, Y. J. Choi, C. L. Zhang, and S.-W. Cheong : Phys. Rev. Lett. **98** (2007) 057601.

[97] Y. Yasui, K. Sato, Y. Kobayashi, and M. Sato : J. Phys. Soc. Jpn. **78** (2009) 084720.

[98] Y. Kobayashi, K. Sato, Y. Yasui, T. Moyoshi, M. Sato, and K. Kakurai : J. Phys. Soc. Jpn. **78** (2009) 084721.

[99] M. A. Lafontaine, M. Leblanc, and G. Ferey : Acta Cryst. C **45** (1989) 1205.

[100] R. Berger, P. Onnerud, and R. Tellgren : J. Alloys and Compd **184** (1992) 315.

[101] R. Smith, A. P. Reyes, R. Ashey, T. Caldwell, A. Prokofiev, W. Assmus, and G. Teitel'baum : Physica B **378-380** (2006) 1060.

[102] B. J. Gibson, R. K. Kremer, A. V. Prokofiev, W. Assmus, and G. J. McIntyre : Physica B **350** (2004) e253.

[103] M. Enderle, C. Mukherjee, B. Fak, R. K. Kremer, J.-M. Broto, H. Rosner, S.-L. Drechsler, J. Richter, J. Malek, A. Prokofiev, W. Assmus, S. Pujol, J.-L. Raggazzoni, H. Rakoto, M. Rheinstadter, and H. M. Ronnow : Europhys. Lett. **70** (2005) 237.

[104] H. J. Xiang and M.-H. Whangbo : Phys. Rev. Lett. **99** (2007) 257203.

[105] T. Masuda, A. Zheludev, A. Bush, M. Markina, and A. Vasiliev : Phys. Rev. Lett. **92** (2004) 177201.

[106] A. A. Gippius, E. N. Morozova, A. S. Moskvin, A. V. Zalessky, A. A. Bush, M. Baenitz, H. Rosner, and S.-L. Drechsler : Phys. Rev. B **70** (2004) 020406.

[107] S. Seki, Y. Yamasaki, M. Soda, M. Matsuura, K. Hirota, and Y. Tokura : Phys. Rev. Lett. **100** (2008) 127201.

[108] A. Rusydi, I. Mahns, S. Müller, M. Rübhausen, S. Park, Y. J. Choi, C. L. Zhang, S.-W. Cheong, S. Smadici, P. Abbamonte, M. v. Zimmermann, and G. A. Sawatzky : Appl. Phys. Lett. **92** (2008) 262506.

[109] S. W. Huang, D. J. Huang, J. Okamoto, C. Y. Mou, W. B. Wu, K. W. Yeh, C. L. Chen, M. K. Wu, H. C. Hsu, F. C. Chou, and C. T. Chen : Phys. Rev. Lett. **101** (2008) 077205.

[110] B. Kundys, A. Maignan, and Ch. Simon : Appl. Phys. Lett. **94** (2009) 072506.

[111] Y. Kawamura, T. Kai, E. Satomi, Y. Yasui, Y. Kobayashi, M. Sato, and K. Kakurai : J. Phys. Soc. Jpn. **79** (2010) 073705.

[112] M. Morin, A. Scaramucci, M. Bartkowiak, E. Pomjakushina, G. Deng, D.

Sheptyakov, L. Keller, J. Rodriguez-Carvajal, N. A. Spaldin, M. Kenzelmann, K. Conder, and M. Medarde : Phys. Rev. B **91**(2015)064408.

[113] J.-H. Lee, Y. K. Jeong, J. H. Park, M.-A. Oak, H. M. Jang, J. Y. Son, and J. F. Scott : Phys. Rev. Lett. **107**(2011)117201.

おわりに

本書を書いているときにあらためて感じたことは，

（1）　これまで記述してきた分野の発展が極めて多彩で急速なこと，

（2）　1 個の研究論文に著者として名を連ねる者の数が，従来に比べて際立って増えたこと，

等々です．研究が高度化すればするほど，自分の手が届かない部分も増え，時流に乗り遅れず研究を進めるには共同研究も必要になってくると思われ，大型施設の活用を含めた分業体制もますます一般的になってくるので，論文の共著者が増えることは今後の趨勢であることは間違いないようです．

しかしながら，強相関電子系等の研究では，個々の物質に依拠した現象の発見と展開によって科学概念の構築へと結びついていくことが多いので，筆者は，仰々しい仕掛けが必ずしも必要であるとは考えません．もともと，銅酸化物超伝導体の発見が(すでに十分な実績があった研究者から出たとはいえ)，その時点では小規模なグループで研究を進めていたミューラーによってなされたことがそれをよく物語っていそうで，物性分野，広くは物質科学分野が，個々の洞察力と努力がアイデアが日の目を見やすいところであることを強調しておきたいと考えます．

豊かな研究展開の芽があることを感じとれば，地道とも思える具体的な作業，たとえば，試料の作成，実験データの取得，その結果の記述までを粘り強く進む勇気も出て来ようもので，さらに加えて，互いを啓発しあう日常的な議論と，人並みの運の良さがあれば，結局は満足すべき到達点に行きつきそうです．大型施設を使って多数の分業体制で行われる場合でも，分担する者同士の十分な議論が大変重要で，そうでないと，せっかくの研究も平板で陳腐なものになりかねないと考えます．

この書では，試料の準備法や大型施設自体の紹介を詳細に行わず，物質面か

らの研究の流れに主眼をおきました．それでも，そこでの重要成果をあまねく取り上げたとは考えていません．物質名に限っても，そのことが当てはまるのが心残りです．しかし，取り上げなかった多くの研究を含め，これまで連綿と続いてきた，新規物質・現象の発見とその解明・発展への継続が最重要であることの片端でも本書から感じていただければうれしいことです．

物質科学の今後の展開に期待して筆を擱くことにします．

欧字先頭語索引

M

N

O

P

R

S

T

U

V

X

Y

総 索 引

け

こ

さ

し

す

MSET : Materials Science & Engineering Textbook Series

監修者

藤原 毅夫　東京大学名誉教授
藤森　淳　東京大学教授
勝藤 拓郎　早稲田大学教授

著者略歴

佐藤　正俊（さとう　まさとし）

1969 年　東京大学理学部物理学科卒業（東大紛争のため 4 月卒業）
1971 年 3 月　東京大学理系研究科修士課程物理コース修了（理学修士）
1974 年 3 月　東京大学理系研究科博士課程物理コース修了（理学博士）

1974 年 4 月　日本学術振興会奨励研究員
1975 年 4 月　東京大学物性研究所助手
1985 年 2 月　岡崎国立研究機構分子科学研究所助教授
1990 年 4 月　名古屋大学理学部（物理）教授
（のち組織替えにより名古屋大学大学院理学研究科教授）
2010 年 3 月　名古屋大学大学院理学研究科教授　定年退職
名古屋大学名誉教授
2010 年 4 月　財団法人 豊田理化学研究所　フェロー
2011 年 4 月　財団法人 総合科学研究機構 東海事業センター（CROSS 東海）
（J-PARC 特定中性子線施設・登録施設利用促進機関）
サイエンス　コーディネーター
2016 年 3 月　CROSS 東海退職

研究分野　超伝導を主にした物質開発とその物理概念の構築
（中性子散乱および低温物性）

2017 年 2 月 20 日　第 1 版 発 行

検 印 省 略

物質・材料テキストシリーズ
遷移金属酸化物・化合物の超伝導と磁性

著　者 ©佐 藤 正 俊
発行者　内 田　学
印刷者　山 岡 景 仁

発行所　株式会社　**内田老鶴圃**　〒112-0012 東京都文京区大塚 3 丁目 34-3
電話（03）3945-6781（代）・FAX（03）3945-6782
http://www.rokakuho.co.jp/　印刷・製本/三美印刷 K. K.

Published by UCHIDA ROKAKUHO PUBLISHING CO., LTD.
3-34-3 Otsuka, Bunkyo-ku, Tokyo 112-0012, Japan

U. R. No. 631-1

ISBN 978-4-7536-2308-2 C3042

強相関物質の基礎　原子，分子から固体へ

藤森 淳 著　A5・268 頁・本体 3800 円　ISBN978-4-7536-5624-0

本書は，原子，分子の電子状態から出発し固体を理解するというアプローチをとっている．前半は初歩の量子力学の知識があれば充分理解でき，後半は大学院の内容を含むが独力で読み進められるようになっている．

はじめに　**原子の電子状態** – 原子軌道／Hartree-Fock 近似／多重項構造／周期律　**分子の電子状態** –Heitler-London 法／分子軌道法／電子相関　**固体中の原子の電子状態** – 結晶場中の原子／クラスター・モデル／ Anderson 不純物モデル　**固体中の原子間の磁気的相互作用** – 反強磁性的な超交換相互作用／強磁性的な超交換相互作用／原子間のスピン・軌道結合／金属中の原子間の磁気的相互作用　**固体の電子状態** – 様々な格子モデル／金属 - 絶縁体転移／バンド理論／バンド電子に対する電子相関効果／ Fermi 液体

遍歴磁性とスピンゆらぎ

高橋 慶紀・吉村 一良 共著　A5・272 頁・本体 5700 円　ISBN978-4-7536-2081-4

1980 年中頃に始まる理論の研究と，それに関連する実験的な研究について解説．遍歴電子磁性の理解の現状を伝える．「スピンゆらぎ」と呼ばれる磁気的なエネルギー励起の自由度が，磁気現象に対して支配的，かつ包括的な影響を及ぼすと考える点が本書の大きな特徴である．

はじめに – 原子の磁性／絶縁体磁性と遍歴電子磁性／フェルミ励起とボース粒子的集団励起／金属電子論の応用—Stoner-Wohlfarth 理論　**スピンゆらぎと磁性** – 平均場とゆらぎ／遍歴電子磁性体の磁気ゆらぎ／ゆらぎの非線形効果　**遍歴電子磁性のスピンゆらぎ理論** – スピンゆらぎ理論の基本原理／熱ゆらぎとゼロ点ゆらぎの振幅／スピン振幅の保存とゼロ点ゆらぎ／自発磁化の不連続な温度変化　**磁気的性質へのゆらぎの影響** – 基底状態における磁化曲線／常磁性相における性質／臨界点における磁化曲線／磁気秩序相における磁性／臨界指数のスケーリング則　**観測される磁気的性質** – スピンゆらぎのスペクトル分布の観測／基底状態における磁化曲線／常磁性相で観測される性質／メタ磁性転移／臨界温度における磁化曲線／磁気秩序相における磁気的性質　**磁気比熱の温度，磁場依存性** – 磁気比熱の理論についての問題／スピンゆらぎの自由エネルギー／エントロピーと比熱の温度依存性／磁場中比熱の温度依存性／比熱に関するまとめ　**磁気体積効果へのスピンゆらぎの影響** –Stoner-Edwards-Wohlfarth 理論とスピンゆらぎ補正／スピンゆらぎの自由エネルギーの体積依存性／強磁性体の体積歪／温度領域の違いによる磁気体積効果の特徴／常磁性体の磁気体積効果／自発磁化と臨界温度の圧力変化／磁気体積効果についてのまとめ

固体の磁性　はじめて学ぶ磁性物理

Stephen Blundell 著／中村 裕之 訳　A5・336 頁・本体 4600 円　ISBN978-4-7536-2091-3

世界で最も支持されている磁性物理の初学者向けテキストの１つ Magnetism in Condensed Matter (Stephen Blundell 著) の邦訳である．本書の最大の特徴はバランスである．基礎と応用がほどよく盛り込まれ，理論にも実験にも偏ることがなく，容易な事項を中心に知的好奇心をそそる仕掛けがあり，初歩から最先端の研究に至る流れがスムーズにコンパクトにまとめられている．初心者向けでありながら古典的教科書とは異なるオリジナルな展開もあり，原著者の物理教育に対する熱意や思い入れも感じられる．初めて磁性を学ぶ人に「最初に」手に取って欲しい本の１冊である．

序　論 – 磁気モーメント／古典論と磁気モーメント／スピンの量子力学　**孤立した磁気モーメント** – 磁場中の１つの原子／磁化率／反磁性／常磁性／イオンの基底状態とフントの規則／断熱消磁／核スピン／超微細構造　**環　境** – 結晶場／磁気共鳴の手法　**相互作用** – 磁気双極子相互作用／交換相互作用　**磁気秩序と磁気構造** – 強磁性／反強磁性／フェリ磁性／らせん秩序／スピングラス／核の磁気秩序／磁気秩序の測定　**秩序と対称性の破れ** – 対称性の破れ／モデル／対称性の破れの帰結／相転移／剛性／励起／磁区　**金属の磁性** – 自由電子モデル／パウリ常磁性／自発的にスピン分極したバンド／スピン密度汎関数理論／ランダウ準位／ランダウ反磁性／電子ガスの磁性／電子ガスの励起／スピン密度波／近藤効果／ハバードモデル／中性子星　**競合する相互作用と低次元性** – フラストレーション／スピングラス／超常磁性／１次元磁性体／２次元磁性体／量子相転移／薄膜と多層膜／磁気光学／磁気抵抗／有機磁性体・分子磁性体／スピントロニクス

磁性入門　スピンから磁石まで

志賀 正幸 著　A5・236 頁・本体 3800 円　ISBN978-4-7536-5630-1

量子力学をベースにした基礎研究と磁性材料の応用開発研究が活発に続けられる中，本書は，「何に使うか」を視野に入れつつ，「何故か」を問う基礎と応用のバランスの取れた良質のテキストである．

序 論／原子の磁気モーメント／イオン性結晶の常磁性／強磁性 (局在モーメントモデル) ／反強磁性とフェリ磁性／金属の磁性／いろいろな磁性体／磁気異方性と磁歪／磁区の形成と磁区構造／磁化過程と強磁性体の使い方／磁性の応用と磁性材料／磁気の応用